“十三五”高等职业教育规划教材

液压传动与采掘机械

（第 2 版）

主编　李寿昌　张书征

应 急 管 理 出 版 社

·北　京·

内 容 提 要

本书主要介绍了液压传动的基础理论，液压元件的结构、工作原理及液压系统的维护，采煤机械，液压支护设备及掘进机械的结构、工作原理、性能、使用维护及故障处理。

本书可作为煤炭职业院校矿山机械专业、矿山机电专业的教学用书，也可作为现场技术人员的参考用书。

再 版 前 言

本书第一版自2012年出版以来，受到同行的普遍认同，为多所高等院校所选用，产生了良好的社会效益和经济效益。

但是，近7年来液压传动技术得到了进一步发展，特别是机、电、液复合控制技术的应用日趋广泛。此外，为提高煤矿安全保障能力，预防煤矿事故，煤矿对技术、工艺和装备的要求亦越来越高。同时，教育和教学改革深入展开，对教材的要求也越来越高。因此，在当前我国经济、科技和教育迅速发展的背景下，对本书进行必要的修订是适时的。这次修订工作体现在以下6个方面：

(1) 尽量保持原有的特色和风格，教材的框架结构和章节体系基本不变。

(2) 为适应教学改革和安全生产的要求，删除了电动凿岩机和锚杆钻机部分的内容。

(3) 增添了全液压侧卸铲斗式装载机的介绍，删除了第一版中后卸式铲斗装载机及侧卸式铲斗装载机部分的内容。

(4) 对部分断面掘进机的内容进行了补充，增添了典型设备EBJ-120TP型掘进机。

(5) 对书中插图进行全面整理，使液压图形符号符合国家标准的规定。

(6) 依国家标准GB/T 24506—2009，对液压支架型式、参数及型号编制进行了标准化处理。

本教材由云南能源职业技术学院组织修订，由李寿昌、张书征担任主编。具体修订分工如下：张书征修订第一章，李寿昌修订第二章至第四章。全书由李寿昌统稿。

在本教材的修订过程中，吸收和借鉴了同类教材和书籍的精华，在此谨对各位原作者表示衷心的感谢。

由于编者水平有限，书中可能存在错误和不妥之处，恳请有关专家和广大读者提出宝贵意见，以便再版时修改。

编　者

2019年6月

前　　言

为满足煤炭工业新形势对煤炭职业教育发展的要求，加快煤炭职业教育教材建设步伐，针对培养技术应用型专门人才的要求和煤炭行业的自身特点，在广泛调研和征求意见的基础上，本着科学性、实用性、先进性的编写指导思想，我们组织有关教师编写了本教材。本教材在编写过程中注重职业教育的特点，简化了理论体系，以实用、必需、够用为原则，力求使所讲内容尽可能与现场实践相结合。

本教材由云南能源职业技术学院组织编写，由张书征、李寿昌任主编。具体编写分工如下：张书征编写第一章，李寿昌编写第二章至第四章。全书由张书征统稿。

在本教材的编写过程中，吸收和借鉴了同类教材和书籍的精华，在此谨对各位原作者表示衷心的感谢。

由于编者水平有限，书中可能存在错误和不妥之处，恳请有关专家和广大读者提出宝贵意见，以便再版时修改。

编　者

2011 年 12 月

目　次

第一章　液　压　传　动

第一节　液体基本知识

液压传动是利用液体作为工作介质来传递能量和进行控制的传动方式。其中的液体称为工作介质，一般为矿物油，所以应先了解和熟悉液体的基本知识。

一、液体静力学

液体静力学是研究液体在静止和相对静止状态下的力学规律以及这些规律在工程上的应用。在静力学研究中，由于液体是静止的，质点间无相对运动，液体不显示黏性，因此，液体静力学规律和液体的黏性无关。

1. 液体静压力及其特性

作用于液体上的力按其性质分为表面力和质量力两类：表面力是指作用在静止液体表面上的力，是由与静止液体相互接触的物体产生的，如大气对井水的压力、液压缸活塞对油液的压力等；质量力是作用于液体每一质点上，并与液体质量成正比的力，如重力、惯性力等。

1）液体静压力

液体静压力是指液体处于静止状态时，单位面积上所受的法向作用力。若法向作用力 F 均匀地作用在面积 A 上，则静压力 p 为

$$p = \frac{F}{A} \tag{1-1}$$

若在静止液体中围绕某点取一面积 ΔA，设作用在这小块面积 ΔA 上的法向力为 ΔF。当面积 ΔA 无限缩小到一点时，这个比值的极限称为该点的静压力，即

$$p = \lim_{\Delta A \to 0} \frac{\Delta F}{\Delta A} \tag{1-2}$$

2）液体静压力的特性

（1）液体静压力的作用方向总是沿作用面的内法线方向，即垂直指向作用面。

（2）静止液体内任一点各方向的静压力均相等。说明在静止液体中，任一点的液体静压力的大小与作用方向无关，只与该点的位置有关。

2. 液体静力学基本方程

液体静力学基本方程描述了液体静压力的分布规律。如图 1－1 所示，在静止液体中任取一微小倾斜圆柱体，微小圆柱体上、下底面的压力分别为 p_0 和 p，高差为 h，长度为 L，微小圆柱体的重力为 G，重力与轴线的夹角为 α，假设微小圆柱体的

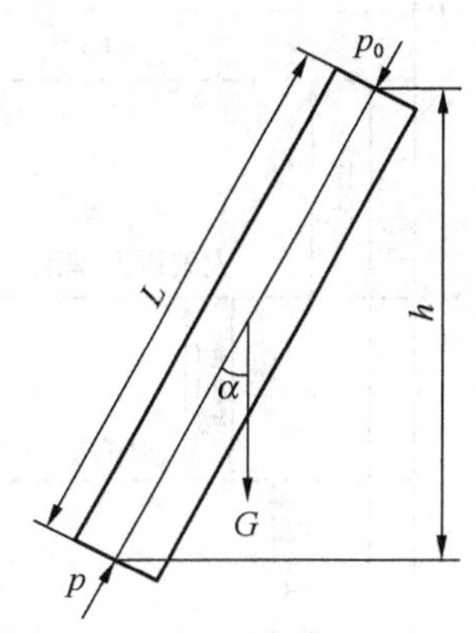

图 1－1　液体静力学基本方程推导

底面积为 dA，则微小圆柱体的受力情况如下：

（1）作用在上底面上的力为 $p_0 dA$。

（2）作用在下底面上的力为 $p dA$。

（3）重力及重力在轴线上的分力分别为 $\gamma L dA$、$\gamma L dA\cos\alpha$。

（4）作用在微小圆柱体圆柱面上的力与圆柱面垂直，在轴线上的分力为零，所以不考虑微小圆柱体圆柱面的受力。

微小圆柱体轴向受力平衡方程为

$$p dA - p_0 dA - \gamma L dA\cos\alpha = 0$$

因 $L\cos\alpha = h$，所以

$$p = p_0 + \gamma h \tag{1-3}$$

式中 p——液体内某点的静压力，Pa；

p_0——液面上的压力，Pa；

γ——液体的重度，N/m^3；

h——某点在液面下的深度，m。

式（1-3）为液体静力学基本方程式。方程式表明：

（1）在重力作用下，液体内的静压力随着深度的增加而增大；静止液体内的压力沿液深呈线性规律分布。

（2）静压力由两部分组成，即液面压力 p_0 和单位面积上的重力 γh。

（3）h = 常数时，p = 常数，即同一容器内深度相同的各点静压力也相等。

在静止液体中，由压力相等各点组成的面称为等压面。在静止、同种、连续的液体中，水平面就是等压面，如果不能同时满足这 3 个条件，水平面就不是等压面。

3. 静压力的计算基准

压力的计算基准有两种，即以绝对真空为基准和以大气压力为基准。

绝对压力是指以绝对真空为基准（零点）算起的压力，用 p 表示。

相对压力是指以大气压力 p_a 为基准（零点）算起的压力，用 p_b 表示。

绝对压力、相对压力和大气压力三者之间的关系：

$$p = p_a + p_b \tag{1-4}$$

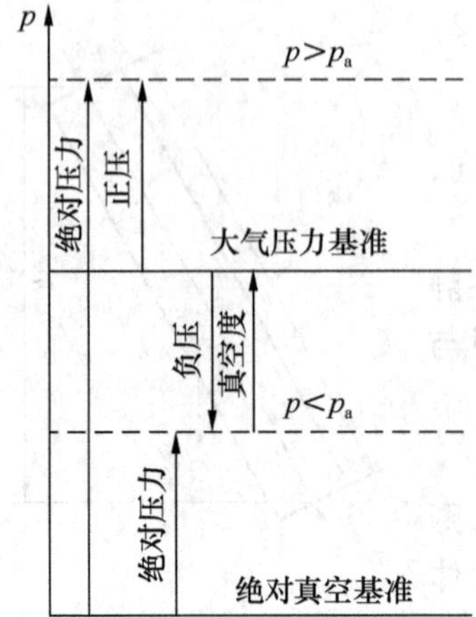

图 1-2　几种压力之间的关系图

绝对压力只能是正值，但相对压力可能是正值，也可能是负值。相对压力为正值时称为正压；相对压力为负值时称为负压。负压的绝对值称为真空度，用 p_z 表示。常用的压力表测量的压力为正压，真空表测量的压力为真空度。

$$p_z = |-p_b| = |p_a - p| \tag{1-5}$$

图 1-2 为上述几种压力之间的关系。

4. 液体静压力的传递（帕斯卡定律）

密闭容器内，静止液体表面上的压力变化将等值传递到液体中的任意点。这就是静压力的等值传递规律，也称帕斯卡定律。由式（1-3）可知，p_0 与 γh 无关，属于表面力。p_0 会等值传递到液体内的各点上，使任意一点的压

力发生相应的改变。

静压力的等值传递规律在工程上应用广泛，如水压机、油压千斤顶等。图 1－3 所示为水压机工作原理图。

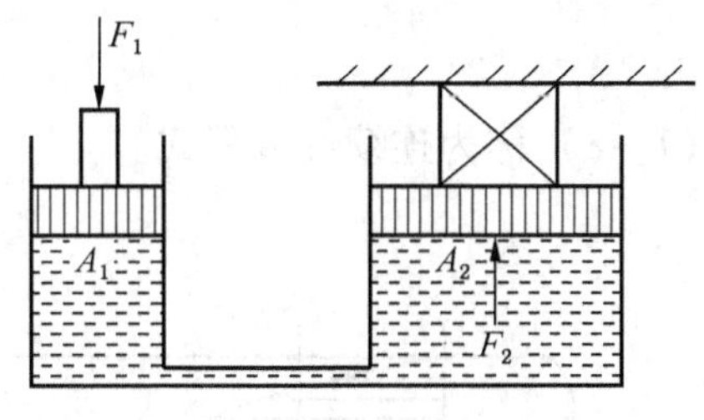

图 1－3　水压机工作原理图

在相连通的两个容器内的液体表面上各置一个活塞，面积分别为 A_1 和 A_2，在小活塞上施加力 F_1，当小活塞处于平衡状态时，其下液体的压力应为

$$p = \frac{F_1}{A_1}$$

根据帕斯卡定律，p 将等值传递到大活塞下的液体中，使大活塞产生的作用力为

$$F_2 = pA_2 = F_1 \frac{A_2}{A_1} \tag{1-6}$$

由于 $A_2 > A_1$，所以作用在大活塞上的力 F_2 要比小活塞上的力 F_1 大很多。

二、液体动力学

液体动力学是研究液体运动的力学规律及这些规律在工程上的应用。

1. 基本概念

1）稳定流和非稳定流

流动液体具有一定的速度、压力、密度、温度等运动要素，一般密度和温度可看成常数，所以，运动要素主要有速度和压力。液体在流动时，各质点的运动要素是随时间和空间位置的变化而变化的。当液体质点在流经某一空间坐标点时，它的运动要素不随时间改变，称这种运动为稳定流；否则称之为非稳定流。

实际中，稳定流较少，但只要各运动要素变化较小，或者在较长时间内平均值是稳定不变的，便视为稳定流，如矿井排水、矿井通风、水暖工程中等液体的流动都可以看成稳定流。稳定流是工程研究的对象。

2）过流断面

过流断面指与液体流动方向相垂直的横断面，用符号 A 表示，单位为 m^2。

3）流量与断面平均流速

流量是指单位时间内通过过流断面的液体的体积，用 q 表示，单位为 m^3/s。

断面平均流速是指流量除以过流断面得到的商（图 1－4），用 v 表示，单位为 m/s，其计算公式为

$$v = \frac{q}{A} \tag{1-7}$$

2. 液体流动的连续性方程

液体的连续性方程是质量守恒定律在液体力学中的一种应用形式。如图 1－5 所示，在单位时间内流入断面 1—1 的液体质量应等于流出断面 2—2 的液体质量。即

$$\rho A_1 v_1 = \rho A_2 v_2 = 常数$$

两边同除以 ρ 得

$$A_1v_1 = A_2v_2 = q = 常数 \tag{1-8}$$

或

$$\frac{v_1}{v_2} = \frac{A_2}{A_1}$$

式（1－8）称为连续性方程式。

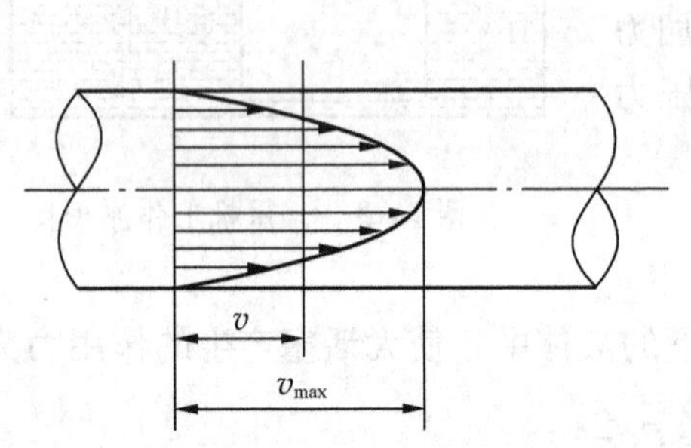

图1－4　断面平均流速

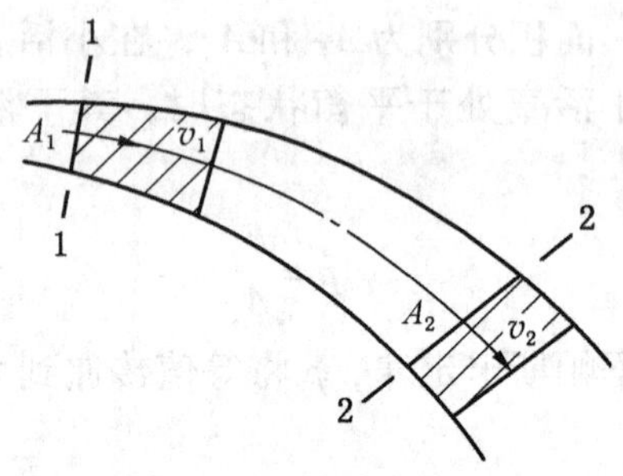

图1－5　连续方程的推证

3. 液体的能量方程

自然界中能量是守恒的，液体的能量也是守恒的。液体在流动中内部能量可以相互转换，但总的能量保持不变。液体内部的能量转换规律称为能量方程式，又叫伯努利方程式。它是能量守恒与转换定律在液体力学中的具体应用，是液体力学中重要的基本方程式。

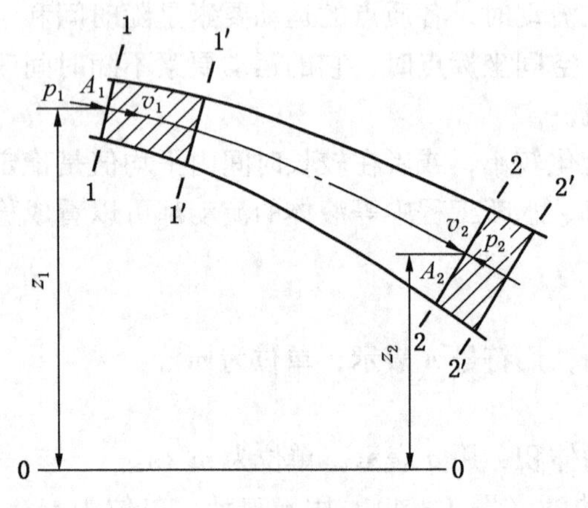

图1－6　能量方程式的推证

1）能量方程的推导

如图1－6所示，重力作用下的液体作稳定流动，在其上任取两断面1—1和2—2。两断面的面积分别为 A_1、A_2，流速分别为 v_1、v_2，压力分别为 p_1、p_2，距离基准面0—0的高度分别为 z_1、z_2。经过 dt 时间后，流段由1—2位置流到1′—2′位置。

根据动能定理，外力在 dt 时间内所做的功等于该时间段的动能的增量。

压力所做的功为

$$p_1A_1v_1\mathrm{d}t - p_2A_2v_2\mathrm{d}t = (p_1 - p_2)q\mathrm{d}t$$

重力所做的功为

$$mgz_1 - mgz_2 = \rho A_1v_1\mathrm{d}tgz_1 - \rho A_2v_2\mathrm{d}tgz_2 = \gamma q(z_1 - z_2)\mathrm{d}t$$

动能的增量为

$$\frac{mv_2^2}{2} - \frac{mv_1^2}{2} = \frac{v_2^2 - v_1^2}{2}\rho q\mathrm{d}t$$

所以

$$(p_1 - p_2)q\mathrm{d}t + \gamma q(z_1 - z_2)\mathrm{d}t = \frac{v_2^2 - v_1^2}{2}\rho q\mathrm{d}t$$

整理并移项得

$$z_1+\frac{p_1}{\gamma}+\frac{v_1^2}{2g}=z_2+\frac{p_2}{\gamma}+\frac{v_2^2}{2g} \tag{1-9}$$

式（1－9）为理想液体的能量方程，即理想液体的伯努利方程。对于实际液体，由于黏性的存在，流动中必然产生摩擦阻力，消耗一部分能量。另外，以断面平均流速代替实际流速计算动能时，需乘以修正因数 α。如果用 h_w 表示单位重力液体从一断面流到另一断面的能量损失，则实际液体总流的能量方程为

$$z_1+\frac{p_1}{\gamma}+\frac{\alpha_1 v_1^2}{2g}=z_2+\frac{p_2}{\gamma}+\frac{\alpha_2 v_2^2}{2g}+h_w \tag{1-10}$$

式中　α_1、α_2——动能修正因数。

式（1－10）两边乘以 γ，即可变为液压传动常用的能量方程，即

$$p_1+\rho g z_1+\frac{\alpha_1 \rho v_1^2}{2}=p_2+\rho g z_2+\frac{\alpha_2 \rho v_2^2}{2}+\Delta p_w \tag{1-11}$$

式中　Δp_w——单位体积液体的能量损失，常称为压力损失。

2）能量方程的意义

从物理学的观点来看，能量方程中的各项表示液体的某种能量，其单位是 J/N，或 m。

z 表示单位重力液体所具有的位置势能，简称单位位能或比势能；p/γ 表示单位重力液体所具有的压力能，简称单位压能或比压能；$\alpha v^2/2g$ 表示单位重力液体所具有的速度能，简称单位动能或比动能；h_w 表示单位重力液体从一断面流至另一断面因克服各种阻力所引起的能量损失，简称单位能量损失。$z+p/\gamma+\alpha v^2/2g$ 表示单位重力液体所具有的总能量。

如果用 E_1 和 E_2 分别表示两个断面的总能量，则式（1－11）可写成

$$E_1=E_2+h_w$$

可见，$E_1>E_2$。这说明液体总是从高能量的断面流向低能量的断面。

3）能量方程的应用条件

（1）液体的流动必须是稳定流。实际上稳定流很少，但只要各运动要素变化较小，或者在较长时间内平均值是稳定不变的，便可视为稳定流。

（2）液体不可压缩。适用于压缩性很小的液体，也适用于无压缩性或压缩性很小的气体。

（3）所选的两过流断面为缓变流。

（4）两断面间没有能量输入或输出。如果有能量输入或输出，能量方程应写为

$$z_1+\frac{p_1}{\gamma}+\frac{\alpha_1 v_1^2}{2g}\pm H=z_2+\frac{p_2}{\gamma}+\frac{\alpha_2 v_2^2}{2g}+h_w$$

式中　$\pm H$——单位重力液体获得或失去的能量，m。

（5）所选两断面之间应没有分流或合流情况，即符合连续性方程，q 为常数。

（6）两断面的压力可取为绝对压力，亦可取为相对压力，但二者的基准应统一。

第二节　液压传动的基本知识

一、液压传动的工作原理及系统组成

（一）工作原理

液压传动是用液体作为工作介质来传递能量和进行控制的传动方式。

液压传动的工作原理可以用一个液压千斤顶的工作原理来说明。如图 1－7a 所示是液压千斤顶的工作原理图。大油缸和大活塞组成举升液压缸。杠杆手柄、小油缸、小活塞、单向阀组成手动液压泵。如提起手柄使小活塞向上移动，小活塞下端油腔容积增大，形成局部真空，这时单向阀 4 打开，通过吸油管从油箱中吸油；用力压下手柄，小活塞下移，小活塞下腔压力升高，单向阀 4 关闭，单向阀 7 打开，下腔的油液经管道 6 输入举升油缸的下腔，迫使大活塞向上移动，顶起重物。再次提起手柄吸油时，单向阀 7 自动关闭，使油液不能倒流，从而保证了重物不会自行下落。不断地往复扳动手柄，就能不断地把油液压入举升缸下腔，使重物逐渐地升起。如果打开截止阀，举升缸下腔的油液通过管道 10、截止阀流回油箱，重物就向下移动。这就是液压千斤顶的工作过程。

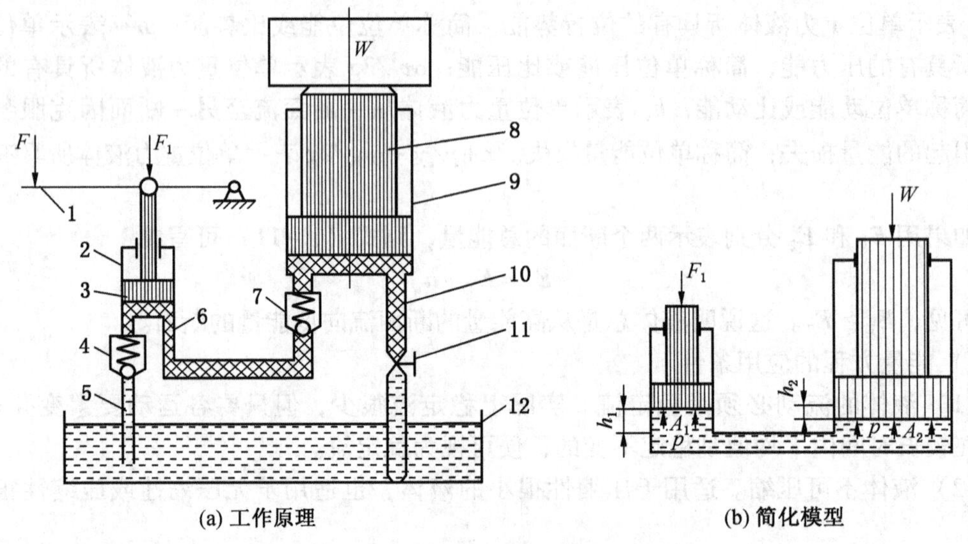

1—杠杆手柄；2—小油缸；3—小活塞；4、7—单向阀；5—吸油管；6、10—管道；8—大活塞；9—大油缸；11—截止阀；12—油箱

图 1－7　液压千斤顶工作原理及简化模型图

通过对上面液压千斤顶工作过程的分析，可以得出液压传动的工作原理：利用液压泵将电动机或其他原动机输出的机械能转变为液体的压力能，然后在控制元件的控制和辅助元件的配合下，通过执行元件把液体的压力能转变为机械能，从而完成直线或回转运动并对外做功。

图 1－7b 所示为液压千斤顶的简化模型，据此可分析两活塞之间的力比例关系、运动

关系和功率关系。

1. 力比例关系

当大活塞上有重物负载 W 时，根据帕斯卡定律，在密闭容器内，施加于静止液体上的压力将以等值同时传到液体各点，那么在小活塞下腔就必须要产生一个等值的压力 p，即小活塞上必须施加力 F_1（$F_1 = pA_1$），因而有

$$p = \frac{F_1}{A_1} = \frac{W}{A_2} \tag{1-12}$$

$$W = \frac{A_2}{A_1}F_1 \tag{1-13}$$

式中 A_1、A_2——小活塞和大活塞的作用面积；

F_1——杠杆手柄作用在小活塞上的力。

由式（1-12）可知，液压传动的工作压力取决于负载，而与输入的液体流量大小无关。

2. 运动关系

如果不考虑液体的可压缩性，则从图1-7b可以看出，被小活塞压出的油液的体积必然等于大活塞向上升起后大缸扩大的体积。即

$$A_1h_1 = A_2h_2 \tag{1-14}$$

式中 h_1、h_2——小活塞和大活塞的位移。

将式（1-14）两端同除以活塞移动的时间 t，得

$$A_1v_1 = A_2v_2 = q \tag{1-15}$$

或

$$v_2 = \frac{A_1}{A_2}v_1 = \frac{q}{A_2} \tag{1-16}$$

式中 v_1、v_2——小活塞和大活塞的运动速度。

式（1-16）说明，活塞的运动速度取决于进入液压缸的流量，而与液体压力大小无关。

3. 功率关系

由式（1-13）和式（1-16）可得

$$F_1v_1 = Wv_2 \tag{1-17}$$

式（1-17）左端为输入功率，右端为输出功率，这说明在不计损失的情况下输入功率等于输出功率，由式（1-17）还可得出

$$P = pA_1v_1 = pA_2v_2 = pq \tag{1-18}$$

由式（1-18）可以看出，液压传动的功率 P 可以用压力 p 和流量 q 的乘积来表示。压力 p 和流量 q 是液压传动中最基本、最重要的两个参数，相当于机械传动中的力和速度，它们的乘积即为功率。

应该指出，液压传动的工作压力取决于负载，而与流量大小无关；执行元件的速度取决于流量，而与液体压力大小无关。

（二）系统组成

液压传动系统简称液压系统。一个完整的、能够正常工作的液压系统，由动力元件、执行元件、控制元件、辅助元件和工作介质组成。

（1）动力元件。它是供给液压系统压力油，把机械能转换成压力能的装置。最常见的形式是液压泵。

（2）执行元件。它是把压力能转换成机械能的装置。其形式有做直线运动的液压缸，有作回转运动的液压马达。

（3）控制元件。它是对系统中油液的压力、流量或流动方向进行控制或调节的装置。控制元件常称控制阀，其类型有压力控制阀、方向控制阀和流量控制阀等。

（4）辅助元件。它是指除上述 3 部分以外的其他元件，如管路、管接头、油箱、蓄能器、密封件和监测仪表等。它们用于完善系统性能，保证系统正常工作。

（5）工作介质。它是能量的载体，也是液压元件的润滑剂。

二、工作液体

（一）工作液体的主要物理性质

1. 密度与重度

液体的密度是指单位体积的液体的质量，用 ρ 表示（单位为 kg/m^3），其计算公式为

$$\rho = \frac{m}{V} \tag{1-19}$$

式中 m——液体的质量，kg；

V——液体的体积，m^3。

液体的重度是指单位体积的液体的重力，用 γ 表示（单位为 N/m^3），其计算公式为

$$\gamma = \frac{G}{V} \tag{1-20}$$

式中 G——液体的重力，N；

V——液体的体积，m^3。

因 $G=mg$，由式（1-19）和式（1-20）得液体的重度与密度的关系式为

$$\gamma = \rho g \tag{1-21}$$

式中 g——当地的重力加速度，m/s^2，一般取 $g=9.81\ m/s^2$。

需要说明的是：液体的密度与它在地球上的位置无关，而液体的重度与它所处的位置有关，因为地球上不同地点的重力加速度不同，所以重度也就不一样；另外，液体的密度和重度受外界压力和温度的影响，当指出某种液体的密度或重度时，必须指明所处的外界压力和温度条件。

表 1-1 给出了几种常见液体在不同温度下的密度和重度，以便选用。

表 1-1 几种常见液体在标准大气压（101325 Pa）和不同温度下的密度和重度

液体名称	密度/（$kg\cdot m^{-3}$）	重度/（$kN\cdot m^{-3}$）	测量温度/℃
水	999.87	9.809	0
水	999.72	9.807	10
水	998.2	9.792	20
水银	13550	132.926	20
酒精	790	7.742	20

2. 压缩性和膨胀性

液体的压缩性是指液体的体积随压力的增加而缩小的性质。液体的膨胀性是指液体的体积随温度的升高而增大的性质。

液体的压缩性与膨胀性很小，当压力和温度变化不大时，可以认为液体的体积不发生变化，既不可压缩又不膨胀。但是在一些特殊情况（如水击现象）下，就必须考虑其影响，否则液体的压缩性与膨胀性引起的影响将会造成很大的误差。

3. 黏性

液体流动时，液体分子间因相对运动产生内摩擦力而阻碍其相对运动的性质，称为液体的黏性。黏性对液体的运动起拖阻作用。如图 1－8 所示为液体的黏性示意图，设上平板以速度 u_0 向右运动，下平板固定不动，紧贴于上平板上的液体黏附于上平板上，其速度与上平板相同。紧贴于下平板上的液体黏附于下平板上，其速度为零。中间液体的速度按线性分布。这种流动可看成是许多无限薄的液体层在运动，当运动较快的液体层在运动较慢的液体层上滑过时，两层间由于黏性就产生内摩擦力。为了维持液体的运动状态，必须消耗一定的能量来克服内摩擦力，这就是液体运动时产生能量损失的原因之一。

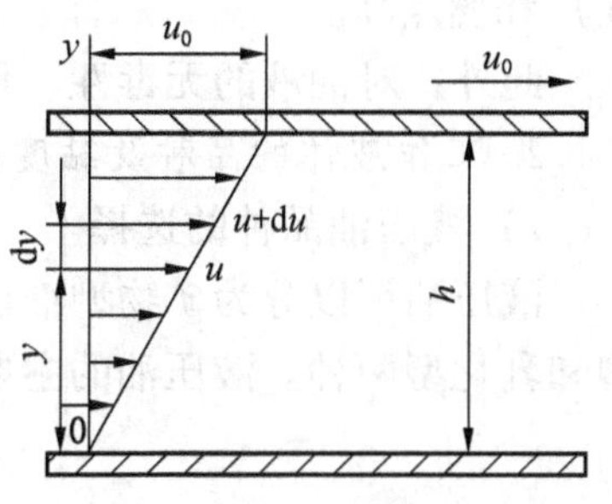

图 1－8　液体的黏性示意图

不同的液体，其黏性一般也不同。黏性的大小用黏度表示，通常有动力黏度、运动黏度和相对黏度 3 种度量方法：动力黏度反映液体黏性的动力特征，表征液体抵抗变形的能力，用 μ 表示（单位为 Pa · s 或 N · s/m²）；运动黏度表示液体在一个标准大气压和同一温度下，液体的动力黏度与其密度的比值，用 ν 表示（单位为 m²/s）；相对黏度是指在规定的条件下用特定的黏度计直接测定的黏度，根据测定条件不同，有恩氏黏度、赛氏黏度和雷氏黏度几种，各国采用的相对黏度也不同，我国采用恩氏黏度。

压力和温度对液体的黏性都有影响，液体的黏性随压力的升高而增大，但在压力不很高时，其黏性变化很小，可以忽略。温度对油液黏度的影响很大，当油温升高时，其黏度显著下降，这一特性称为油液的黏温特性。它直接影响液压系统的性能和泄漏量，因此希望油液的黏度随温度的变化越小越好。

（二）工作液体的选择

1. 对工作液体的要求

工作液体是液压传动系统的重要组成部分，是用来传递能量的工作介质。除了传递能量外，它还起着润滑运动部件和保护金属不被锈蚀的作用。工作液体的质量及其各种性能将直接影响液压系统的工作，从液压系统使用工作液体的要求来看，有下面几点：

（1）适宜的黏度和良好的黏温性能。一般液压系统所用的液压油其黏度范围为 $(11.5 \sim 35.3) \times 10^{-6}\ m^2/s$（$2 \sim 5°E_{50}$）。

（2）润滑性能好。在液压传动机械设备中，除液压元件外，其他一些有相对滑动的零件也要用液压油来润滑，因此，液压油应具有良好的润滑性能；为了改善液压油的润滑性能，可加入添加剂以增加其润滑性能。

（3）良好的化学稳定性。良好的化学稳定性主要体现在对热、氧化、水解、相容都具有良好的稳定性。

（4）对金属材料具有防锈性和防腐性。

（5）比热、热传导率大，热膨胀系数小。

（6）抗泡沫性好，抗乳化性好。

（7）油液纯净，含杂质量少。

（8）流动点和凝固点低，闪点（明火能使油面上油蒸气内燃，但油本身不燃烧的温度）和燃点高。

此外，对油液的无毒性、价格便宜等，也应根据不同的情况有所要求。

2. 工作液体的品种及黏度的确定

1）液压油品种的选择

液压油可以分为矿物型液压油和难燃型液压油两大类，其中，难燃型液压油包括合成型和乳化型两种。液压油的主要品种、ISO 代号及其特性、用途见表 1－2。

表 1－2　液压油的主要品种及特性和用途

类　型	名　　称	ISO 代号	特　性　和　用　途
矿物型	基础油	L－HH	无添加剂的石油基液压油，抗氧化性、抗泡沫性较差，主要用于机械润滑
	普通液压油	L－HL	精制矿物油加添加剂，提高抗氧化和防锈性能，适于一般设备的中低压系统
	抗磨液压油	L－HM	L－HL 油加添加剂，改善抗磨性能，适用于工程机械、车辆液压系统
	液压导轨油	L－HG	L－HM 油加添加剂，改善黏温特性，适用于机床中液压和导轨润滑合用的系统
	低温液压油	L－HV	可用于环境温度－40～－20 ℃的高压系统
	高黏度指数液压油	L－HR	L－HL 油加添加剂，改善黏温特性，适用于对黏温特性有特殊要求的低压系统
合成型	水－乙二醇液	L－HFC	难燃，黏温特性和抗蚀性好，能在－30～60 ℃范围内使用，适用于有抗燃要求的中低压系统
	磷酸酯液	L－HFDR	难燃，润滑抗磨性和抗氧化性能良好，能在－54～135 ℃范围内使用，但有毒，适用于有抗燃要求的高压精密系统中
乳化型	水包油乳化液	L－HFA	含油为 5%～10%，含水量 90%～95%，另加各种添加剂；特点是难燃，黏温特性好，有一定的防锈能力，但润滑性差，易泄漏
	油包水乳化液	L－HFB	含油为 60%，含水量 40%，另加各种添加剂；特点是有较好的润滑性、防锈性、抗燃性，但使用温度不能高于 65 ℃

矿物型液压油的润滑性和防锈性好，黏度等级范围也较宽，因而在液压系统中应用很广。矿物型液压油具有可燃性，为了安全起见，在一些高温、易燃、易爆的工作场合，常用水包油、油包水等乳化液或水－乙二醇、磷酸酯等合成液。

2）液压油黏度等级的确定

黏度对液压统工作的稳定性、可靠性、效率及磨损都有显著的影响。在一定条件下，选用的油液黏度太高或太低都会影响系统的正常工作。黏度高的油液流动时产生的阻力较大，克服阻力所消耗的功率较大，而此功率损耗又将转换成热量使油温上升。黏度太低，会使泄漏量加大，使系统的容积效率下降。在确定黏度时可根据设备厂家推荐的品种号数来选用，或者根据系统的工作环境、工作压力及经济性等因素综合考虑。

（1）工作压力。为减少泄漏，对于工作压力较高的液压系统，宜选用黏度较大的液压油。在一般环境温度（$t<38$ ℃）的情况下，可根据不同压力级别来选择黏度，即：低压（$0<p<2.5$ MPa）时，$\nu=10\sim30$ mm^2/s；中压（$2.5<p<8$MPa）时，$\nu=20\sim40$ mm^2/s；中高压（$8<p<16$ MPa）时，$\nu=30\sim50$ mm^2/s；高压（$16<p<32$ MPa）时，$\nu=40\sim60$ mm^2/s。

（2）运动速度。为了减小液流的摩擦阻力，当液压系统的工作部件运动速度较高时，宜选用黏度较低的液压油。

（3）环境温度。周围环境温度超过40 ℃时，应适当提高油液的黏度。夏季选黏度较高的油液，冬季选黏度较低的油液。

（4）液压泵的类型。在液压系统的所有元件中，液压泵对液压油的性能最为敏感，因为泵内零件的运动速度很高，承受的压力较大，润滑要求苛刻，温升高；因此，常根据液压泵的类型及要求来选择液压油的黏度。各类液压泵适用的黏度范围见表1－3。

表1－3　液压泵适用的黏度范围及牌号

液压泵名称		黏度范围/(mm^2·s^{-1})		工作压力/MPa	工作环境温度/℃	推荐用油
		允许	最佳			
齿轮泵		4～220	25～54	<12.5	5～40	L－HH32、L－HH46
					40～80	L－HH46、L－HH68
				10～20	5～40	L－HH46、L－HH68
					40～80	L－HH46、L－HH68
				16～32	5～40	L－HH32、L－HH68
					40～80	L－HH46、L－HH68
叶片泵	1200 r/min 1800 r/min	16～220 20～220	26～54 26～54	7	5～40	L－HH32、L－HH46
					40～80	L－HH46、L－HH68
				>14	5～40	L－HH32、L－HH46
					40～80	L－HH46、L－HH68
柱塞泵	径向式 轴向式	10～65 4～76	16～48 20～47	14～35	5～40	L－HH32、L－HH46
					40～80	L－HH46、L－HH68
				>35	5～40	L－HH32、L－HH68
					40～80	L－HH68、L－HH100
螺杆泵		19～49		>10.5	5～40	L－HH32、L－HH46
					40～80	L－HH46、L－HH68

注：液压油代号中L是石油产品的总分类号“润滑剂和有关产品”，H表示液压系统用的工作液体，数字表示该工作液体的某个黏度等级。

三、液压冲击和气穴现象

1. 液压冲击

在液压系统中，当油路突然换向或突然关闭时，会使液流速度和方向发生急剧变化，由于液流惯性或工作部件的惯性，使液体的动能变为压力能，且以声波的速度在液体中迅速传播，引起液压力在一瞬间突然升高，产生很高的压力峰值，这种现象称为液压冲击。液压冲击时产生的压力峰值往往比正常工作压力高好几倍，这种瞬间压力冲击不仅引起振动和噪声，而且会损坏密封装置、管路和液压元件，有时还会使某些液压元件（如压力继电器、液动换向阀、顺序阀等）产生误动作，造成设备事故。

减小液压冲击的主要措施有以下几点：

（1）延长阀门关闭和运动部件制动换向的时间，可采用换向时间可调的换向阀。

（2）限制管路流速及运动部件的速度，一般在液压系统中将管路流速控制在4.5 m/s以内，而运动部件的质量越大，越应控制其运动速度不要太大。

（3）适当增大管径，不仅可以降低流速，而且可以减小压力冲击波的传播速度。

（4）尽量缩短管道长度，可以减小压力波的传播时间。

（5）用橡胶软管或在冲击源处设置蓄能器，以吸收冲击的能量；也可以在容易出现液压冲击的地方安装限制压力升高的安全阀。

2. 气穴现象

气穴现象又称为空穴现象。在液压系统中，如果某点处的压力低于液压油液所在温度下的空气分离压，原先溶解在液体中的空气就会分离出来，使液体中迅速出现大量气泡，这种现象就叫作气穴现象。

油液中都溶解有一定量的空气，一般溶解5% ~6%体积的空气。油液能溶解的空气量与绝对压力成正比，在大气压下正常溶解于油液中的空气，当压力低于大气压时，就成为过饱和状态。在一定的温度下，如压力降低到某一值时，过饱和的空气将从油液中分离出来形成气泡，这一压力值称为该温度下的空气分离压。当发生气穴现象时，气泡随着流动的液体被带到高压区，气泡体积急剧缩小或溃灭，并又重新混入或溶于液体中凝结成液体。在气泡凝结处瞬间局部压力和温度急剧上升，产生冲击，还伴随有噪音和振动，产生氧化变质。如果在反复的冲击和高温作用下，在游离出来的氧气侵蚀下，管壁或液压元件表面将产生剥落破坏，这种因气穴现象而产生的机械剥蚀和化学腐蚀现象称为气蚀现象。气蚀不严重时，对设备的运行和性能影响不明显；反之，严重气蚀，会影响油液正常流动，噪声和振动也很大，甚至造成断流，缩短设备的寿命。因此，设备在运行时应严格防止气蚀现象的发生。为减少气穴现象和气蚀的危害，一般采取如下一些措施：

（1）减小阀孔口或其他元件通道前后的压力降。

（2）尽量降低液压泵的吸油高度；采用内径较大的吸油管并少用弯头；吸油管端的过滤器容量要大，以减小管路阻力；必要时对大流量泵采用辅助泵供油。

（3）各元件的连接处要密封可靠，以防止空气进入。

（4）对容易产生气蚀的元件，如泵的配油盘等，要采用抗腐蚀能力强的金属材料，增强元件的机械强度。

第三节　液　　压　　泵

一、液压泵的工作原理及种类

1. 工作原理

图1－9所示为液压泵的工作原理图。柱塞装在缸体内，并可做左右移动，在弹簧的作用下，柱塞紧压在偏心轮的外表面上。当电机带动偏心轮旋转时，偏心轮推动柱塞左右运动，使密封容积V的大小发生周期性的变化。当V由小变大时就形成部分真空，使油箱中的油液在大气压的作用下，经吸油管道顶开单向阀进入油腔实现吸油；反之，当V由大变小时，腔中吸满的油液将顶开单向阀流入系统而实现压油。电机带动偏心轮不断旋转，液压泵就不断地吸油和压油。由此可知，液压泵的工作原理是利用密封容积的大小不断交替变化完成吸油和压油，从而实现将电动机（或其他原动机）输出的机械能转换为工作液体的压力能。从上述液压泵的工作原理可以看出，其基本的工作条件是：

（1）它必须构成密封容积，并且这个密封容积在不断的变化中能完成吸油和压油过程。凡是利用密封容积变化来工作的泵都称为容积式泵，液压传动中所用的泵是容积式泵。

（2）在密封容积增大的吸油过程中，油箱必须与大气相通（或保持一定的压力）。这样，液压泵在大气压力的作用下将油吸入泵内，这是液压泵的吸油条件。在密封容积减小的压油过程中，液压泵的压力决定于油液排出时所遇到的阻力，即液压泵的压力由外负载来决定，这是形成压力的条件。

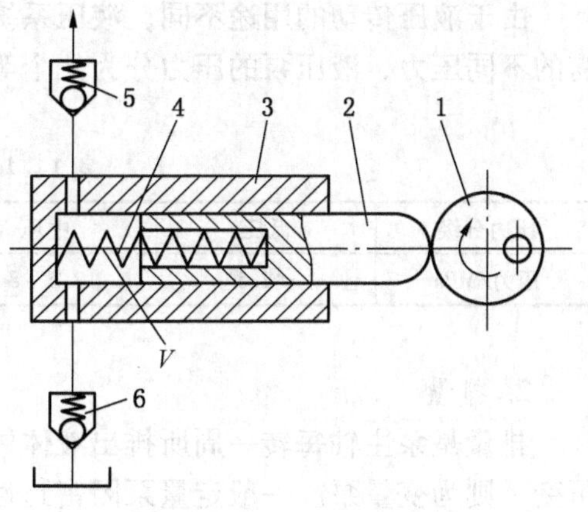

1—偏心轮；2—柱塞；3—缸体；
4—弹簧；5、6—单向阀

图1－9　液压泵工作原理图

（3）吸、压油腔要相互分开并且有良好的密封性。如图1－9所示，如果没有吸油阀，密封容积增大时可以吸油，但减少时又会将吸上来的油压回油箱；若没有压油阀，压出去的油在吸油时又会倒流回来。吸油阀和压油阀是配油装置，其作用是将吸、压油腔分开，保证吸油时，油腔与油箱相通而切断压油通道；压油时，油腔与压油管道相通而与油箱切断。各种泵的配油装置形式各有所异，它们是泵工作必不可少的部分。

2. 种类

液压泵按其结构形式的不同，可分为齿轮式、叶片式和柱塞式等类型；按其排量能否调节，可分为定量式和变量式两类；按其输油方向能否改变，可分为单向泵和双向泵；按其额定压力的高低，可分为低压泵、中压泵、中高压泵、高压泵和超高压泵。液压泵的图形符号如图1－10所示。

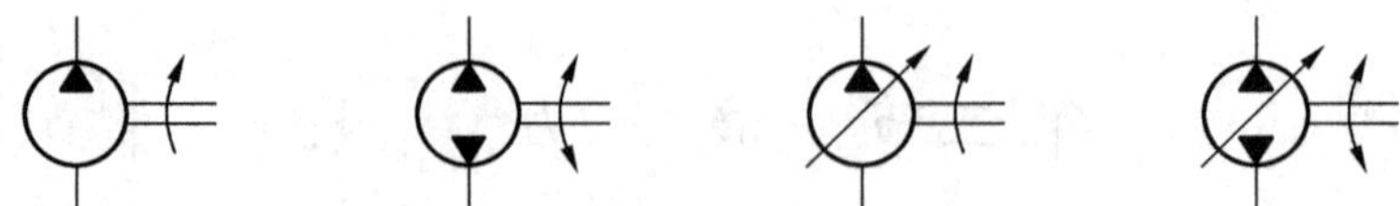

(a) 单向定量液压泵　(b) 双向定量液压泵　(c) 单向变量液压泵　(d) 双向变量液压泵

图1－10　液压泵的图形符号

二、液压泵的性能参数

液压泵性能参数主要包括液压泵的压力、排量、流量、功率和效率等。

1. 压力

液压泵的压力参数主要是工作压力和额定压力。

（1）工作压力。液压泵实际工作时的输出压力称为液压泵的工作压力，也称为系统压力。工作压力取决于外负载的大小和排油管路上的压力损失，而与液压泵的流量无关。负载升高，工作压力升高；反之，则工作压力降低。

（2）额定压力。液压泵在正常工作条件下，按试验标准规定连续运转的最高压力称为液压泵的额定压力。当泵的工作压力超过额定压力时，就会过载。

除此之外还有最高允许压力，它是指在超过额定压力的条件下，根据试验标准规定，允许液压泵短暂运行的最高压力值。超过此压力，泵的泄漏会迅速增加。

由于液压传动的用途不同，液压系统所需要的压力也不同，为了满足各种液压系统所需的不同压力，液压泵的压力分为几个等级，见表1－4。

表1－4　压　力　分　级

压力分级	低压	中压	中高压	高压	超高压
压力/MPa	≤2.5	2.5～8	8～16	16～32	>32

2. 排量

排量是泵主轴每转一周所排出液体体积的理论值，如泵排量固定，则为定量泵；排量可变，则为变量泵。一般定量泵因密封性较好，泄漏小，故在高压时效率较高。排量的常用单位为 mL/r。

3. 流量

流量为泵单位时间内排出的液体体积（L/min），包括理论流量 q_t、实际流量 q 和额定流量 q_n。

理论流量 q_t 是指液压泵在不计泄漏的情况下，单位时间内排出油液的体积，它等于排量 V 和转速 n 的乘积，即

$$q_t = Vn \tag{1-22}$$

实际流量 q 是指液压泵在实际工作压力下排出的流量。由于液压泵存在泄漏，所以液压泵的实际流量小于理论流量。考虑因泄漏损失的流量 Δq，即

$$q = q_t - \Delta q \tag{1-23}$$

额定流量 q_n 是指液压泵在额定转速和额定压力下输出的流量。

4. 功率

输入功率 P_i 指驱动液压泵的电动机所需的功率。输出功率 P_o 是液压泵的工作压力和实际输出流量的乘积，即

$$P_o = pq \tag{1-24}$$

式中 P_o——液压泵的输出功率，W；

p——液压泵的工作压力，Pa；

q——液压泵的实际输出流量，m^3/s。

5. 效率

(1) 容积效率 η_v。它是液压泵实际流量与理论流量之比，即

$$\eta_v = \frac{q}{q_t} = \frac{q}{Vn}$$

(2) 机械效率 η_m。由于液压泵在工作中存在机械损耗和液体黏性引起的摩擦损失，因此，液压泵的实际输入转矩 T_i 必然大于泵所需理论转矩 T_t，则

$$\eta_m = \frac{T_t}{T_i}$$

(3) 总效率 η。液压泵的总效率为其输出功率 P_o 与输入功率 P_i 之比，即

$$\eta = \frac{P_o}{P_i} = \eta_v \eta_m \tag{1-25}$$

它也等于液压泵的容积效率 η_v 与机械效率 η_m 的乘积。

三、常用液压泵

(一) 齿轮泵

齿轮泵是一种常用的液压泵，按其齿轮啮合形式分为外啮合式齿轮泵和内啮合式齿轮泵两大类。外啮合式齿轮泵应用较为广泛，下面主要介绍外啮合式齿轮泵。

1. 工作原理

图 1-11 所示为外啮合渐开线齿轮泵的工作原理图。它是分离三片式结构，三片是指泵盖两片和泵体一片。泵体内有一对相同模数、齿数的齿轮相互啮合，由于齿轮两端面与泵盖的间隙以及齿轮的齿顶与泵体内表面的间隙很小，因此将齿轮泵的壳体内部分隔成左、右两个密封容积。当主动齿轮按逆时针方向旋转时，右侧的轮齿逐渐脱离啮合，露出齿间，其密封容积逐渐增大，形成局部真空，油箱的油液在大气压力的作用下经泵的吸油口进入这个密封容积——吸油腔。随着齿轮的转动，每个齿轮的齿间把油液从右

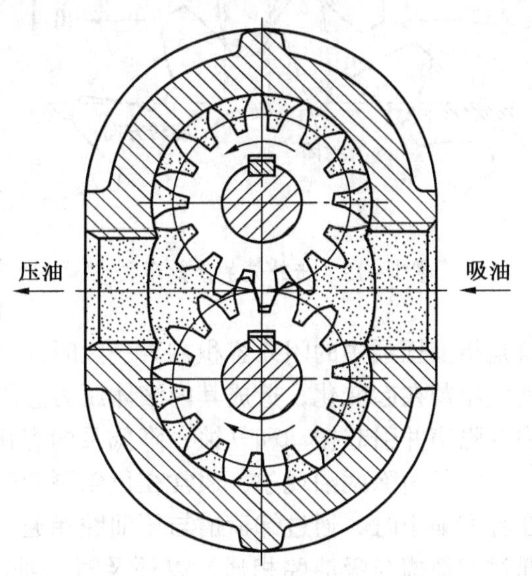

图 1-11 齿轮泵的工作原理图

侧带到左侧密封容积，轮齿在左侧进入啮合时，使左侧密封容积逐渐减小，把齿间油液挤出，油液从压油口输出，左侧的密封容积是压油腔。这就是齿轮泵的吸油和压油过程。当齿轮泵不断地旋转时，齿轮泵的吸、压油口就不断地吸油和压油。由于在齿轮啮合过程中，啮合点沿啮合线移动，把左、右两密封容积分开，起到配油作用，因此在齿轮泵中没有单独的配油装置。

2. 性能特点

1）泄漏

在齿轮泵工作时，存在3处可能产生内泄漏的部位，即啮合处的齿面间隙、径向间隙、轴向间隙。这使得压力液体从排液腔向吸液腔泄漏。

啮合处的齿面间隙是指啮合点处两齿轮齿面间的接触间隙。由于制造精度的误差，啮合处不可能严密接触，由于啮合力使齿面互相压紧，所以此处间隙很小，齿面间隙泄漏量也很小，约占总泄漏量的4% ~5% 。

径向间隙是指齿顶与泵体的配合间隙。因为齿轮旋转方向与圆周泄漏方向相反，使泄漏受阻滞，且泄漏距离长，再由于轴承存在间隙，在排液腔压力作用下，齿轮被压向吸液腔一侧，使此处径向间隙很小，所以径向间隙的泄漏量也不大，约占总泄漏量的15% ~20% 。

轴向间隙是指齿轮端面与端盖之间的平面配合间隙。此处配合面积大，加工和配合精度难以保证，泄漏途径又短，同时齿轮旋转圆周方向在一定区域内（靠近啮合处）与泄漏方向一致。所以，导致轴向间隙成为主要的泄漏渠道，且轴向间隙泄漏量最大，约占总泄漏量的75% ~80% 。

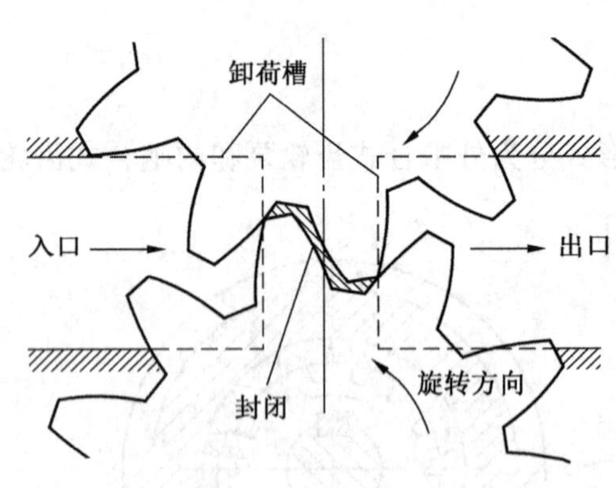

图1－12　齿轮泵的困油现象

2）困油现象

为了使齿轮平稳地啮合运转，吸、压油腔应严格地密封以及连续地供油。根据齿轮的啮合原理，必须使齿轮的重合度大于1，即在齿轮泵工作时有两对轮齿同时啮合，因此，就有一部分油液困在两对轮齿所形成的密闭容积（闭死容积）之内，如图1－12所示。这个闭死容积先随齿轮转动逐渐减小，以后又逐渐增大。闭死容积的减小会使被困油液受挤压而产生高压，并从缝隙中流出导致油液发热；闭死容积的增大又会造成局部真空，使溶于油液中的气体分离出来，产生气穴。简言之，困油现象是指液压泵中的闭死容积在某一段时间内，既不和吸油腔相通，也不和排油腔相通，而其大小却在起变化，造成其内液体压力急剧上升或降低的现象。困油现象使齿轮泵产生强烈的噪声并引起振动和气蚀，降低泵的容积效率，影响工作平稳性，缩短使用寿命。

为了消除困油现象，通常在齿轮泵两端盖内侧面上铣出两个卸荷槽。目的是使困油区在容积缩小时，通过卸荷槽与压油腔相通，以便及时将被困油液排出；困油区容积增大时通过卸荷槽与吸油腔相通，以便及时补油。两槽之间的距离必须保证吸、压油腔互不相通，一般的齿轮泵两卸荷槽非对称开设，向吸油腔偏移一定距离。

3）径向力不平衡

齿轮泵工作时，在齿轮和轴承上承受径向液压力的作用。齿轮泵在压油腔内有液压力作用于齿轮上，沿着齿顶的泄漏油，具有大小不等的压力，就是齿轮和轴承受到的径向不平衡力。液压力越高，这个不平衡力就越大，其结果不仅加速了轴承的磨损，降低了轴承的寿命，甚至使轴变形，造成齿顶和泵体内壁的摩擦等。为了解决径向力不平衡问题，在有些齿轮泵上（如CB－B型），采用缩小压油腔，以减少液压力对齿顶部分的作用面积来减小径向不平衡力，所以，CB－B型泵的压油口孔径比吸油口孔径要小。

（二）叶片泵

叶片泵按其结构来分有单作用式叶片泵和双作用式叶片泵两大类。单作用式叶片泵主要用作变量泵，双作用式叶片泵用作定量泵。

1. 单作用式叶片泵

单作用式叶片泵工作原理如图1－13所示，主要由泵体、转子、定子、叶片、配油盘（端盖）等组成。转子上面开有均匀分布的径向倾斜沟槽，装在沟槽内的叶片能在槽内自由滑动。转子装在定子内，两者轴线有一偏心距 e。转子的两侧装有固定的配油盘。当转子回转时，由于惯性力和叶片根部压力油的作用，使叶片顶部紧靠在定子的内表面上，这样就在定子、转子、叶片和配油盘、端盖间形成若干个密封容积。配油盘上开有两个互不相通的油窗，吸油窗与泵的吸油口相通，压油窗与泵的压油口相通。工作时，配油盘的作用：当转子按图示方向回转时，在吸油区一侧（右侧）叶片逐渐伸出，密封容积逐渐增大，形成局部真空，从吸油窗吸油；在压油区一侧（左侧），叶片逐渐被定子内表面压进转子沟槽内，密封容积逐渐缩小，将油液从压油窗压出。在吸油区和压油区之间，有一段封油区将它们分开。

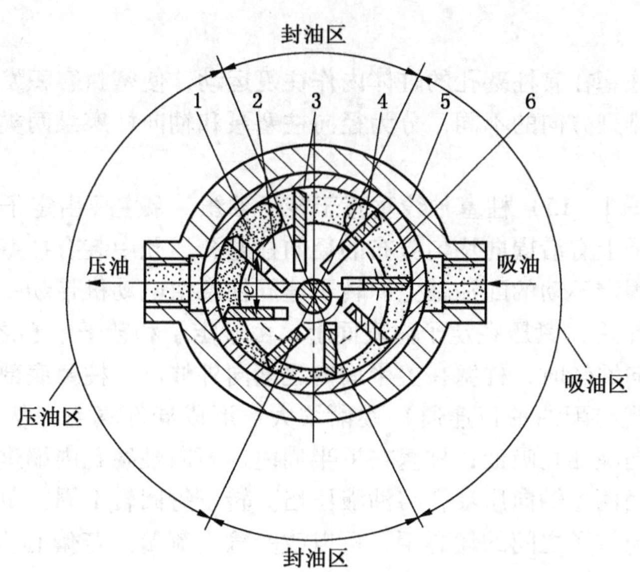

1—配油盘压油窗；2—转子；3—定子；4—叶片；5—泵体；6—配油盘吸油窗

图1－13 单作用式叶片泵工作原理图

这种叶片泵，由于转子每回转一周，每个密封容积完成一次吸油和压油，所以称为单作用式叶片泵；另一方面转子单向承受压油腔油压的作用，径向压力不平衡，转子轴与轴承受到较大的径向力，故又称非卸荷式叶片泵，工作压力不宜过高。这种泵的最大特点是输出流量可以调节，只要改变转子中心与定子中心的偏心距 e 和偏心方向，就能改变输出流量的大小和输油方向。如增大偏心距，密封容积的变化量增大，输出流量随之变大。

2. 双作用式叶片泵

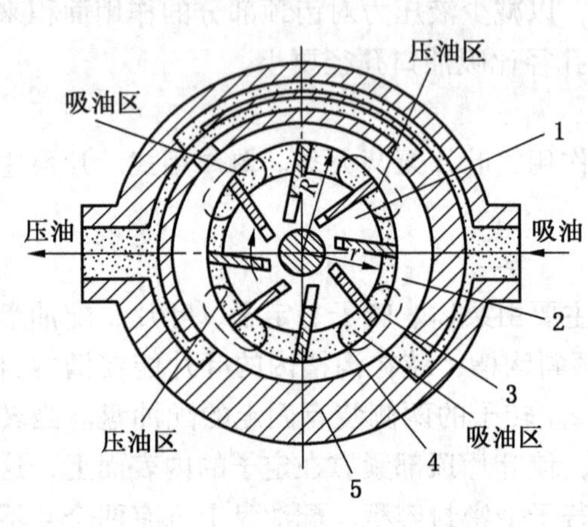

1—转子；2—定子；3—叶片；4—配油盘；5—泵体

图1－14 双作用式叶片泵工作原理图

图1－14所示为双作用式叶片泵的工作原理，它主要由转子、定子、叶片、配油盘和泵体等构成。转子和定子同心安装。定子内表面由两段长径 R 圆弧、两段短径 r 圆弧和四段过渡曲线组成。转子旋转时，由于离心力和叶片根部油压作用，使叶片顶部紧靠在定子内表面上，这样，在每两个叶片之间和定子的内表面、转子的外表面及前后配油盘间形成若干个密封容积。如图所示，转子顺时针旋转时，密封容积在左上角和右下角逐渐增大，形成局部真空而吸油，为吸油区；在右上角和左下角逐渐减小而压油，为压油区。吸油区和压油区之间有一段封油区把他们隔开。这种泵的转子每转一周，每个密封容积完成吸油、压油各两次，故称为双作用叶片泵。又因为泵的两个吸油区和压油区是径向对称的，使作用在转子上的径向液压力平衡，所以又称为卸荷式叶片泵。

（三）柱塞泵

柱塞泵是利用柱塞在有柱塞孔的缸体内作往复运动，使密封容积发生变化而实现吸油和压油的。按柱塞排列方向的不同，分为径向柱塞泵和轴向柱塞泵两类。

1. 径向柱塞泵

径向柱塞泵（图1－15）柱塞轴线垂直于转子轴线，泵主要由定子、转子、柱塞、和配油轴等组成。转子上有沿周向均匀分布的径向柱塞孔，孔中装有柱塞。青铜衬套与转子紧密配合，套装在固定不动的配油轴上。转子连同柱塞由电动机带动一起回转，柱塞靠惯性力（或低压油液作用）紧压在定子内表面上。由于定子和转子中心之间有偏心距 e，所以当转子按图示方向回转时，柱塞在上半周内逐渐向外伸出，柱塞底部与柱塞孔间的密封容积（经衬套上的孔与配油轴相连通）逐渐增大，形成局部真空，从而通过固定不动的配油轴上面两个轴向吸油孔吸油；柱塞在下半周内逐渐向柱塞孔内缩进，密封容积逐渐减小，通过配油轴下面两个轴向压油孔将油液压出。转子每回转1周，每个柱塞吸油、压油各一次。改变定子与转子之间的偏心距，可以改变输出流量。若偏心方向改变（偏心距 e 由正值变为负值），则液压泵的吸、压油腔互换，成为双向变量径向柱塞泵。

径向柱塞泵输油量大，压力高，性能稳定，工作可靠，耐冲击性能好；但结构复杂，径向尺寸大，制造困难，且柱塞顶部与定子内表面为点接触，易磨损，因而限制了它的使用，已逐渐被轴向柱塞泵替代。

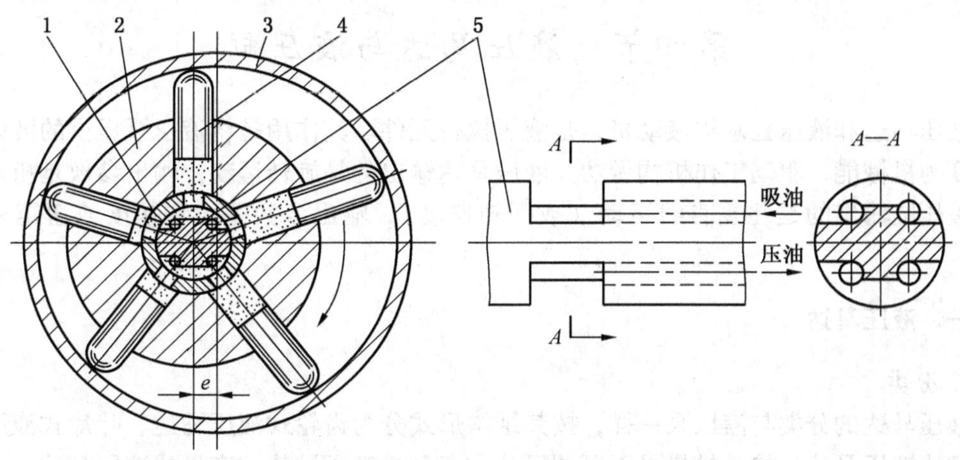

1—衬套；2—转子；3—定子；4—柱塞；5—配油轴

图 1－15 径向柱塞泵工作原理图

2. 轴向柱塞泵

轴向柱塞泵是柱塞轴线平行于缸体轴线的一种柱塞泵。如图 1－16 所示，泵主要由配油盘、缸体、柱塞和斜盘等组成。柱塞装在回转缸体上的轴向柱塞孔中，在根部弹簧力或液压力的作用下，柱塞的球形端头与斜盘紧密接触。斜盘轴线与缸体轴线间有交角 γ。当缸体回转时，由于斜盘和弹簧的作用，迫使柱塞在缸体的柱塞孔内作往复运动，并通过配油盘上的配油窗（弧形沟槽）进行吸油和压油。缸体按图示方向回转时，在转角 $0 \sim \pi$ 范围时，柱塞向外伸出，柱塞孔密封容积逐渐增大，吸入油液；在转角 $\pi \sim 2\pi$ 范围时，柱塞向缸体内压入，柱塞孔密封容积逐渐减小，向外压出油液。缸体每回转一周，每个柱塞分别完成吸油、压油各一次。若改变斜盘倾斜角度 γ 的大小，就能改变柱塞往复运动的行程，也就改变了泵的输出流量；若改变斜盘倾斜角度方向，则泵的吸油口和压油口互换，成为双向变量轴向柱塞泵。

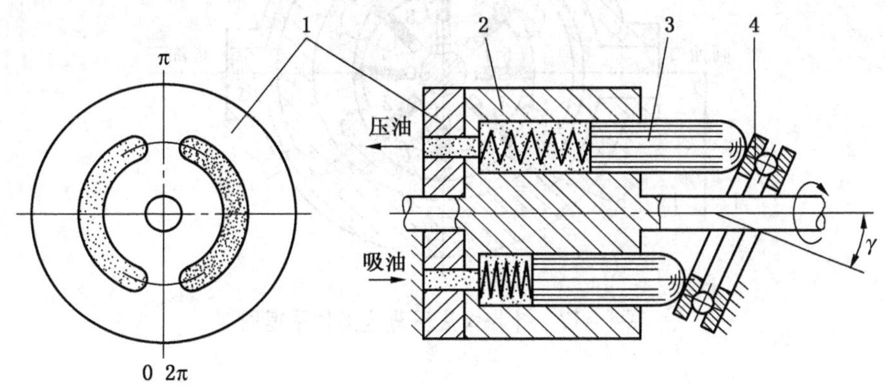

1—配油盘；2—缸体；3—柱塞；4—斜盘

图 1－16 轴向柱塞泵工作原理图

第四节　液压马达与液压缸

液压马达和液压缸总称液动机，是液压执行元件。其作用是将液压泵提供的液体压力能转变为机械能，驱动工作机构做功。液压马达输出的是旋转运动，输出参数是扭矩和转速；液压缸输出的是往复直线运动（或回转摆动），输出参数是力和速度或扭矩和角速度。

一、液压马达

1. 分类

液压马达的分类与液压泵一样，按其结构形式分为齿轮式液压马达、叶片式液压马达和柱塞式液压马达；按其排量是否可调可分为定量式液压马达和变量式液压马达。

液压马达根据其转速分为高速液压马达和低速液压马达两类。一般认为，额定转速高于 500 r/min 的马达属于高速液压马达；额定转速低于 500 r/min 的马达属于低速液压马达。高速液压马达主要有齿轮式、叶片式、轴向柱塞式马达等。其主要优点是转速高，转动惯量小，便于启动、制动、调速和换向；其缺点是启动转矩较低，最低稳定转速偏高，低速稳定性差。低速液压马达主要有径向柱塞马达、行星转子式摆线马达等，其主要特点是排量大，低速稳定性好，启动转矩较大，因此可以直接与工作机构连接，不需要减速机构，从而大大减少了机械的传动装置。低速液压马达的输出转矩较大，所以又称为低速大转矩液压马达。低速液压马达的体积大，转动惯量大，制动较为困难。

2. 工作原理和图形符号

下文以叶片式液压马达为例对液压马达的工作原理进行介绍。

叶片式液压马达的常用类型是双作用式叶片马达，其工作原理如图 1－17 所示。

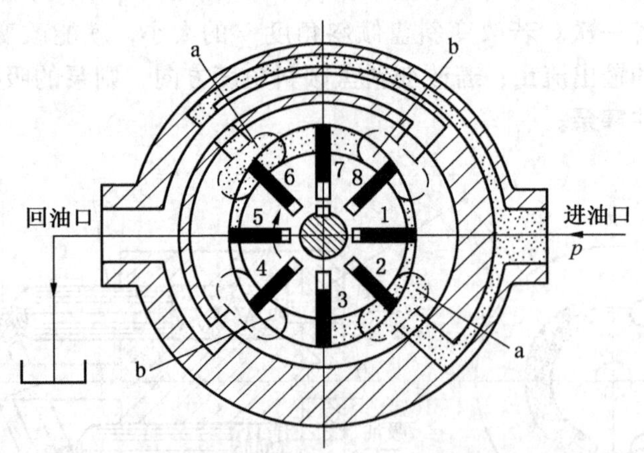

图 1－17　叶片式液压马达工作原理图

当压力油从进油口经配油窗口 a 输入转子与相邻两叶片间的密封容积时，位于进油腔的两叶片 2 和 6 两侧均受进油口压力 p 作用，作用力相互抵消，故不产生转矩；位于回油腔的两叶片 4 和 8 两侧均受回油压力作用，也不产生转矩。而位于封油区的叶片 3、7 和

1、5，一面受进油腔压力 p 的作用，而另一面通过配油窗口 b 与回油口相通，受低压油作用，叶片两侧所受作用力不平衡，故叶片推动转子转动。由于叶片 3 和 7 的伸出长度比叶片 1 和 5 大，即作用面积大，故转子产生顺时针方向的转动，通过与转子相连的马达轴输出转矩和转速。当改变输油方向时，液压马达反转。

叶片式液压马达一般都是双向定量液压马达。为保证叶片马达正、反转的要求，叶片沿转子径向安放，进、回油口通径一样大，同时叶片根部必须与进油腔相通。液压马达图形符号如图 1－18 所示。

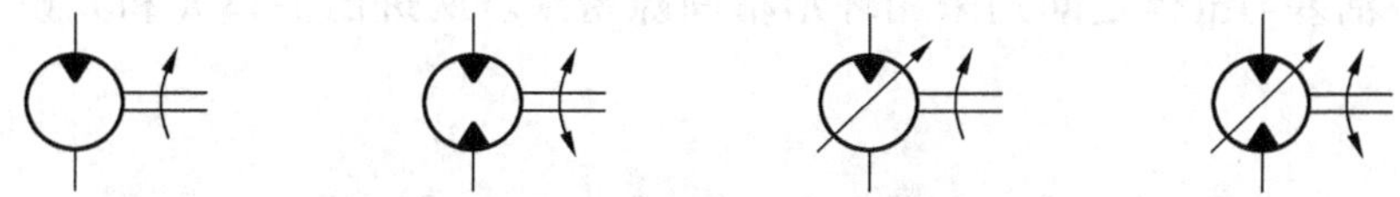

(a) 单向定量液压马达　(b) 双向定量液压马达　(c) 单向变量液压马达　(d) 双向变量液压马达

图 1－18　液压马达图形符号

二、液压缸

液压缸（俗称油缸）是将液压能转变成机械能的作直线往复运动（或摆动）的液压执行元件。它结构简单、工作可靠，用它来实现往复运动时，可免去减速装置，运动平稳，因此应用非常广泛。

液压缸按运动形式的不同可分为直线往复运动液压缸和摆动式液压缸，按其作用方式的不同分为单作用液压缸和双作用液压缸，按结构来分有活塞式液压缸、柱塞式液压缸和摆动式液压缸。

在压力油作用下只能作单方向运动的液压缸称为单作用液压缸（单作用液压缸的回程须借助于运动件的自重或其他外力的作用实现），往两个方向的运动都由压力油作用实现的液压缸称为双作用液压缸。活塞式液压缸和柱塞式液压缸用以实现直线运动，输出推力和速度；摆动式液压缸用以实现小于 360°的转动，输出转矩和角速度。常用液压缸的图形符号见表 1－5。

表 1－5　常用液压缸的图形符号

单作用液压缸			双作用液压缸		
单活塞杆缸	单活塞杆缸（带弹簧）	伸缩缸	单活塞杆缸	双活塞杆缸	伸缩缸
详细符号 简化符号	详细符号 简化符号		详细符号 简化符号	详细符号 简化符号	

（一）活塞式液压缸

活塞式液压缸可分为双活塞杆液压缸和单活塞杆液压缸，按其安装方式的不同又可分为缸体固定式（缸固式）和活塞杆固定式（杆固式）两种。

1. 双活塞杆液压缸

图1-19所示为常见的双作用式实心双活塞杆液压缸（缸固式）的结构图。液压缸由缸体、两个端盖、活塞、两实心活塞杆和密封圈等组成。缸体固定不动，两活塞杆都伸出缸外并与运动构件（如工作台）相连。端盖与缸体间用纸垫密封，活塞杆与端盖间用密封圈密封，活塞与缸体之间则采用环形槽间隙密封。两进出油口 a 和 b 设置在两端盖上。

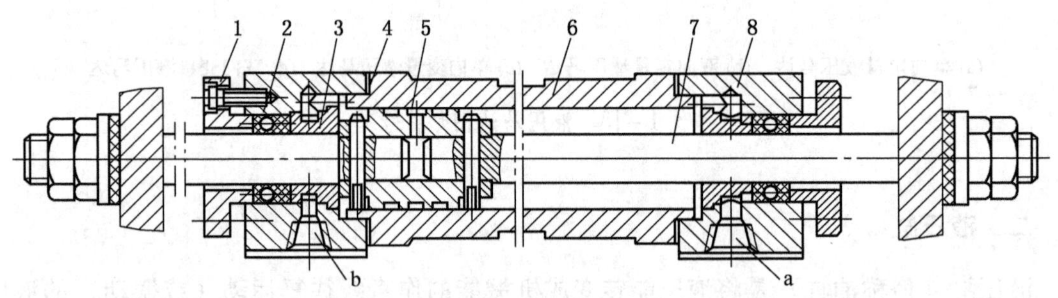

1—压盖；2—密封圈；3—导向套；4—密封纸垫；5—活塞；6—缸体；7—活塞杆；8—端盖

图1-19　双作用式实心双活塞杆液压缸的结构

当压力油从进出油口交替输入液压缸的左右油腔时，压力油推动活塞运动，并通过活塞杆带动工作台作往复直线运动。双活塞杆液压缸也可制成活塞杆固定不动、缸体与工作台相连的结构形式（杆固式）。这种液压缸的组成与实心双活塞杆液压缸相类似，只是为了向液压缸左右油腔交替输送压力油，将进出油口设置在活塞杆上，因而活塞杆制成空心的，如图1-20所示。

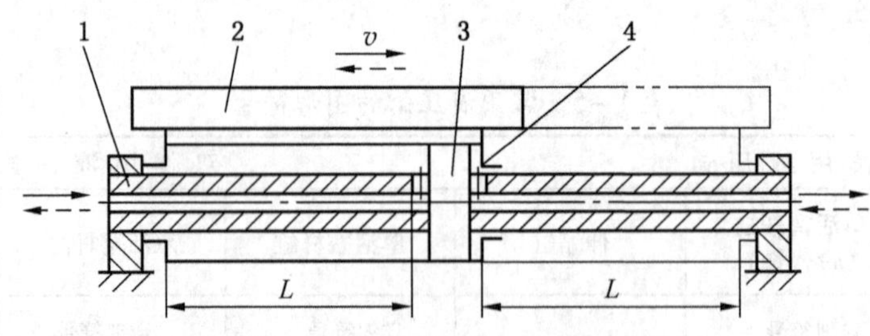

1—活塞杆；2—工作台；3—活塞；4—缸体

图1-20　空心双活塞杆液压缸工作原理图

双活塞杆液压缸具有以下特点：

（1）根据不同的要求，两活塞杆的直径可以相等，也可以不相等。两直径相等时，由于活塞两端的有效作用面积相同，因此，在供油压力 p 和流量 q_v 相同情况下，往复运动的速度相等、推力相等。

(2) 固定缸体时（实心双活塞杆液压缸），工作台的往复运动范围约为有效行程 L 的 3 倍（图 1-21）；固定活塞杆时（空心双活塞杆液压缸），工作台往复运动的范围约为有效行程 L 的 2 倍（图 1-20）。

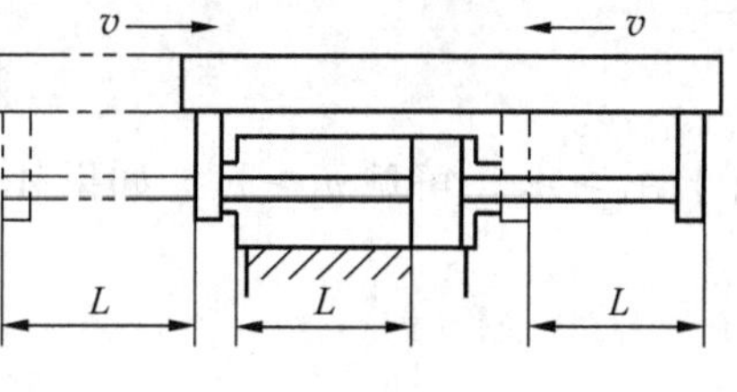

图 1-21　实心双活塞液压缸运动范围

(3) 活塞与缸体之间采用间隙密封，结构简单，摩擦阻力小，但内泄漏较大，仅适于工作台运动速度较高的场合。

双活塞杆液压缸常用于工作台往返运动速度相同（两活塞杆直径相等），推力不大的场合。缸体固定的液压缸，因运动范围大，占地面积较大，一般用于小型机床或液压设备；活塞杆固定的液压缸则因运动范围不大，占地面积较小，常用于中型或大型机床或液压设备。

2. 单活塞杆液压缸

图 1-22 所示为一种简易的双作用式单活塞杆液压缸的结构图。主要由缸体、带杆活塞和端盖组成。进出油口设置在两端盖上，缸体固定不动。端盖与缸体间用垫圈密封，活塞杆与端盖间用 Y 形密封圈密封，活塞与缸体之间用 O 形密封圈密封。压力油从进出油口交替输入液压缸的左右油腔时，推动活塞并通过活塞杆带动工作台实现往复直线运动。由于液压缸仅一端有活塞杆，所以活塞两端有效作用面积不等。这种液压缸可以采用缸体固定，活塞杆运动，也可以是活塞杆固定，缸体运动。其往复运动的范围都约为有效行程 L 的 2 倍。

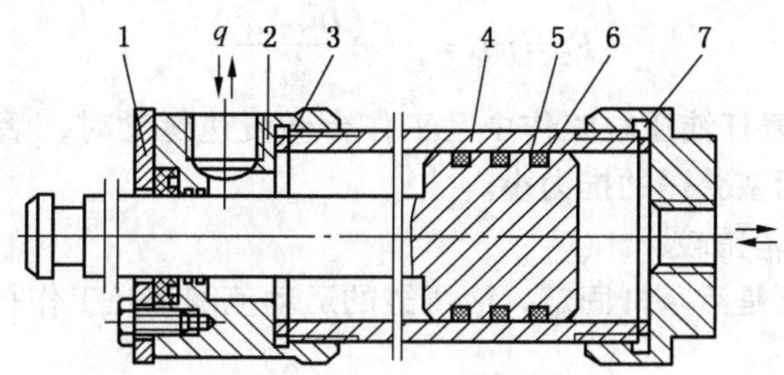

1—Y 形密封圈密封；2、7—端盖；3—垫圈；4—缸体；5—活塞；6—O 形密封圈密封

图 1-22　双作用式单活塞杆液压缸结构

单活塞杆液压缸与双活塞杆液压缸比较，具有以下特点。

1) 工作台往复运动速度不相等

图 1-23 所示为双作用式单活塞杆液压缸工作原理图。A_1 为活塞左侧有效作用面积，A_2 为活塞右侧有效作用面积。由液压泵输入油缸的流量为 q 压力为 p。当压力油输入油缸左腔时，工作台向右的运动速度

$$v_1 = \frac{q}{A_1} = \frac{4q}{\pi D^2} \tag{1-26}$$

当压力油输入油缸右腔时，工作台向左的运动速度

$$v_2 = \frac{q}{A_2} = \frac{4q}{\pi(D^2 - d^2)} \tag{1-27}$$

由于 $A_1 > A_2$，可见 $v_2 > v_1$，如果 $A_1 = 2A_2$，则 $v_2 = 2v_1$。

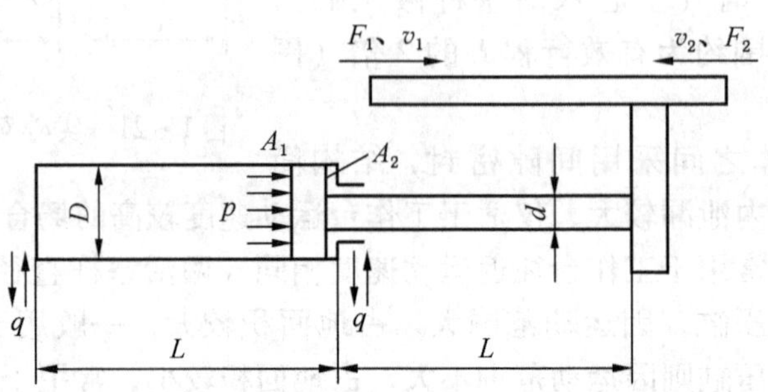

图 1-23　双作用式单活塞杆液压缸工作原理

单活塞杆液压缸工作时，工作台往复运动速度不相等这一特点常被用于实现机床的工作进给及快速退回。

2）活塞两个方向的作用力不相等

压力油输入无活塞杆的油缸左腔时，油液对活塞的作用力（产生的推力）

$$F_1 = pA_1 = p\frac{\pi D^2}{4} \tag{1-28}$$

压力油输入有活塞杆的油缸右腔时，油液对活塞的作用力（产生的推力）

$$F_2 = pA_2 = p\frac{\pi(D^2 - d^2)}{4} \tag{1-29}$$

可见 $F_1 > F_2$。即单活塞杆液压缸工作中，工作台做慢速运动时，活塞获得的推力大；工作台作快速运动时，活塞获得的推力小。

3）液压缸的运动范围较小

无论是缸体固定还是活塞杆固定，液压缸的运动范围都是工作行程 L 的两倍。

3. 差动液压缸

如图 1-24 所示，改变管路连接方法，使单活塞杆液压缸左右两油腔同时输入压力油。由于活塞两侧的有效作用面积 A_1、A_2 不相等，因此作用于活塞两侧的推力不等，存在推力差。在此推力差的作用下，活塞向有活塞杆一侧方向运动，而有活塞杆一侧油腔排出的油液不流回油箱，而是同液压泵输出的油液一起进入无活塞杆一侧油腔，使活塞向有活塞杆一侧方向运动速度加快。这种两腔同时输入压力油，利用活塞两侧有效作用面积差进行工作的单活塞杆液压缸称为差动液压缸。

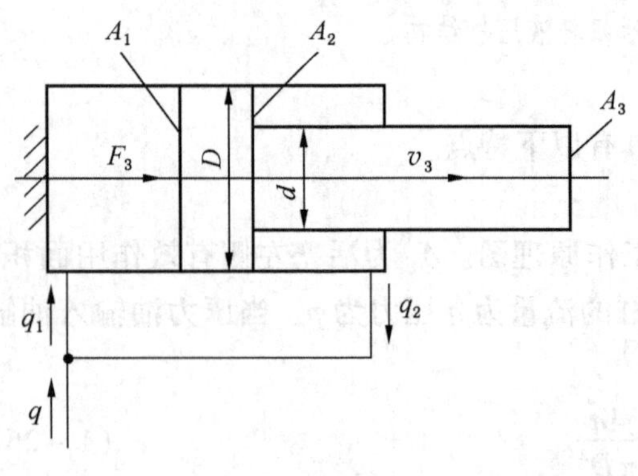

图 1-24　差动液压缸

由图 1-24 可知，进入差动液压缸无活塞杆一侧油腔的流量 q_1，除液压泵输出流量 q 外，还有来自活塞杆一侧油腔的流量 q_2，即 $q_1=q+q_2$。设差动液压缸活塞的运动速度为 v_3，作用于活塞上的推力为 F_3，则 $q=q_1-q_2=A_1v_3-A_2v_3=A_3v_3=v_3\dfrac{\pi d^2}{4}$得：

$$v_3=\frac{4q}{\pi d^2} \tag{1-30}$$

$$F_3=pA_3=p\frac{\pi d^2}{4} \tag{1-31}$$

比较式（1-26）和式（1-30）可知：在差动液压缸中，活塞（工作台）的运动速度 v_3 大于非差动连接时的速度 v_1，因而可以获得快速运动。差动连接时，活塞运动的速度 v_3 与活塞杆的截面积 A_3 成反比。

如果使 $D=\sqrt{2}d$（即 $A_1=2A_3$），则由 $q_2=q$，$q_1=2q_2$，可知输入无活塞杆一侧油腔的流量增加1倍，使活塞向有活塞杆一侧方向的运动速度也提高了1倍。这样，活塞的往返运动速度相同（$v_3=v_2$）。

单活塞杆液压缸常用于慢速工作进给和快速退回的场合。采用差动连接时可满足实现快进（v_3）、工进（v_1）、快退（v_2）的工作循环。

（二）柱塞式液压缸

活塞式液压缸应用较广，但缸筒内孔精度要求高，行程较长时加工困难，此时宜采用柱塞式液压缸。如图1-25a所示，它由缸筒、柱塞、导向套和缸盖等零件组成。柱塞和缸筒内壁不接触，运动时由缸盖上的导向套来导向，因此缸筒内孔不需精加工、工艺性好、结构简单、成本低，常用于行程很长的龙门刨床、导轨磨床和大型拉床等设备的液压系统中。

柱塞式液压缸是单作用液压缸，它的回程要靠自重力（垂直放置时）或其他外力（如弹簧力）来完成。为了获得双向运动，柱塞式液压缸常成对使用（图1-25c）。

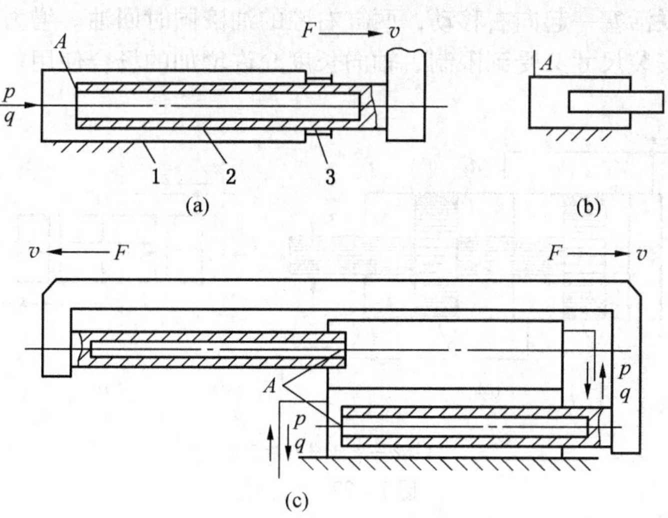

1—缸筒；2—柱塞；3—缸盖

图1-25　柱塞式液压缸

（三）摆动式液压缸

摆动式液压缸是一种输出转矩并实现往复摆动的液压执行元件，又称摆动式液压马达或回转液压缸。常有单叶片式和双叶片式两种结构形式，如图 1－26 所示。它由叶片轴、缸体、定子块和回转叶片等零件组成，定子块固定在缸体上，叶片和叶片轴（转子）连接在一起。当油口 A、B 交替输入压力油时，叶片带动叶片轴做往复摆动，输出转矩和角速度。

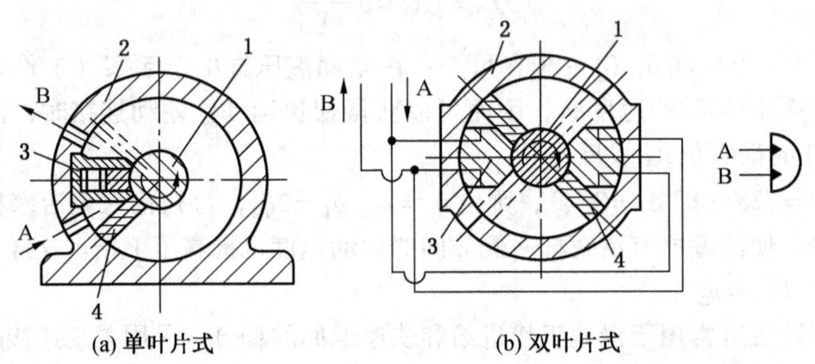

1—叶片轴；2—缸体；3—定子块；4—回转叶片

图 1－26　摆动式液压缸

摆动式液压缸结构紧凑，输出转矩大，但密封性较差，一般只用于机床和工夹具的夹紧装置、送料装置、转位装置、周期性进给机构等中低压系统以及工程机械中。

（四）其他液压缸

1. 增力缸

图 1－27 所示为两个单活塞杆液压缸 1、2 串联在一起的增力缸。当压力油进入两缸左腔时，推动串联活塞一起向右移动，两缸右腔的油液同时回油。增力缸适用于液压推力要求很大而径向安装尺寸又受到限制、轴向长度允许增加的场合使用。

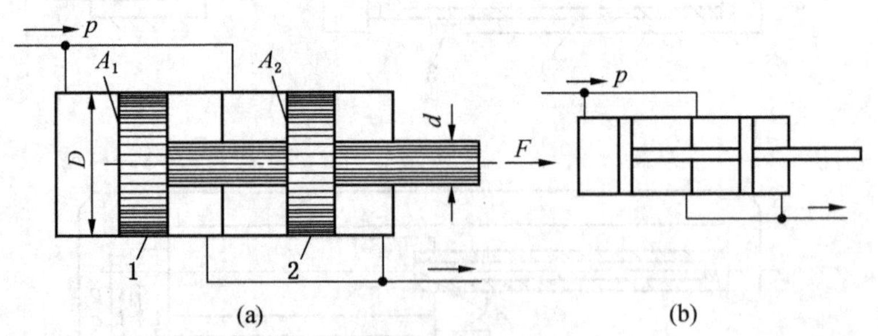

1、2—单活塞杆液压缸

图 1－27　增力缸

2. 增压缸

增压缸又称增压器。它能将输入的低压液体转换为高压或超高压液体输出，供液压系统中的高压支路使用。它有单作用和双作用两种结构形式。图1-28所示为单作用增压缸的工作原理图。它由大缸、小缸和连成一体的大小活塞组成。大缸为低压缸，小缸为高压缸，工作行程时，低压液体由A口进入大缸推动增压缸的大活塞，大活塞带动与其连成一体的小活塞向右运动，C口回油，使小缸中预先充满的待增压液体增压后，经B口输出，流入高压支路；返回行程时，低压液体由C口进入，A口回油，活塞向左运动，使待增压液体经单向阀吸入高压腔，以备再次输出。单作用增压缸结构简单，但只能在活塞一次行程中连续地输出高压液体。

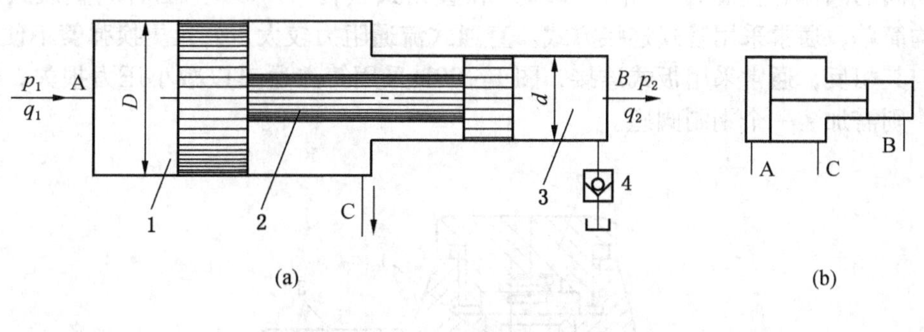

1—大缸；2—大小活塞；3—小缸；4—单向阀

图1-28 单作用增压缸工作原理

第五节 液压控制阀

液压控制阀是液压系统的控制元件，其功能在于控制工作液体的方向、压力和流量，以满足工作机构实现不同工作循环的要求。液压控制阀按阀的基本功能分为方向控制阀、压力控制阀和流量控制阀，按操纵方式分为手动式控制阀、机动式控制阀、电动式控制阀、液动式控制阀和电液动式控制阀，按结构形式分为滑阀（或转阀）、锥阀、球阀、喷嘴挡板阀和射流管阀，按阀与管路的连接方式分为管式连接阀、板式连接阀、法兰连接阀和集成连接阀。

一、方向控制阀

方向控制阀是用于控制液压系统中油路的接通、切断或改变液流方向的液压阀，主要用以实现对执行元件的启动、停止或运动方向的控制。方向阀的工作原理是利用阀芯和阀体之间相对位置的改变来实现油路的接通或断开，以满足系统对油流方向的不同要求。

常用方向控制阀按其功能可分为单向阀和换向阀两大类。

（一）单向阀

单向阀按其功能分为普通单向阀和液控单向阀两种。液控单向阀也称液压锁，两个液控单向阀组合在一起使用时称双向液压锁。

1. 普通单向阀

普通单向阀常称为单向阀，它是控制工作液体只能正向流动，不允许反向流动的阀，因此又可称为逆止阀或止回阀。

单向阀由阀芯、弹簧、阀体等组成（图1－29）。当工作液体沿正向流动时，液体压力克服弹簧力和摩擦力将阀芯顶开，然后经阀口流出。当工作液体反向流动时，液体压力和弹簧力将阀芯压紧在阀座上，使阀口截止。

单向阀的阀芯常用结构形式有球形和锥形两种。另外，在液压支护设备的乳化液介质系统除采用球形阀和锥形阀外，还采用平面接触的阀芯，为保证密封性，阀芯和阀座之间均有阀垫。

单向阀的阀体有直通式（图1－29a）和直角式（图1－29b）两种。直通式体积较小，结构简单，通常采用管式连接方式。直通式流通阻力较大，并且更换弹簧不便。直角式恰好与其相反，通常采用板式连接，图1－29b采用铸造通道以减小压力损失，若阀体为铸铁，则需加装一个钢制阀座。

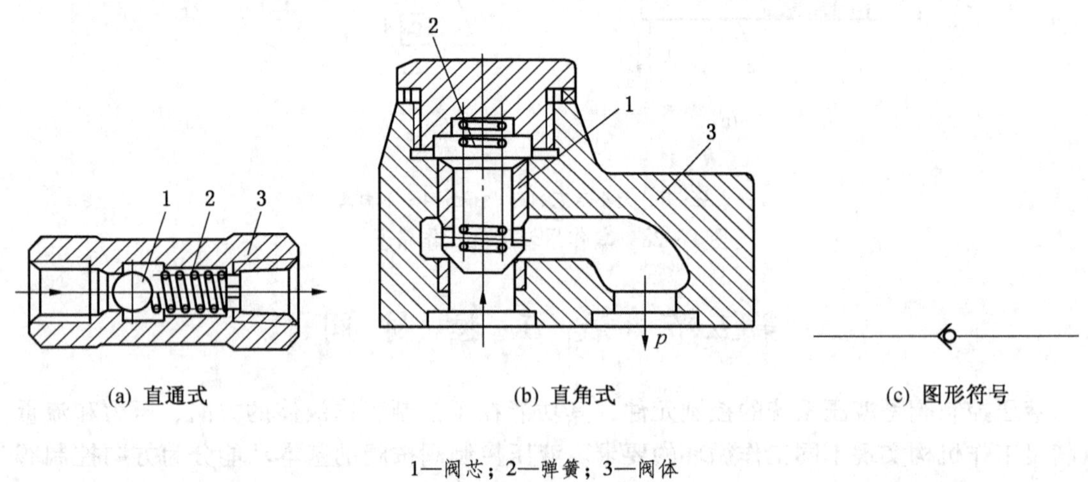

(a) 直通式　　(b) 直角式　　(c) 图形符号

1—阀芯；2—弹簧；3—阀体

图1－29　单向阀

单向阀的弹簧仅用来克服阀芯移动时的惯性力和摩擦力，使其阀芯可靠地复位关闭，通常刚度较小，其开启压力一般为0.035～0.05 MPa，通过额定流量时，压力损失不应超过0.1～0.3 MPa。如将单向阀换上刚度较大的弹簧则成为背压阀，使系统回液保持一定压力。其弹簧刚度根据背压大小而定，一般为0.2～0.6 MPa。

2. *液控单向阀*

液控单向阀是经过液控可反向通液的单向阀。它是由一个直角式单向阀和液控活塞组成的（图1－30）。当工作液体沿正向流动时，其工作原理与单向阀相同；当需要反向流动时，可从控制口K通入压力液体，推动控制活塞上移顶开阀芯，解除单向阀的反向截止作用。

液控单向阀有不带卸荷阀芯（图1－30a）和带卸荷阀芯（图1－30b）两种。带卸荷阀芯的液控单向阀又称为双级卸载液控单向阀，多用于高压密封工作腔的卸荷回液场合。如果采用不带卸荷阀芯的液控单向阀，当控制活塞推开单向阀芯时，高压密封腔液体所储存的压力突然释放，产生很大的液压冲击，并伴随很响的释压声。采用带卸荷阀芯的液控单向阀，当控制活塞动作时，先推开卸荷阀芯，使高压密封腔部分先泄液释压，接着再推

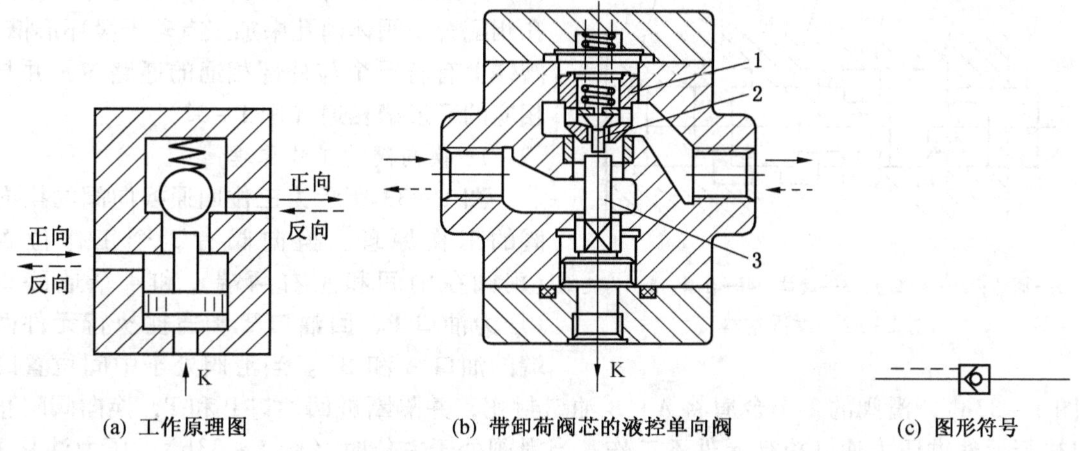

(a) 工作原理图　　(b) 带卸荷阀芯的液控单向阀　　(c) 图形符号

1—锥阀；2—卸荷阀芯；3—控制活塞推杆

图 1-30　液控单向阀

开单向阀芯，使高压密封腔完全卸载回液，形成两级卸载过程，可使冲击和噪声大为减小。此结构还可以减小控制活塞面积，缩小阀垫结构尺寸。

3. 双向液压锁

双向液压锁主要用于要求双向运动并能双向锁紧的执行机构中，利用单向阀的反向截止作用来实现两管路的封闭，保证执行机构在双向负载作用下都能停留在所需位置不动。

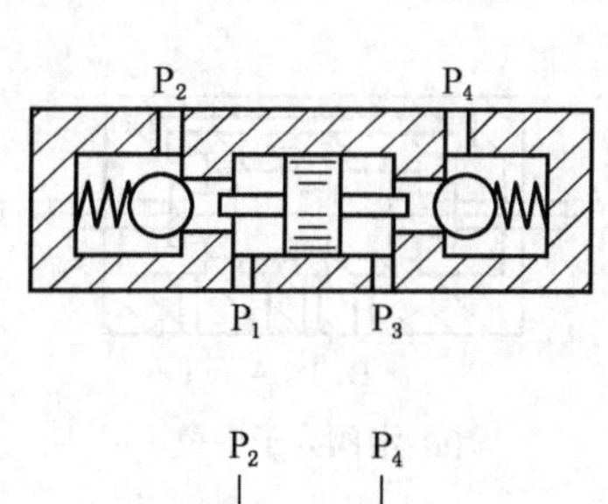

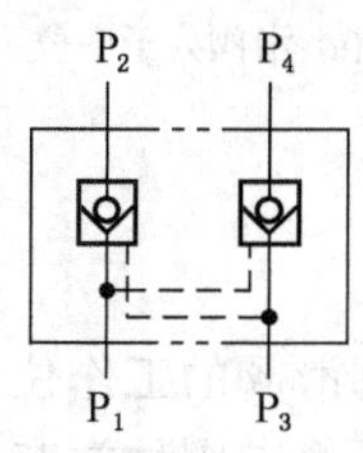

图 1-31　双向液压锁结构原理图

双向液压锁工作原理如图 1-31 所示。当 P_1 口通入压力液体时，直接推开左单向阀芯从 P_2 口流至执行机构；同时压力液体向右推动控制活塞顶开右单向阀芯，解除其截止作用，使通路口 P_4 和 P_3 连通，执行机构回液。由此可见，当一个油口正向流动时（P_1 连通 P_2），另一个油口反向导通（P_4 连通 P_3），反之亦然。当 P_1、P_3 口没有压力油时，左、右单向阀芯均在弹簧作用下关闭，通路口 P_2、P_4 被封闭，执行机构停留在所需位置。双向液压锁广泛应用于采煤机滚筒调高系统中。

（二）换向阀

换向阀通过改变阀芯和阀体间的相对位置，控制油液流动方向，接通或关闭油路，从而改变液压系统的执行机构的运动方向。

换向阀按其结构形式可分为滑阀式换向阀、座阀式换向阀（锥阀式、球阀式等）和转阀式换向阀 3 种。座阀式泄漏少，滑阀式由于在阀芯和阀体之间有配合间隙，泄漏是不可避免的，转阀式与滑阀式类似，仅是阀芯和阀体之间的动作是移动还是转动的区别。

滑阀式换向阀阀芯在阀体内作往复滑动，称为滑阀。滑阀是一个有多段环形槽的圆柱

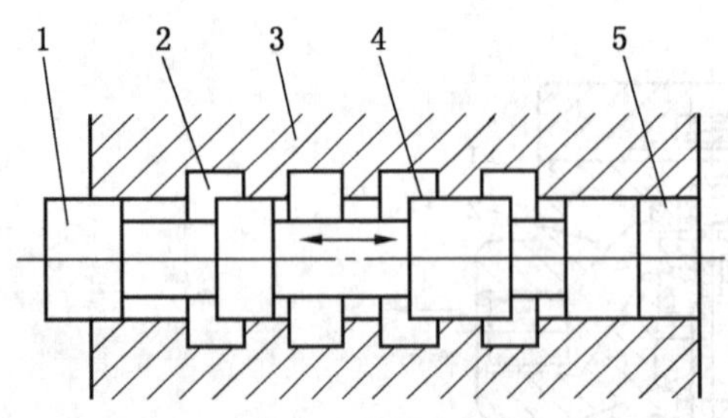

1—阀芯；2—环形槽；3—阀体；4—台肩；5—内孔

图1－32　滑阀结构

体，其直径大的部分称台肩，台肩与阀体内孔相配合。阀体内孔中加工有若干段环形槽，阀体上有若干个与外部相通的通路口，并与相应的环形槽相通（图1－32）。

1. 换向阀的工作原理

图1－33所示为三位四通换向阀的换向阀的工作原理。换向阀有3个工作位置（滑阀在中间和左右两端）和4个通路口（压力油口P、回油口T和通往执行元件两端的油口A和B）。当滑阀处于中间位置时（图1－33a），滑阀的2个台肩将A、B油口封死，并隔断进回油口P和T，换向阀阻止向执行元件供压力油，执行元件不工作；当滑阀处于右位时（图1－33b），压力油从P口进入阀体，经A口通向执行元件，而从执行元件流回的油液经B口进入阀体，并由回油口T流回油箱，执行元件在压力油作用下向某一规定方向运动；当滑阀处于左位时（图1－33c），压力油经P、B口通向执行元件，回油则经A、T口流回油箱，执行元件在压力油作用下反向运动。控制时滑阀在阀体内做轴向移动，通过改变各油口间的连通关系，实现油液流动方向的改变。

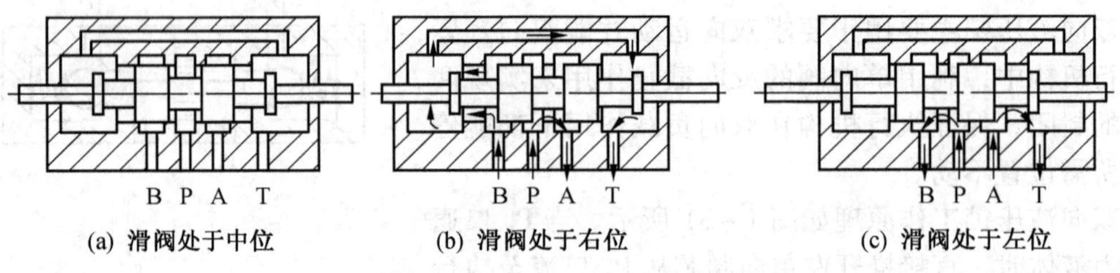

(a) 滑阀处于中位　(b) 滑阀处于右位　(c) 滑阀处于左位

图1－33　三位四通滑阀式换向阀的工作原理

换向阀滑阀的工作位置数称为“位”，与液压系统中油路相连通的油口数称为“通”。

常用的换向阀种类有：二位二通、二位三通、二位四通、二位五通、三位三通、三位四通、三位五通和三位六通等。常用换向阀的图形符号见表1－6。

表1－6　常用换向阀的图形符号

二位二通		二位三通		二位四通	二位五通
常闭	常开		带中间过渡位置		

表 1-6（续）

三位三通	三位四通	三位五通	三位六通

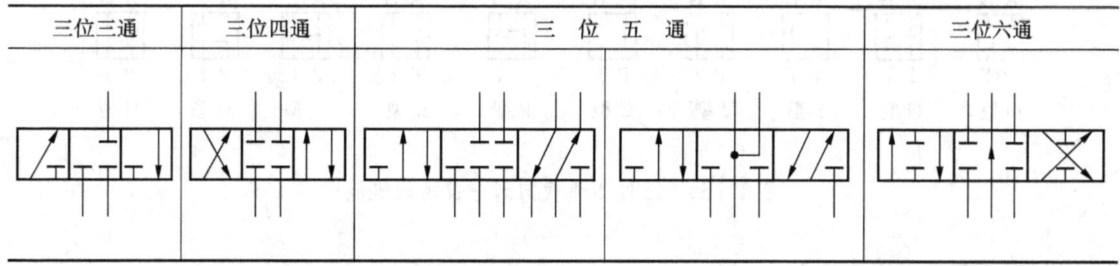

控制滑阀移动的方法常用的有人力、机械、电气、直接压力和先导控制等。常用控制方法的图形符号示例见表 1-7。

表 1-7　常用控制方法的图形符号

人力控制	机械控制	电气控制	直接压力控制	先导控制
一般符号	弹簧控制	单作用电磁铁	加压或卸压控制	液压先导控制

一个换向阀的完整图形符号应具有表明工作位置数、油口数和在各工作位置上油口的连通关系、控制方法以及复位、定位方法等符号。

2. 换向阀图形符号的规定和含义

（1）用方框表示阀的工作位置数，有几个方框就是几位阀。

（2）在一个方框内，箭头“↑”或堵塞符号“⊤”或“⊥”与方框相交的点数就是通路数，有几个交点就是几通阀，箭头“↑”表示阀芯处在这一位置时两油口相通，但不一定油液的实际流向，“⊤”或“⊥”表示此油口被阀芯封闭（堵塞）不通流。

（3）三位阀中间的方框、两位阀画有复位弹簧的那个方框为常态位置（即未施加控制号以前的原始位置）。在液压系统原理图中，换向阀的图形符号与油路的连接，一般应画在常态位置上。工作位置应按“左位”画在常态位的左面，“右位”画在常态位的右面。同时在常态位上应标出油口的代号。

（4）控制方式和复位弹簧的符号画在方框的两侧。

3. 三位四通换向阀的中位滑阀机能

三位换向阀的滑阀在阀体中有左、中、右 3 个工作位置。左、右工作位置是使执行元件获得不同的运动方向；中间位置则可利用不同形状及尺寸的阀芯结构，得到多种不同的油口连接方式，除使执行元件停止运动外，还具有其他一些功能。三位阀在中间位置时油口的连接关系称为滑阀机能。三位四通换向阀中位滑阀机能的图形符号如图 1-34 所示，其中常用的几种滑阀机能特点见表 1-8。

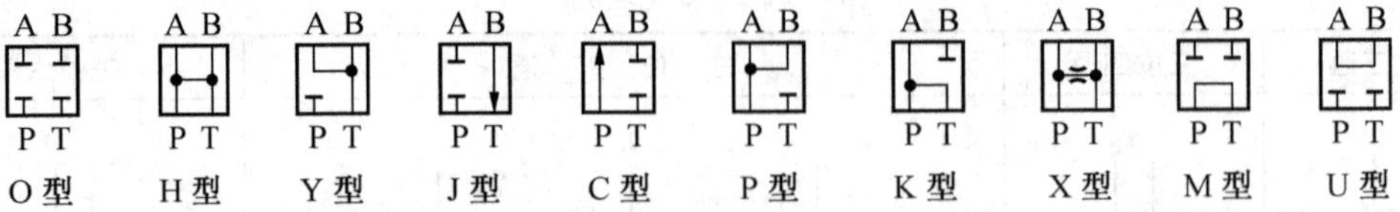

A B　A B　A B　A B　A B　A B　A B　A B　A B　A B

P T　P T　P T　P T　P T　P T　P T　P T　P T　P T

O型　H型　Y型　J型　C型　P型　K型　X型　M型　U型

图1-34　三位四通换向阀中位滑阀机能

表1-8　三位四通换向阀常用的滑阀机能

型　式	中位符号	性　能　特　点
O	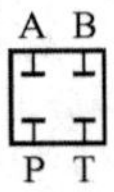 A B P T	各阀口全部关闭，P口保持压力
H	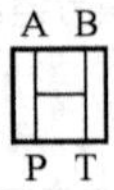 A B P T	各接口全部接通，泵卸荷
Y	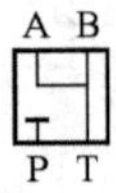 A B P T	A、B、T连通，P口保持压力
P	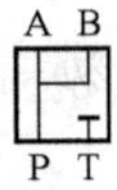 A B P T	A、B、P连通，T封闭，可实现液压泵的差动连接
M	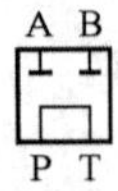 A B P T	A、B封闭，P、T连通，泵卸荷
U	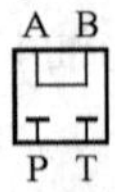 A B P T	A、B连通，执行机构浮动，P、T封闭，P口保持压力

4. 换向阀的典型结构

1) 手动换向阀

用手操纵杠杆推动滑阀阀芯相对阀体移动，改变工作位置，从而改变油路的通断，这类阀统称为手动换向阀。按换向定位方式的不同，手动换向阀有钢球定位式和弹簧复位式两种，如图1-35所示。当操纵手柄的外力取消后，前者因钢球卡在定位沟槽中，可保持阀芯处于换向位置；后者则在弹簧力作用下使阀芯自动回复到初始位置。手动换向阀的结构简单，动作可靠，有的还可人为地控制阀口的大小，从而控制执行元件的速度。使用中须注意的是：定位装置或弹簧腔的泄漏油需单独用油管接入油箱，否则漏油积聚会产生阻力，以至于不能换向，甚至造成事故。

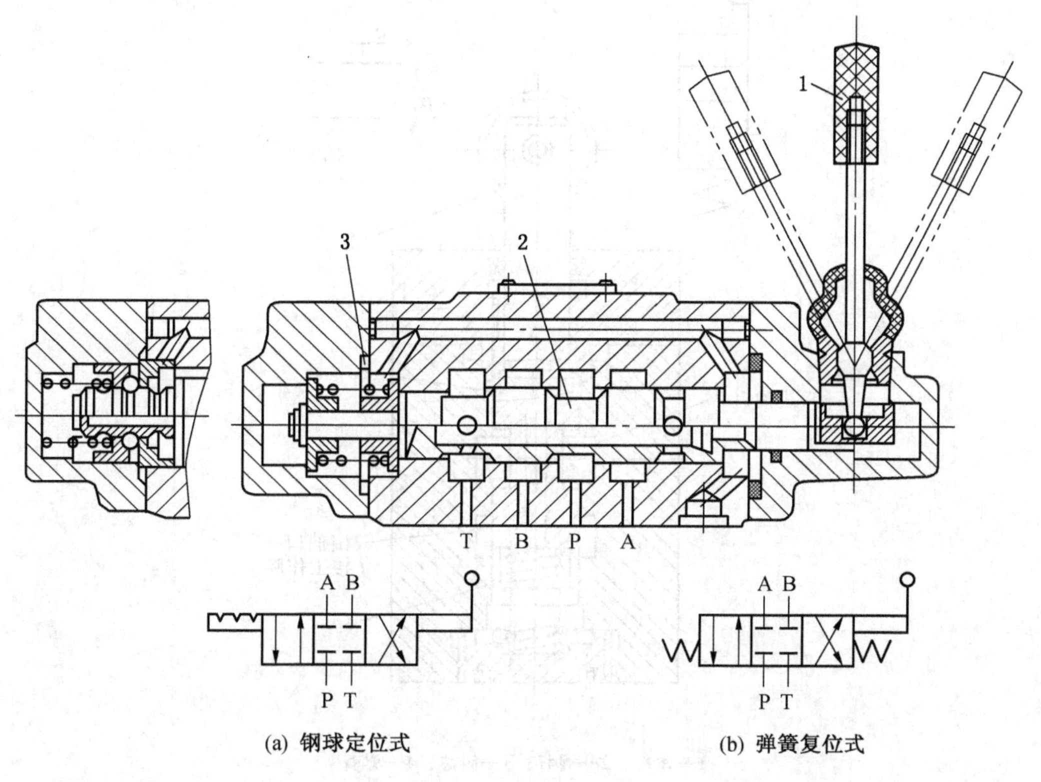

1—操纵杆；2—阀芯；3—弹簧

图 1－35　三位四通手动换向阀

2）机动换向阀

机动换向阀又称行程换向阀，是用机械控制方法改变阀芯工作位置的换向阀，常用的有二位二通（常闭和常通）、二位三通、二位四通和二位五通等多种。图 1－36 所示为二位二通常闭式行程换向阀。阀芯的移动通过挡铁（或凸轮）推压阀杆顶部的滚轮，使阀杆推动阀芯下移实现。挡铁移开时，阀芯靠其底部的弹簧复位。

3）电磁换向阀

电磁换向阀简称电磁阀，是用电气控制方法改变阀芯工作位置的换向阀。图 1－37 所示为二位三通电磁换向阀。当电磁铁通电时，衔铁通过推杆将阀芯推向右端，进油口 P 与油口 B 接通，油口 A 被关闭。当电磁铁断电时，弹簧将阀芯推向左端，油口 B 被关闭，进油口 P 与油口 A 接通。

图 1－38 所示为三位四通电磁换向阀的结构原理图。当右侧的电磁线圈通电时，吸合衔铁将阀芯推向左位，这时进油口 P 和油口 B 接通，油口 A 与回油口 T 相通；当左侧的电磁铁通电时（右侧电磁铁断电），阀芯被推向右位，这时进油口 P 和油口 A 接通，油口 B 经阀体内部管路与回油口 T 相通，实现执行元件换向；当两侧电磁铁都不通电时，阀芯在两侧弹簧的作用下处于中间位置，这时 4 个油口均不相通。

电磁换向阀的电磁铁可用按钮开关、行程开关、压力继电器等电气元件控制，无论位

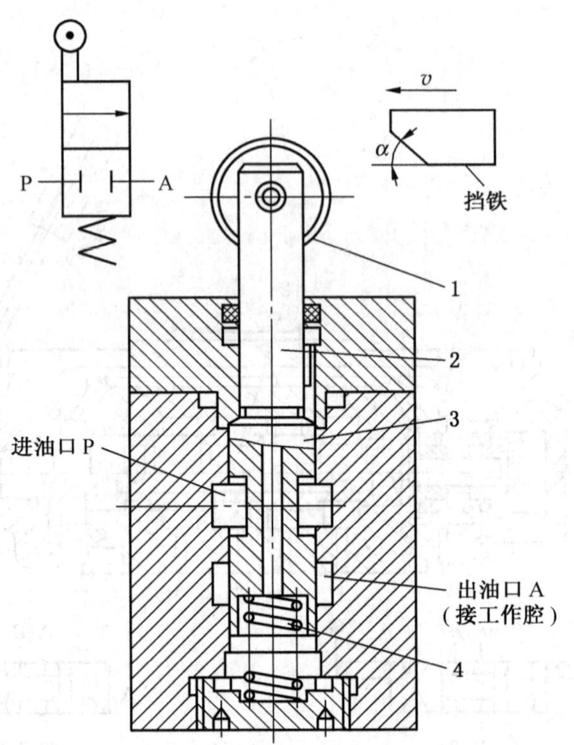

1—滑轮；2—阀杆；3—阀芯；4—弹簧

图1-36　二位二通常闭式行程换向阀的结构

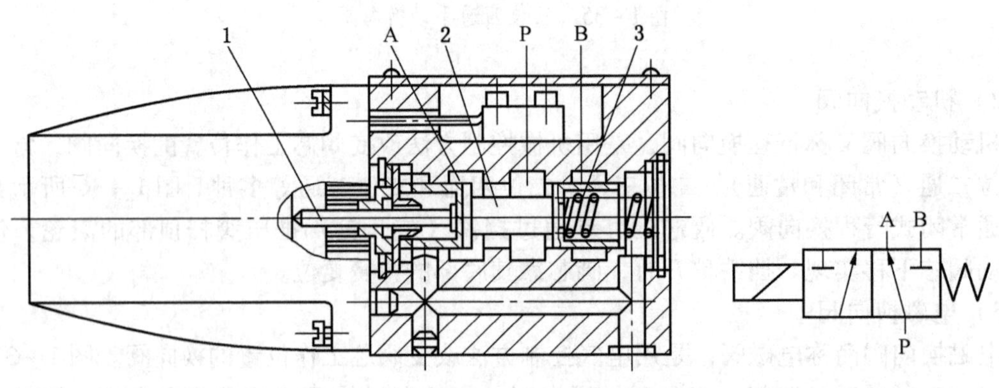

1—推杆；2—阀芯；3—弹簧

图1-37　二位三通电磁换向阀的结构

置远近，控制均很方便，且易于实现动作转换的自动化，因而得到广泛的应用。电磁铁按所接电源的不同，分交流和直流两种基本类型。根据电磁铁的衔铁是否浸在油里，电磁铁又分为干式和湿式两种。干式电磁铁不允许油液进入电磁铁内部，因而在推杆处要有可靠的密封。密封处摩擦阻力大，影响了换向可靠性。交流电磁阀使用方便，启动力大，但换向时间短（0.13~0.15 s），换向冲击大，噪声大，换向频率低，而且当阀芯被卡住或由

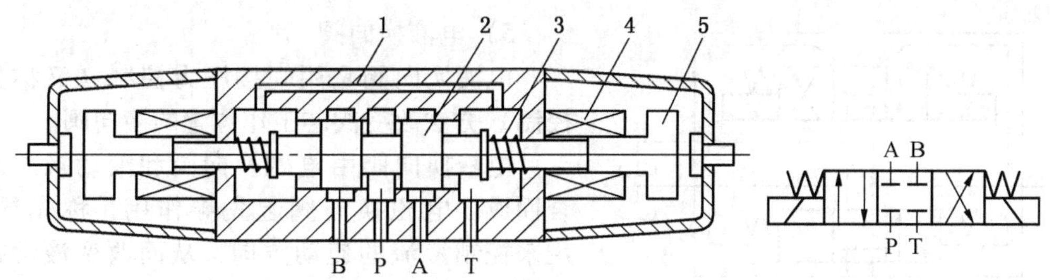

1—阀体；2—阀芯；3—弹簧；4—电磁线圈；5—衔铁

图 1－38　三位四通电磁换向阀的结构

于电压低等原因吸合不上时，线圈易烧坏。直流电磁阀需直流电源或整流装置，但换向时间长（0.1～0.3 s），换向冲击小，换向频率允许较高，而且有恒电流特性，当电磁铁吸合不上时，线圈不会烧坏，故工作可靠性高。

电磁换向阀的使用寿命在很大的程度上取决于电磁铁的寿命。干式电磁铁的使用寿命较短，湿式电磁铁的使用寿命较长；直流电磁铁比交流电磁铁的寿命长。此外，影响电磁阀使用寿命的另外因素是复位弹簧的疲劳断裂，而电磁阀本体对其使用寿命的影响则主要是阀体孔和阀芯两配合面的磨损。

由于电磁铁的吸力有限，因此电磁换向阀只适用于流量不太大的场合。当流量较大时，应该采用液动或电液控制。

4）液动换向阀

液动换向阀是用直接压力控制方法改变阀芯工作位置的换向阀。

图 1－39 所示为三位四通液动换向阀的工作原理。它是靠压力油液推动阀芯，改变工作位置实现换向的。当控制油路的压力油从阀右边控制油口 K_2 进入右控制油腔时，推动阀芯左移，使进油口 P 与油口 B 接通，油口 A 与回油口 T 接通；当压力油从阀左边控制油口 K_1 进入左控制油腔时，推动阀芯右移，使进油口 P 与油口 A 接通，油口 B 与回油口 T 接通，实现换向；当两控制油口 K_1 和 K_2 均不通控制压力油时，阀芯在两端弹簧作用下居中，恢复到中间位置。

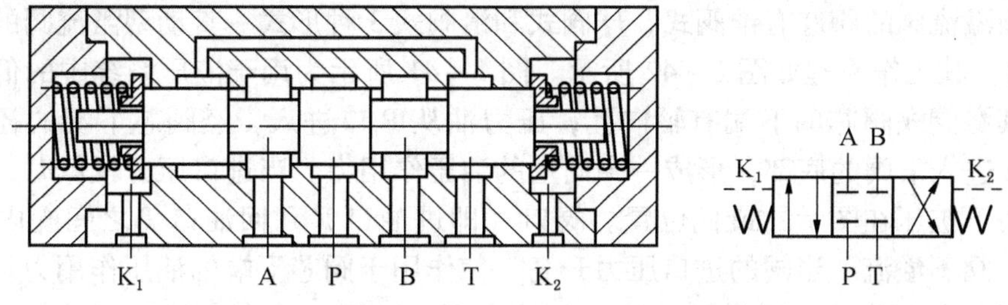

图 1－39　三位四通液动换向阀的工作原理

由于压力油液可以产生很大的推力，所以液动换向阀可用于高压大流量的液压系统中。

5）电液换向阀

电液换向阀是用间接压力控制（又称先导控制）方法改变阀芯工作位置的换向阀。

电液换向阀由电磁换向阀和液动换向阀组合而成。电磁换向阀起先导作用，称先导阀，用来控制液流的流动方向，从而改变液动换向阀（称为主阀）的阀芯位置，实现用较小的电磁铁来控制较大的液流。

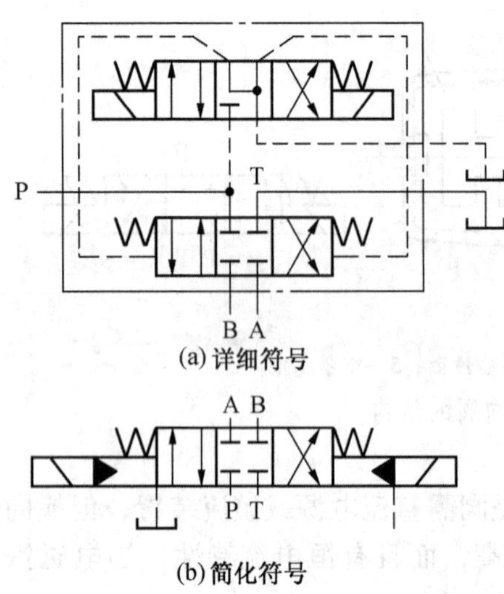

(a) 详细符号

(b) 简化符号

图1-40　三位四通电液换向阀的图形符号

图1-40所示为三位四通电液换向阀的图形符号。当先导阀右端电磁铁通电时，阀芯左移，控制油路的压力油进入主阀右控制油腔，使主阀阀芯左移（左控制油腔油液经先导阀泄回油箱），使进油口P与油口A相通，油口B与回油口T相通；当先导阀左端电磁铁通电时，阀芯右移，控制油路的压力油进入主阀左控制油腔，推动主阀阀芯右移（主阀右控制油腔的油液经先导阀泄回油箱），使进油口P与油口B相通，油口A与回油口T相通，实现换向。

二、压力控制阀

压力控制阀简称压力阀。其功能是控制液压系统压力或利用压力信号去控制其他元件的动作。按功能可分为溢流阀、减压阀、顺序阀、压力继电器等。其共同之处都是利用作用在阀芯上的液压力和弹簧力相平衡实现控制。

（一）溢流阀

溢流阀在液压系统中的功用主要有两个方面：一是起溢流和稳压作用，保持液压系统的压力恒定；二是起限压保护作用，防止液压系统过载。溢流阀通常接在液压泵出口处的油路上。

根据结构和工作原理不同，溢流阀可分为直动型溢流阀和先导型溢流阀两类。

1. 直动型溢流阀

直动型溢流阀的阀芯有锥阀式、球阀式和滑阀式3种形式。直动型溢流阀的结构如图1-41所示，其工作原理如图1-42所示。图1-41所示为用于液压系统中的低压直动式溢流阀，其滑阀式阀芯的下端有轴向孔，压力油从P口进入，经阀芯下端的径向孔、轴向阻尼孔a进入滑阀的底部，形成一个向上的油压作用力。当进口压力较低时，阀芯在弹簧力的作用下被压在图示的最低位置。阀口（即进油口P和回油口T之间阀内通道）被阀芯封闭，阀不溢流。当阀的进口压力升高，使作用于阀芯下端的油压作用力足以克服弹簧力时，阀芯向上移动，使P口与T口相通，阀口打开，将多余的油液排出。这样，被控制的油液压力就不再升高。弹簧对阀芯的作用力可通过调节螺母调节，即调节溢流阀的入口压力。

这种溢流阀因压力油直接作用于阀芯，故称直动型溢流阀。直动型溢流阀的特点是结构简单，反应灵敏。但在工作时易产生振动和噪声，压力波动大。一般用于小流量、压力

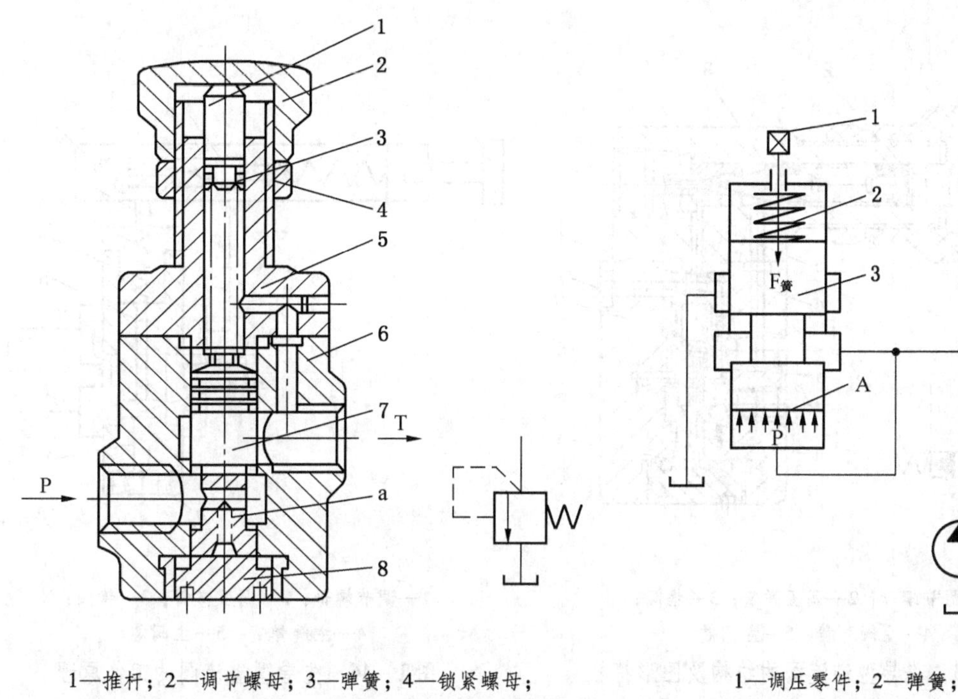

1—推杆；2—调节螺母；3—弹簧；4—锁紧螺母；
5—上盖；6—阀体；7—阀芯；8—下盖

图1-41 直动型溢流阀的结构及图形符号

1—调压零件；2—弹簧；
3—阀芯

图1-42 直动型溢流阀的工作原理

较低的场合。因控制较高压力或较大流量时，需要装刚度较大的硬弹簧，不但手动调节困难，而且阀口开度（弹簧压缩量）略有变化，便引起较大的压力波动，因而不易稳定。系统压力较高时需要采用先导型溢流阀。

2. 先导型溢流阀

先导型溢流阀的结构及图形符号如图1-43所示，由先导阀Ⅰ和主阀Ⅱ两部分组成。先导阀实际上是一个小流量的直动型溢流阀，阀芯是锥阀，用来控制压力；主阀阀芯是滑阀，用来控制溢流流量。其工作原理如图1-44所示，压力油经进油口P、通道a进入主阀芯底部油腔A，并经阻尼孔b进入上部油腔，再经通道C进入先导阀右侧油腔B，给锥阀以向左的作用力，调压弹簧给锥阀以向右的弹簧力。在稳定状态下，当油液压力p较小时，作用于锥阀上的液压作用力小于弹簧力，先导阀关闭。此时，没有油液流过阻尼孔b，油腔A、B的压力相同，在主阀弹簧4的作用下，主阀芯处于最下端位置，回油口T关闭，没有溢油。当油液压力p增大，使作用于锥阀上的液压作用力大于弹簧2的弹簧力时，先导阀开启，油液经通道e、回油口T流回油箱。这时，压力油流经阻尼孔b时产生压力降，使B腔油液压力p_1小于油腔A中油液压力p，当此压力差（$p-p_1$）产生的向上作用力超过主阀弹簧4的弹簧力并克服主阀芯自重和摩擦力时，主阀芯向上移动，接通进油口P和回油口T，溢流阀溢油，使油液压力p不超过设定压力，当压力p随溢流而下降，p_1也随之下降，直到作用于锥阀上的液压作用力小于弹簧的弹簧力时，先导阀关闭，阻尼孔b中没有油液流过，$p_1=p$，主阀芯在主阀弹簧作用下，往下移动，关闭回油口T，停止溢流。这样，在系统压力超过调定压力时，溢流阀溢油，不超过时则不溢油，起到限压溢流作用。

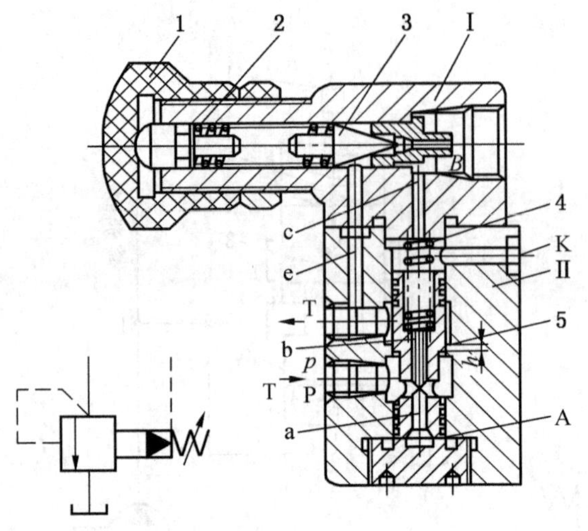

1—调节螺母；2—调压弹簧；3—锥阀；
4—主阀弹簧；5—主阀芯

图1-43　先导型溢流阀的结构及图形符号

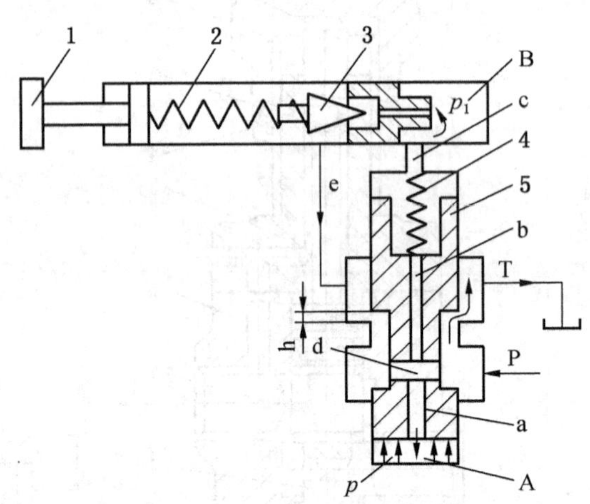

1—调节螺母；2—调压弹簧；3—锥阀；
4—主阀弹簧；5—主阀芯

图1-44　先导型溢流阀的工作原理

先导型溢流阀设有远程控制口K，可以实现远程调压（与远程调压阀接通）或卸荷（与油箱接通），不用时封闭。

先导型溢流阀压力稳定、波动小，主要用于中压液压系统中。

（二）减压阀

减压阀是一种利用压力液体流过阀口缝隙产生压降的原理来使出口压力低于进口压力的压力控制阀。

1. 减压阀的功用和分类

减压阀是用来降低液压系统中某一分支油路的压力，使之低于液压泵的供油压力，以满足执行机构（如夹紧、定位油路，制动、离合油路，系统控制油路等）的需要，并保持基本恒定。在液压系统中，若一台泵同时向几个执行元件供液，而某一个执行元件所需的工作压力低于泵的供液压力时，可在该执行元件供液支路上串联一个减压阀，即使用一个压力源配合减压阀能同时提供两个或几个不同压力的输出。

减压阀按结构分为直动型减压阀和先导型减压阀，作为国产标准系列产品都为先导型，直动型一般与其他阀组合使用。按作用不同，减压阀分为定值减压阀、定差减压阀和定比减压阀。通常所说的减压阀是指定值减压阀，它可以保持出口压力恒定，不受进口压力变化的影响，应用较广；定差减压阀是保持阀的进出口压力差恒定；定比减压阀是保持阀的进出口压力之比恒定。

2. 先导型减压阀的结构和工作原理

先导型减压阀的结构如图1-45所示，其结构与先导型溢流阀的结构相似，也是由先导阀Ⅰ和主阀Ⅱ两部分组成，两阀的主要零件可互通用。其主要区别是：减压阀的进、出油口位置与溢流阀相反；减压阀的先导阀控制出口液压力，而溢流阀的先导阀控制进口油液压力。由于减压阀的进、出口油液均有压力，所以先导阀的泄油不能像溢流阀一样流入回油口，而必须设有单独的泄油口。减压阀主阀芯结构上中间多一个台肩（即三节杆），在正常情况下，减压阀阀口开得很大（常开），而溢流阀阀口则关闭（常闭）。

先导型减压阀的工作原理如图 1－46 所示，液压系统主油路的高压油液从进油口 P_1 进入减压阀，经减压口 h 减压后，低压油液从出油口 P_2 输出，经分支油路送往执行机构。同时低压油液 p_2 经通道 a 进入主阀芯下端油腔，又经阻尼孔 b 进入主阀芯上端油腔，且经通道 c 进入先导阀锥阀右端油腔，给锥阀一个向左的液压力。该液压力与调压弹簧的弹簧力相平衡，从而控制低压油 p_2 基本保持调定压力。当出油口的低压油 p_2 低于调定压力时，锥阀关闭，主阀芯上端油腔油液压力 $p_3=p_2$，主阀弹簧的弹簧力克服摩擦阻力将主阀芯推向下端，减压口 h 增大，减压阀处于不工作状态。当分支油路负载增大时，p_2 升高，p_3 随之升高，在 p_3 超过调定压力时，锥阀打开，少量油液经锥阀口、通道 e，由泄油口流回油箱。由于这时有油液流过阻尼孔 b，产生压力降，使 $p_3<p_2$。当此压力差所产生的向上的作用力大于主阀芯重力、摩擦力、主阀弹簧的弹簧力之和时，主阀芯向上移动，使减压口 h 减小，节流加剧，p_2 随之下降，直到作用在主阀芯上诸力相平衡，主阀芯便处于新的平衡位置，减压口 h 保持一定的开启量。

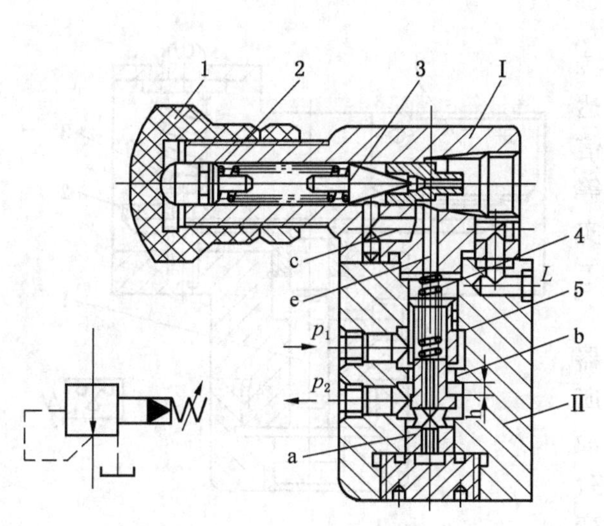

1—调节螺母；2—调压弹簧；3—锥阀；
4—主阀弹簧；5—主阀芯

图 1－45 先导型减压阀的结构

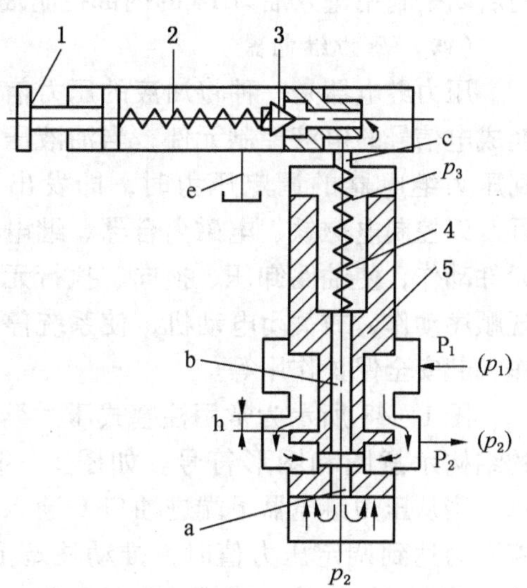

1—调节螺母；2—调压弹簧；3—锥阀；
4—主阀弹簧；5—主阀芯

图 1－46 先导型减压阀的工作原理

（三）顺序阀

顺序阀是以压力作为控制信号，自动接通或切断某一油路的压力阀。由于它经常被用来控制执行元件动作的先后顺序，故称顺序阀。

1. 顺序阀的功用和分类

顺序阀是控制液压系统各执行元件先后顺序动作的压力控制阀，实质上是一个由压力油液控制其开启的二通阀。根据控制压力的不同，顺序阀分为内控式和外控式两种。前者用阀的进口压力控制阀芯的启闭，后者用外来的控制压力油控制阀芯的启闭（即液控顺

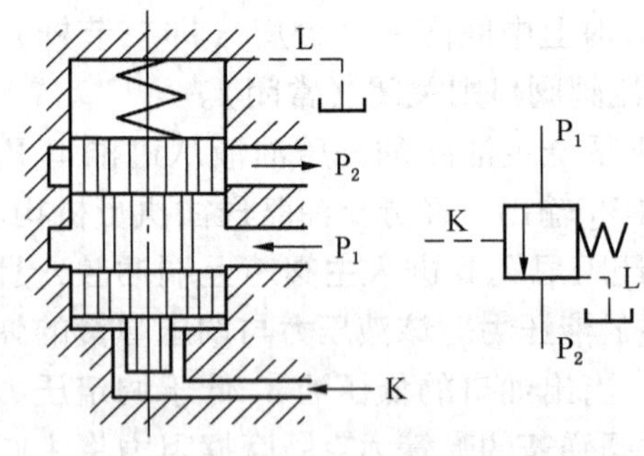

图1－47　直动式外控顺序阀

序阀）。顺序阀也有直动式和先导式两种，目前直动型应用较多。

2. 顺序阀的结构和工作原理

图1－47所示为直动式外控顺序阀的工作原理图和图形符号。当控制油口K压力低于弹簧的预紧力时，阀芯在弹簧作用下处于下端位置，进油口和出油口不相通。当控制油口K压力大于弹簧的预紧力时，阀芯向上移动，阀口打开，油液便经阀口P_1从出油口P_2流出，从而操纵另一执行元件或其他元件动作。由图1－47可见，顺序阀和溢流阀的结构基本相似，不同的只是顺序阀的出油口通向系统的另一压力油路，而溢流阀的出油口通油箱。此外，由于顺序阀的进、出油口均为压力油，所以它的泄油口L必须单独外接油箱。

直动式内控顺序阀和直动式外控顺序阀的差别仅仅在于其下部无外控制油口K，阀芯的启闭是利用进入油口P_1的内部控制油来控制。

（四）压力继电器

压力继电器是一种将油液的压力信号转换成电信号的电液控制元件，当油液压力达到压力继电器的调定压力时，即发出电信号，以控制电磁铁、电磁离合器、继电器等元件动作，使油路卸压、换向、执行元件实现顺序动作，或关闭电动机，使系统停止工作，起安全保护作用等。

图1－48所示为常用柱塞式压力继电器的结构示意图和图形符号。如图1－48所示，当从压力继电器下端进油口P通入的油液压力达到调定压力值时，推动柱塞上移，此位移通过杠杆放大后推动开关动作。改变弹簧的压缩量即可以调节压力继电器的动作压力。

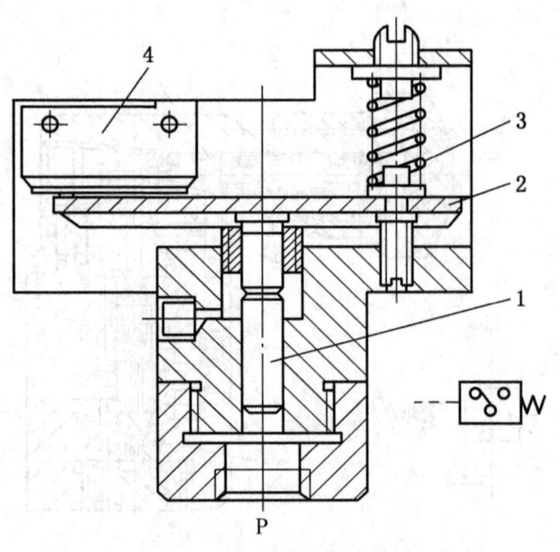

1—柱塞；2—杠杆；3—弹簧；4—开关

图1－48　压力继电器

三、流量控制阀

在液压系统中，控制工作液体流量的阀称为流量控制阀，简称流量阀。常用的流量控制阀有节流阀、调速阀、分流阀等。其中节流阀是最基本的流量控制阀。流量控制阀通过改变节流口的开口大小调节通过阀口的流量，从而改变执行元件的运动速度。通常用于定量液压泵液压系统中。

（一）节流阀

1. 流量控制的工作原理

油液流经小孔、狭缝或毛细管时，会产生较大的液阻，通流面积越小，油液受到的液阻越大，通过阀口的流量就越小。所以，改变节流口的通流面积，使液阻发生变化，就可以调节流量的大小，这就是流量控制的工作原理。大量实验证明，节流口的流量特性可以用下式表示，即

$$q = CA(\Delta p)^m \tag{1-32}$$

式中 q——通过节流口的流量；

A——节流口的通流面积；

Δp——节流口前后的压力差；

C——流量系数，随节流口的形式和油液的黏度而变化；

m——节流口形式参数，一般在 0.5 ~ 1 之间，节流路程短时取小值，节流路程长时取大值。

节流口的形式很多，图 1 - 49a 所示为针阀式节流口。针阀芯作轴向移动时，改变环形通流截面积的大小，从而调节了流量。图 1 - 49b 所示为偏心式节流口，在阀芯上开有一个截面为三角形（或矩形）的偏心槽，当转动阀芯时，就可以调节通流截面积大小而调节流量。这两种形式的节流口结构简单，制造容易，但节流口容易堵塞，流量不稳定，适用于性能要求不高的场合。图 1 - 49c 所示为轴向三角槽式节流口，在阀芯端部开有一个或两个斜的三角沟槽，轴向移动阀芯时，就可以改变三角槽通流截面积的大小，从而调节流量。图 1 - 49d 所示为周向缝隙式节流口，阀芯上开有狭缝，油液可以通过狭缝流入阀芯内孔，然后由左侧孔流出，转动阀芯就可以改变缝隙的通流截面积。图 1 - 49e 所示为轴向缝隙式节流口，在套筒上开有轴向缝隙，轴向移动阀芯即可改变缝隙的通流面积大小，以调节流量。这三种节流口性能较好，尤其是轴向缝隙式节流口，其节流通道厚度可薄到 0.07 ~ 0.09 mm，可以得到较小的稳定流量。

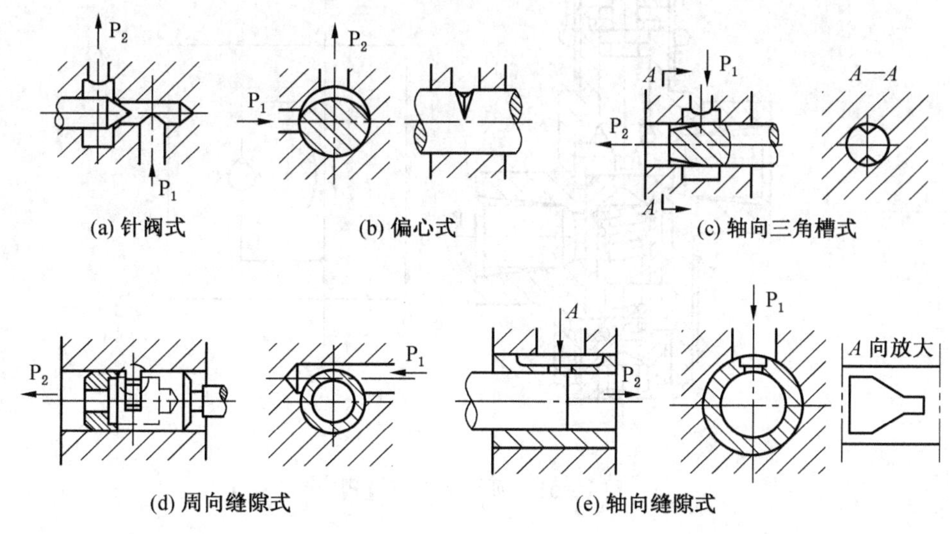

图 1 - 49 节流口的形式

2. 常用节流阀的类型

常用节流阀的类型有可调节流阀、可调单向节流阀等。

1）可调节流阀

图 1－50 所示为可调节流阀的结构。节流口采用轴向三角槽形式，压力油从进油口 P_1 流入，经阀芯右端的节流沟槽从出油口 P_2 流出。转动手柄，通过推杆使阀芯做轴向移动，可改变节流口通流截面积，实现流量的调节。弹簧的作用是使阀芯向左抵紧在推杆上。这种节流阀结构简单，制造容易，体积小，但负载和温度的变化对流量的稳定性影响较大，因此只适用于负载和温度变化不大或执行机构速度稳定性要求较低的液压系统。

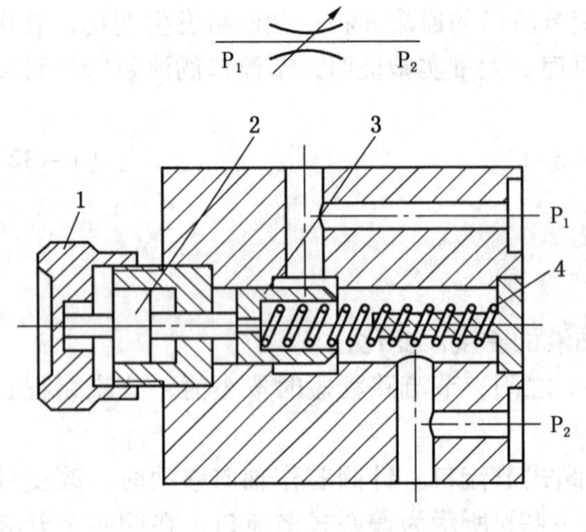

1—手柄；2—推杆；3—阀芯；4—弹簧

图 1－50　可调节流阀结构

2）可调单向节流阀

图 1－51 所示为可调单向节流阀的结构。从作用原理来看，可调单向节流阀是可调节流阀和单向阀的组合，在结构上是利用一个阀芯同时起节流阀和单向阀的两种作用。当压力油从油口 P_1 流入时，油液经阀芯上的轴向三角槽节流口从油口 P_2 流出，旋转手柄可改变节流口通流面积大小而调节流量。当压力油从油口 P_2 流入时，在油压作用力作用下，阀芯下移，压力油从油口 P_1 流出，起单向阀作用。

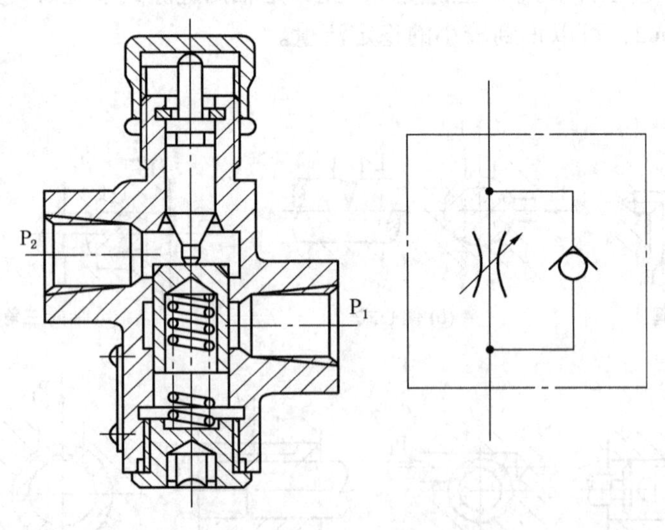

图 1－51　可调单向节流阀

3. 影响节流阀流量稳定的因素

节流阀是利用油液流动时的液阻来调节阀的流量的。产生液阻的方式：一种是薄壁小孔、缝隙节流，造成压力的局部损失；另一种是细长小孔（毛细管）节流，造成压力的沿程损失。实际上各种形式的节流口是介于两者之间。一般希望在节流口通流面积调好后，流量稳定不变，但实际上流量会发生变化，尤其是流量较小时变化更大。影响节流阀流量稳定的因素主要有：

（1）节流阀前后的压力差。随外部负载的变化，节流阀前后的压力差 Δp 将发生变化，由式（1-32）可知，流量 q 也随之变化而不稳定。

（2）节流口的形式。节流口的形式将影响流量系数 C 和参数 m。

（3）节流口的堵塞。当节流口的通流断面面积很小时，在其他因素不变的情况下，通过节流口的流量不稳定（周期性脉动），甚至出现断流的现象，称为堵塞。由于油液中的杂质、油液因高温氧化而析出的胶质、沥青等析出物，以及油液老化或受到挤压后产生带电极化分子，对金属表面的吸附，在节流口表面逐步形成附着层，常会造成节流口的部分堵塞，它不断堆积又不断被高速液流冲掉，使节流口的通流断面面积大小发生变化，从而引起流量变化，严重时附着层会完全堵塞节流口而出现断流现象。

（4）油液的温度。压力损失的能量通常转换为热能，油液的发热会使油液黏度发生变化，导致流量系数 C 变化，而使流量变化。

由于上述因素的影响，使用节流阀调节执行元件运动速度将随负载和温度的变化而波动。在速度稳定性要求高的场合，则要使用流量稳定性好的调速阀。

（二）调速阀

调速阀是由一个定差减压阀和一个可调节流阀串联组合而成。用定差减压阀来保证可调节流阀前后的压力差 Δp 不受负载变化的影响，从而使通过节流阀的流量保持稳定。

图1-52所示为调速阀的工作原理图。压力油液 p_1 经节流减压后以压力 p_2 进入节流阀，然后以压力 p_3 进入液压缸左腔，推动活塞以速度 v 向右运动。节流阀前后的压力差 $\Delta p = p_2 - p_3$。减压阀阀芯1上端的油腔b经通道a与节流阀出油口相通，其油液压力为 p_3；其肩部油腔c和下端油腔d经通道f和e与节流阀进油口（即减压阀出油口）相通，其油液压力为 p_2，当作用于液压缸的负载 F 增大时，压力 p_3 也增大，作用于减压阀阀芯上端的液压力也随之增大，使阀芯下移，减压阀进油口处的开口加大，压力降减小，因而使减压阀出口（节流阀进口）处压力 p_2 增大，结果保持了节流阀前后的压力差 $\Delta p = p_2 - p_3$ 基本不变。当负载 F 减小时，压力 p_3 减小，减压阀阀芯上端油腔压力减小，阀芯在油腔c和d中压力油（压力为 p_2）的作用下上移，使减压阀进油口处开口减小，压力降增大，因而使 p_2 随之减小，结果仍保持节流阀前后压力差 $\Delta p = p_2 - p_3$ 基本不变。

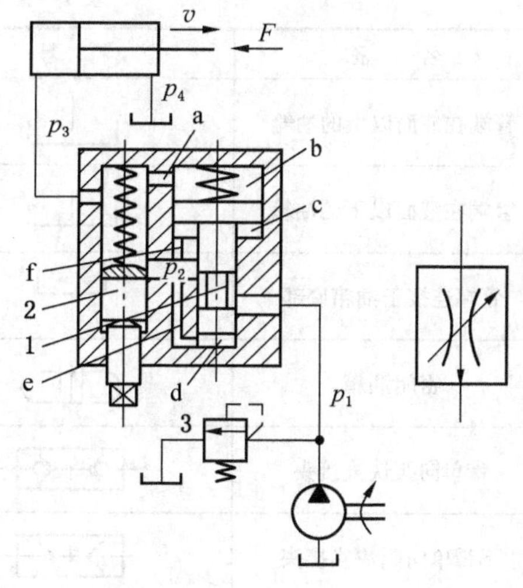

1—减压阀阀芯；2—节流阀阀芯；3—溢流阀

图1-52　调速阀的工作原理

因为减压阀阀芯上端油腔b的有效作用面积 A 与下端油腔c和d的有效作用面积相等，所以在稳定工作时，不计阀芯的自重及摩擦力的影响，减压阀阀芯上的力平衡方程为

$$p_2A = p_3A + F_s$$

或

$$p_2 - p_3 = \frac{F_s}{A} \tag{1-33}$$

式中 p_2——节流阀前（即减压阀后）的油液压力，Pa；

p_3——节流阀后的油液的压力，Pa；

F_s——减压阀弹簧的弹簧作用力，N；

A——减压阀阀芯大端有效作用面积，m^2。

因为减压阀阀芯弹簧很软（刚度很低），当阀芯上下移动时其弹簧作用力 F_s 变化不大，所以节流阀前后的压力差 $\Delta p = p_2 - p_3$ 基本上不变，为一常量，也就是说当负载变化时，通过调速阀的油液流量基本不变，液压系统执行元件的运动速度保持稳定。

第六节　辅　助　元　件

液压辅助元件包括蓄能器、滤油器、油箱、热交换器、密封装置、仪表、油管、管接头等。各种辅助元件的图形符号见表1－9。

表1－9　辅助元件图形符号

名　　称	符　号	名　　称	符　号
管端在液面以上的油箱	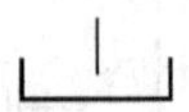	污染指示过滤器	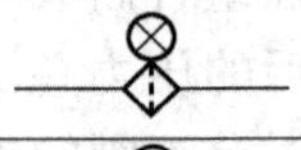
管端在液面以下的油箱	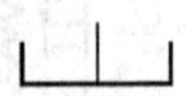	蓄能器	
管端连接于油箱底部	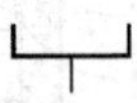	加热器	
密闭油箱	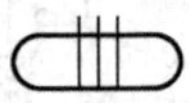	冷却器	
带单向阀快换接头	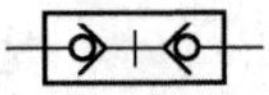	流量计	
不带单向阀快换接头	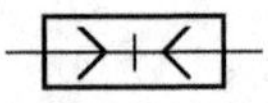	压力计	
过滤器		液面计	
磁芯过滤器	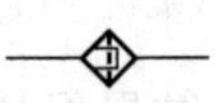	温度计	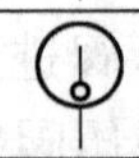

一、蓄能器

蓄能器是液压系统的一种能量储存装置。其基本功能是将液压能储存起来，在需要的时候又重新放出。它在液压系统中主要有做辅助动力源、做应急动力源、做保压装置、吸收压力脉动和液压冲击几种作用。

蓄能器的类型有重锤式、弹簧式和充气式，具体结构种类较多，目前应用最广泛的是气囊式蓄能器。

图 1 – 53 所示为气囊式蓄能器，其容积为 4 L，公称压力为 34.3 MPa，它主要由充气阀、壳体、气囊、托阀等组成。气囊用特殊耐油橡胶制成，气体（氮气）从充气阀冲入气囊。壳体由高强度无缝钢管制造。压力液体从蓄能器通液口进入，液压能转变为气体的压缩势能储存，当系统需要时，气囊膨胀，输出压力液体。托阀的作用是压力液体全部排出后，防止气囊膨胀到壳体外，托阀弹簧具有足够的刚度，当蓄能器高速排液时，托阀也不致关闭。

气囊式蓄能器的气囊惯性小，反应灵敏，与其他蓄能器比较，它的重量轻，尺寸小，安装维护方便。但气囊制造要求高。

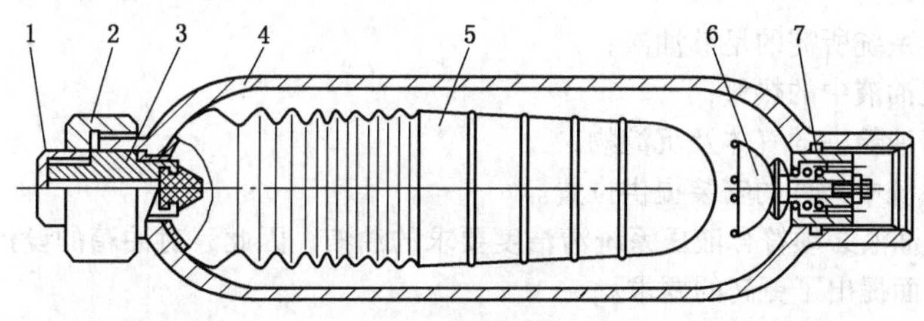

1—螺盖；2—压帽；3—充气阀；4—壳体；5—气囊；6—托阀；7—阀座

图 1 – 53　气囊式蓄能器

二、滤油器

液压系统的大多数故障是由于介质被污染而造成的，因此，保持工作介质清洁是正常工作的必要条件。油液中的污染物会使液压动力元件、液压执行元件和液压控制元件等内部相对运动部分的表面划伤，加速磨损或卡死运动件，堵塞阀口，腐蚀元件，使系统工作可靠性下降，寿命降低。如果杂质将节流阀口或溢流阀阻尼孔堵塞，则会造成系统故障。在适当的部位上安装过滤器可以截留油液中不可溶的污染物，使油液保持清洁，保证液压系统正常工作。

滤油器的作用是过滤混在液压油液中的杂质，降低进入系统中油液的污染度，保证系统正常地工作。

滤油器的工作原理是利用工作液体流经具有无数微小间隙或小孔的滤芯（如网式、线隙式、纸芯式等），将其中的固体杂质滤除。另外，还利用吸附和磁性过滤方式，对工作液体进行净化。

常用滤油器的类型有网式滤油器、线隙式滤油器、纸芯式滤油器等几种。图 1 – 54 所示为线隙式滤油器的结构，其滤芯通常用直径 0.4 mm 的铜线或铝线（也有不锈钢丝的）缠绕在开有孔眼的筒形芯架上做成。金属

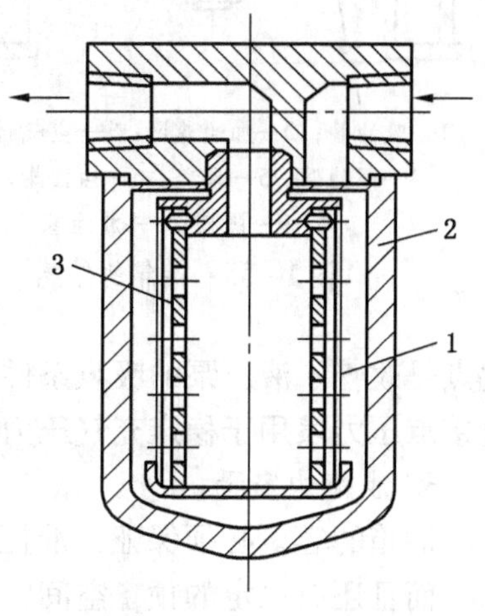

1—滤芯；2—外壳；3—筒形芯架

图 1 – 54　线隙式滤油器

线经特别轧制，每隔一定距离压扁一小段，使缠绕后的金属线之间形成一定的缝隙，从而对液体进行过滤。

线隙式滤油器过滤精度较高，过滤能力强，其缺点是不易清洗。它可以安装在泵的吸液管路、压力管路和回液管路，当安装在吸液管路时，采用80 μm和100 μm的过滤精度，其压力损失小于0.02 MPa；当安装在压力管路和回液管路时，采用30 μm和50 μm的过滤精度，其压力损失小于0.06 MPa。

三、油箱与热交换器

（一）油箱

1. 油箱的功用

（1）储存系统所需的足够油液；

（2）散发油液中的热量；

（3）分离油箱中的气体及沉淀物；

（4）为系统中元件的安装提供位置。

油箱中的油液必须符合液压系统清洁度要求的油液，因此，对油箱的设计、制造、使用和维护等方面提出了更高的要求。

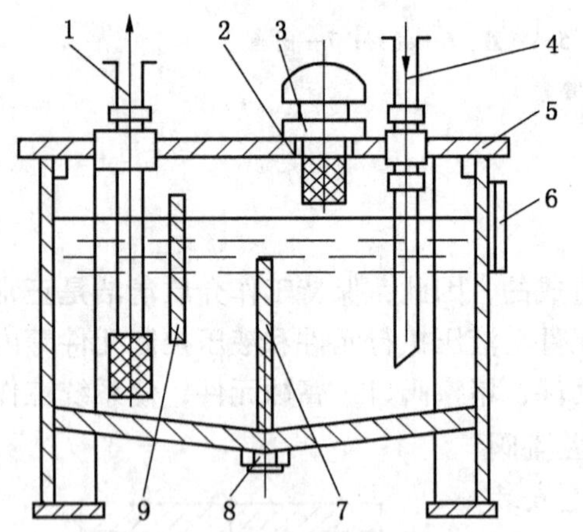

1—吸油管；2—加油滤网；3—空气过滤器；4—回油管；5—顶盖；6—油面指示器；7、9—隔板；8—放油塞

图1－55　油箱的结构

2. 油箱的结构

油箱的结构如图1－55所示。

1）总体式结构

利用设备机体空腔作油箱，结构紧凑，散热性不好，维修不方便，散热条件不好，且使主机易产生热变形。

2）分离式结构

油箱单独设置，与主机分开，维修保养方便。可减少油箱发热和液压振动对工作精度的影响。

此外根据油液液面是否和大气相通，又有开式油箱和闭式油箱之分，所谓开式油箱，油液液面与大气相通，应用最广；所谓闭式油箱，油液液面与大气隔绝，其顶部有一充气管，送入0.05～0.07 MPa过滤纯净的压缩空气，空气直接和油液接触，或者输到皮囊内对油液施压。其优点是改善了液压泵的吸收条件，但回油管、泄油管要承受背压。油箱必须配上安全阀，电接点压力表用于稳定充气压力，因此只在特殊场合使用。

3. 油箱的容量

油箱的容量必须保证：液压设备停止工作时，系统中的全部油液流回油箱时不会溢出，而且还有一定的预备空间，即油箱液面不超过油箱高度的80%。液压设备管路系统内充满油液工作时，油箱内应有足够的油量，使液面不致太低，以防止液压泵吸油管处的滤油器吸入空气。通常油箱的有效容量为液压泵额定流量的2～6倍。

4. 油箱设计时应注意的问题

（1）箱壁在保证强度和刚度的情况下要尽量薄，以利于散热，通常油箱用2.5～5 mm钢板焊接而成，箱盖、箱底可适当加厚，箱底有适当的倾斜，并设有放油孔。

（2）吸油管和回油管的安装距离应尽量远，并加隔板隔开，以利于冷却、沉淀杂质和释放气体。

（3）吸油管端应设有过滤器，过滤能力应为油泵流量的两倍。吸油、回油管距箱底要大于2倍内径，距箱壁要大于3倍内径，且管端成45°坡口，面对箱壁。

（4）箱盖上设有加油、通气孔和安放温度计的孔。

（5）根据需要可在油箱的适当部位安装冷却器和加热器。

（二）热交换器

热交换器用于控制液压系统的工作温度。液压系统的工作温度一般希望保持在30～50 ℃的范围之内，最高不超过65 ℃，最低不低于15 ℃。液压系统如依靠自然冷却仍不能使油温控制在上述范围内时，就需安装冷却器；反之，如环境温度太低无法使液压泵启动或正常运转时，可在油箱内设置加热器。

1. 冷却器

冷却器一般应安放在回油管或低压管路上。如溢流阀的出口，系统的主回油路上或单独的冷却系统。冷却器所造成的压力损失一般为0.01～0.1 MPa。

常用的冷却器有水冷式和风冷式两类。风冷式冷却器结构比较简单，它由许多带散热片的管子组成，工作液体从管中流过，利用自然通风或风扇强制通风，使空气穿过管子和散热片表面进行冷却，其冷却效果比水冷式较差，但使用时不需要水源，比较方便，特别适用于行走机械的液压系统。

水冷式冷却器的冷却效果比较好，常用水冷式冷却器的结构形式有蛇管式、列管式、翅片管式等几种。

2. 加热器

一般在油箱的最低液面上装设电加热器或通入蒸汽的蛇形管加热。最常用的为电加热器。这种加热器的安装方式是用法兰盘横装在箱壁上，发热部分全部浸在油液内。加热器应安装在箱内油液流动处，以有利于热量的交换。由于油液是热的不良导体，单个加热器的功率容量不能太大，以免其周围油液过度受热后发生变质现象。

四、油管和管接头

（一）油管

油管分硬管和软管两类。

1. 硬管

硬管用于连接无相对运动的液压元件。常用的有无缝钢管和紫铜管。无缝钢管承受压力高，价格便宜，但装配时不易弯曲，主要用于中、高压系统。无缝钢管有冷拔和热轧两种。冷拔管几何尺寸准确，质地均匀，宜与卡套式管接头配合。压力管路常用10号和15号冷拔无缝钢管，其中10号用于压力小于8 MPa的条件，15号用于压力大于8 MPa的场合。紫铜管容易弯曲，装配方便，而且管壁光滑，摩擦阻力小，但耐压低，不超过10 MPa，其抗震能力也比较弱，价格昂贵，在高温工作时会加速油液的氧化变质。紫铜管主要用于中低压系统，机床中应用较多，常配以扩口管接头。

2. 软管

软管主要用于连接有相对运动的液压元件。通常为耐油橡胶软管，它可分为高压橡胶软管和低压橡胶软管两种。高压橡胶软管大量用于液压支架和外注式单体液压支柱管路系统。它由内胶层、钢丝编织层、中间胶层和外胶层组成。常用高压软管的钢丝编织层为单层和双层，有多种通径规格，单层软管可承受 6 ~ 20 MPa 的压力，双层软管可承受 11 ~ 60 MPa 的压力，软管通径越小，承压越高。低压橡胶软管是由夹有帆布层的耐油橡胶组成，适于压力小于 1.5 MPa 的低压管路。

软管装配方便，能吸收液压系统的冲击和振动，但高压软管制造工艺复杂，寿命短，成本高，刚性差。因此在固定元件的连接中一般不采用高压软管。

（二）管接头

管接头是油管与油管、油管与液压元件之间的可拆装的连接件。常用的金属管的接头种类有焊接式管接头、卡套式管接头、扩口式管接头、铰接式管接头等。常用的橡胶软管的管接头的接头种类有螺纹连接的软管接头和快速连接的软管接头两种。

图 1 – 56 所示为焊接式管接头的结构。管接头的接管与被连接管焊接在一起，接头体用螺纹固定在液压元件上，用螺母将接管和接头体相连接。在接触面上，有多种密封形式，图 1 – 56a 所示为采用 O 形密封圈，图 1 – 56b 所示为依靠球面与锥面的环形接触线实现密封。

焊接式管接头制造简单，工作可靠，适用于管壁较厚和压力较高系统，承受压力可达 31.5 MPa，应用较多。其缺点是对焊接质量要求较高。

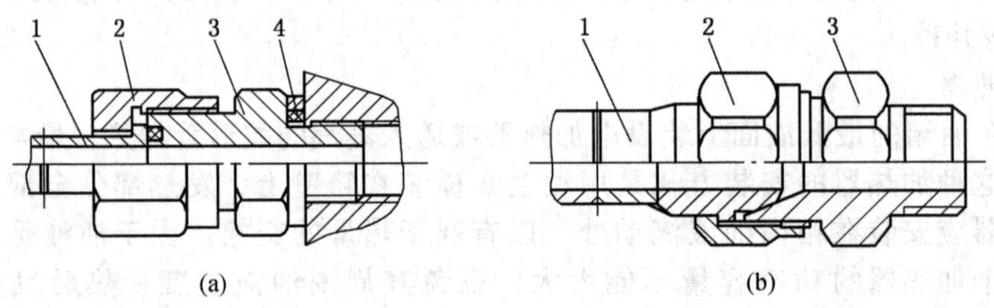

1—接管；2—螺母；3—接头体；4—组合密封圈

图 1 – 56　焊接式管接头

图 1 – 57 所示为螺纹连接的软管接头。螺纹连接的软管接头利用螺纹将接头芯管与液压元件或其他油管相连接，而软管与接头之间的连接有扣压式和可拆式两种。

图 1 – 57a 所示为扣压式螺纹连接的软管接头。扣压式软管接头在装配时先将鱼外套配合处的软管外胶层剥除，接头芯管插入软管内，外套通过加压收缩使软管陷入接头芯管与外套间的环形槽中，以达到压紧软管防止拔脱的目的。这种接头工作可靠，适于高压管路。

图 1 – 57b 所示为可拆式螺纹连接的软管接头。可拆式软管接头在装配时也是先剥除

软管的外胶层，再将外套装在软管上，然后将接头芯管慢慢旋入管内，压紧软管。这种接头装配简单，不需要专用设备（扣管机），装配后可拆开，但是可靠性较差，只适于中低压管路。

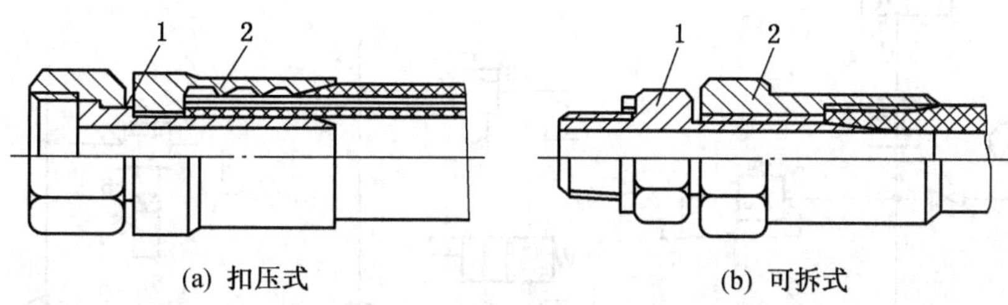

1—接头芯管；2—外套

图 1-57 螺纹连接的软管接头

第七节 液压基本回路

任何一个液压系统，无论多么复杂，实际上都是由一些基本回路组成的。所谓基本回路，就是由有关的液压元件组成，用来完成特定功能的典型回路。

常用液压基本回路的类型，按其功能可分为压力控制回路、速度控制回路、方向控制回路和多缸动作控制回路等。

一、压力控制回路

压力控制回路是利用压力控制阀来控制系统中油液的压力，以满足执行元件对力或转矩的要求。压力控制回路的类型有调压回路、减压回路、增压回路、卸荷回路、保压回路和平衡回路等。

（一）调压回路

调压回路的功用是使液压系统整体或某一部分的压力保持恒定或不超过某个数值。常见的调压回路有单级调压回路、多级调压回路和无级调压回路 3 种型式，如图 1-58 所示。

1. 单级调压回路

如图 1-58a 所示，在泵 1 的出口处设置并联的溢流阀 2 来调定油泵的供油压力。

2. 多级调压回路

图 1-58b 中，先导式溢流阀 3 的遥控口串接二位二通换向阀 4 和溢流阀 5（远程调压阀）。当先导式溢流阀 3 和溢流阀 5 的调定压力符合 $p_5 < p_3$ 时，液压系统可通过换向阀的左位和右位得到 p_3 和 p_5 两种压力。如果在溢流阀的遥控口处通过多位换向阀的不同通口并联多个调压阀，即可构成多级调压回路。

3. 无级调压回路

图 1-58c 中，可通过改变比例溢流阀 6 的输入电流来实现无级调压，这样可使压力切换平稳，而且容易使系统实现远距离控制或程序控制。

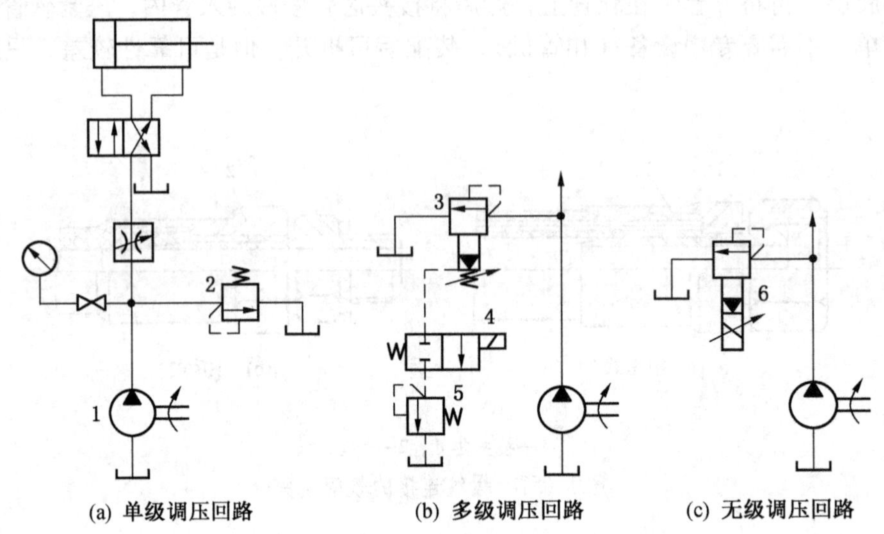

(a) 单级调压回路　(b) 多级调压回路　(c) 无级调压回路

1—单向定量泵；2、5—溢流阀；3—先导式溢流阀；4—二位二通换向阀；6—比例溢流阀

图 1-58　调压回路

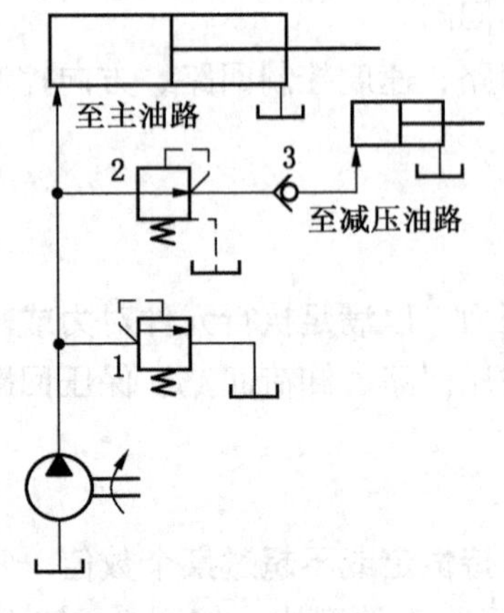

1—溢流阀；2—定值输出减压阀；3—单向阀

图 1-59　减压回路

（二）减压回路

减压回路的功用是使系统中的某一部分油路具有较低的稳定压力，如图 1-59 所示。回路中的单向阀供主油路压力降低（低于减压阀 2 的调整压力）时防止油液倒流，起短时保压作用。

也可采用类似两级或多级调压的方法获得两级或多级减压。还可采用比例减压阀来实现无级减压。

为了使减压回路工作可靠，减压阀的最低调整压力不应小于 0.5 MPa，最高调整压力至少比系统压力小 0.5 MPa。当减压回路中的执行元件需要调速时，调速元件应放在减压阀的下游，以避免减压阀泄漏（指由减压阀泄油口流回油箱的油液）对执行元件速度产生影响。

（三）增压回路

增压回路的功用是提高系统中局部油路中的压力。它能使局部压力远远高于油源的压力。采用增压回路比选用高压大流量泵要经济得多。

1. 单作用增压器的增压回路

如图 1-60a 所示，当系统处于图示位置时，压力为 p_1 的油液进入增压器的大活塞腔，此时在小活塞腔即可得到压力为 p_2 的高压油液，增压的倍数等于增压器大、小活塞的工作面积之比。当二位四通电磁换向阀右位接入系统时，增压器的活塞返回，补油箱中的油液经单向阀补入小活塞腔。这种回路只能间断增压。

2. 双作用增压器的增压回路

在图 1-60b 所示位置，泵输出的压力油经换向阀 5 和单向阀 1 进入增压器左端大、小活塞腔，右端大活塞腔的回油通油箱，右端小活塞腔增压后的高压油经单向阀 4 输出，此时单向阀 2、3 被关闭；当活塞移到右端时，换向阀得电换向，活塞向左移动，左端小活塞腔输出的高压油经单向阀 3 输出。这样，增压缸的活塞不断往复运动，两端便交替输出高压油，实现了连续增压。

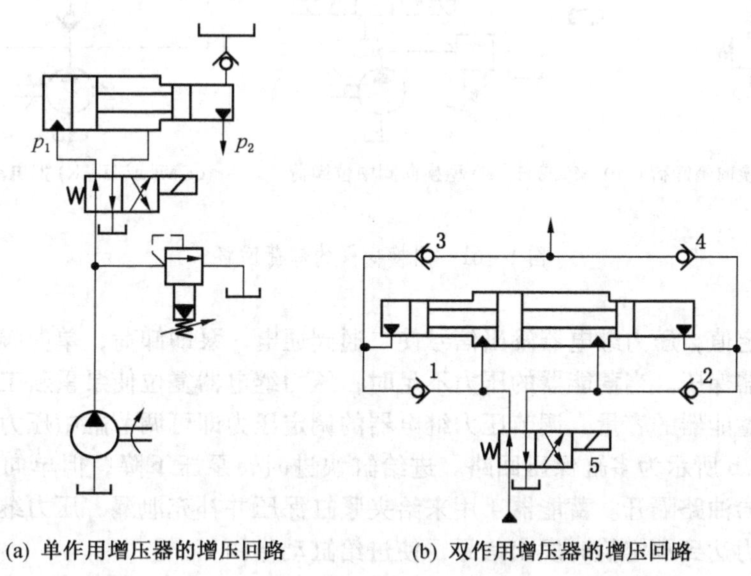

(a) 单作用增压器的增压回路　　(b) 双作用增压器的增压回路

图 1 - 60　增压回路

（四）卸荷回路

卸荷回路的功用是，在液压泵的驱动电机不频繁启闭，且使液压泵在接近零压的情况下运转，以减少功率损失和系统发热，延长泵和电机的使用寿命。

1. 用换向阀的卸荷回路

图 1 - 61a 中利用二位二通换向阀使泵卸荷。图 1 - 61b 中的 M（或 H、K）型换向阀处于中位时，可使泵卸荷，但切换压力冲击大，适用于低压小流量的系统。对于高压大流量系统，可采用 M（或 H、K）型电液换向阀对泵进行卸荷（图 1 - 61c)，由于这种换向阀装有换向时间调节器，所以切换时压力冲击小，但必须在换向阀前面设置单向阀（或在换向阀回油口设置背压阀)，以使系统保持 0.2 ~ 0.3 MPa 的压力，供控制油路用。

2. 用先导型溢流阀的卸荷回路

在图 1 - 58b 中，如果去掉远程调压阀 5，使先导型溢流阀的遥控口直接与二位二通换向阀 4 相连，便构成一种由先导型溢流阀卸荷的回路。这种回路的卸荷压力小，切换时冲击也小；二位二通阀只需通过很小的流量，规格尺寸可选得小些，所以这种卸荷方式适合流量大的系统。

（五）保压回路

执行元件在工作循环的某一阶段内，若需要保持规定的压力，就应采用保压回路。

1. 利用蓄能器保压的回路

如图 1 - 62a 所示的回路，当主换向阀在左位工作时，液压缸推进压紧工件，进油路

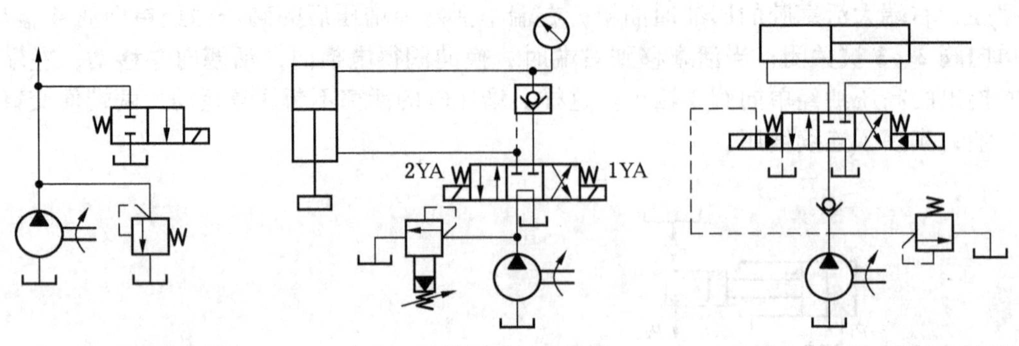

(a) 二位二通换向阀卸荷　(b) M(或H、K)型换向阀中位卸荷　(c) M(或H、K)型电液换向阀卸荷

图1-61　用换向阀的卸荷回路

压力升高至调定值，压力继电器发出信号使二通阀通电，泵即卸荷，单向阀自动关闭，液压缸则由蓄能器保压。当蓄能器的压力不足时，压力继电器复位使泵重新工作。保压时间的长短取决于蓄能器的容量，调节压力继电器的调定压力即可调节缸中压力的最大值和最小值。图1-62b所示为多缸保压回路。进给缸快进时，泵压下降，但单向阀3关闭，将夹紧油路和进给油路隔开。蓄能器4用来给夹紧缸保压并补充泄漏，压力继电器5的作用是当夹紧缸压力达到预定值时发出信号，使进给缸动作。

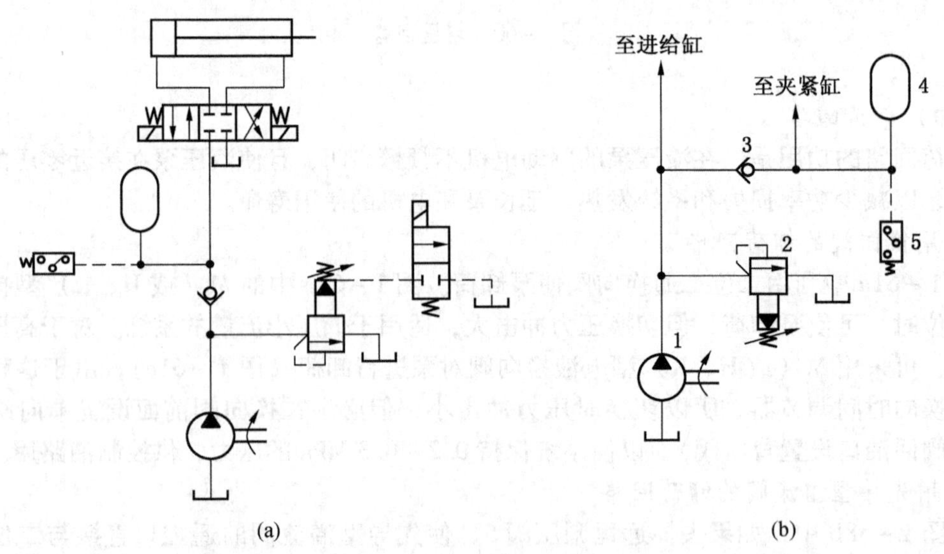

(a)　(b)

图1-62　用蓄能器保压的回路

2. 用泵保压的回路

如图1-63所示，当系统压力较低时，低压大泵1和高压小泵2同时向系统供油，当系统压力升高到卸荷阀4的调定压力时，泵1卸荷。此时高压小泵2使系统压力保持为溢流阀3的调定值。泵2的流量只需略高于系统的泄漏量，以减少系统发热。

也可采用限压式变量泵来保压，它在保压期间仅输出少量足以补偿系统泄漏的油液，效率较高。

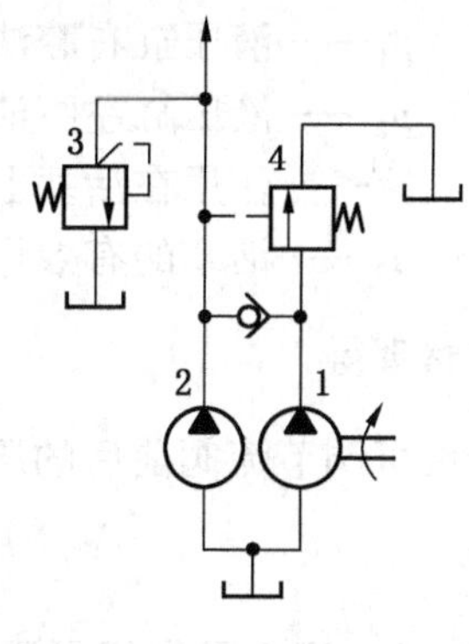

图1－63 用泵保压的回路

3. 用液控单向阀保压的回路

图1－61b 所示为采用液控单向阀和电接触式压力表的自动补油式保压回路。当1YA 得电时，换向阀右位接入回路，缸上腔压力升至电接触式压力表上触点调定的压力值时，上触点接通，1YA 失电，换向阀切换成中位，泵卸荷，液压缸由液控单向阀保压。当缸上腔压力下降至下触点调定的压力值时，压力表又发出信号，使lYA 得电，换向阀右位接入回路，泵给缸上腔补油使压力上升，直至上触点调定值。

二、速度控制回路

用来控制执行元件运动速度的回路称为速度控制回路。速度控制回路包括调节执行元件工作行程速度的调速回路，使之获得快速运动的快速运动回路，和使不同速度相互转换的速度换接回路。

（一）调速回路

调速回路包括节流调速回路、容积调速回路和容积节流复合调速回路3 种。

1. 节流调速回路

定量泵节流调速是在定量液压泵供油的液压系统中安装节流阀或调速阀来调节进入液压缸的油液流量，从而调节执行元件工作行程速度。根据节流阀或调速阀在油路中安装位置的不同，可分为进油节流调速、回油节流调速、旁路节流调速等多种形式。把流量控制阀装在执行元件的进油路上的调速回路称为进油节流调速回路；把流量控制阀装在执行元件的回油路上的调速回路称为回油节流调速回路；把流量控制阀装在执行元件的旁油路上的调速回路称为旁路节流调速回路。常用的节流调速回路有进油节流调速与回油节流调速两种回路。

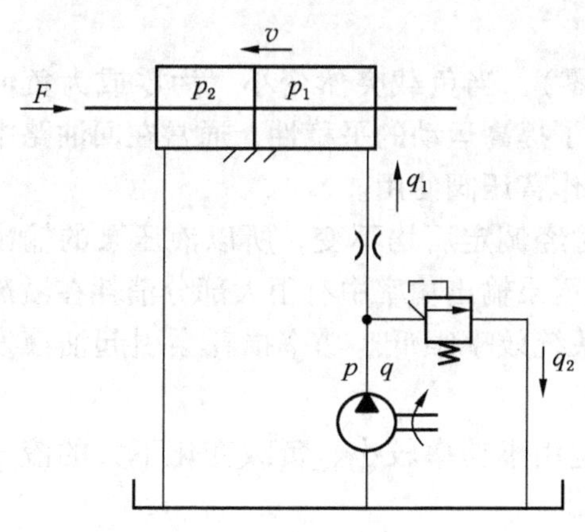

图1－64 进油节流调速回路

图1－64 所示为进油节流调速回路。回路工作时，液压泵输出的油液（压力 p 由溢流阀调定）经可调节流阀进入液压缸右腔，推动活塞向左运动，左腔的油液则流回油箱。液压缸右腔的油液压力 p_1 由作用在活塞上的负载阻力 F 的大小决定。液压缸左腔的油液压力 $p_2 \approx 0$。进入液压缸油液的流量 q_1 由可调节流阀调节，多余的油液 q_2 经溢流阀回油箱。

当活塞带动执行机构以速度 v 向左做匀速运动时，作用在活塞两个方向上的力互相平衡，即

$$p_1 A_0 = F + p_2 A_0$$

式中　p_1——液压缸右腔油液压力；

p_2——液压缸左腔油液压力（俗称背压力），本例中可视为 $p_2=0$；

F——作用在活塞上的负载阻力，如切削力、摩擦力等；

A_0——活塞的有效作用面积。

整理得

$$p_1=\frac{F}{A_0}$$

设可调节流阀前后的压力差为 Δp，则

$$\Delta p=p-p_1=p-\frac{F}{A_0}$$

由式（1－32）可得经可调节流阀流入液压缸右腔的流量为

$$q_1=CA(\Delta p)^m=CA\sqrt{\Delta p}\quad（取 m=0.5）$$

所以活塞的运动速度为

$$v=\frac{q_1}{A_0}=\frac{CA}{A_0}\sqrt{\Delta p}=\frac{CA}{A_0}\sqrt{p_b-\frac{F}{A_0}}$$

进油节流调速回路的特点如下：

（1）结构简单，使用方便。由于活塞运动速度 v 与可调节流口通流截面积 A_0 成正比，调节 A_0 即可方便地调节活塞运动的速度。

（2）液压缸回油腔和回油管路中油液压力很低（接近于零），当采用单活塞杆液压缸在工作进给时无活塞杆腔进油，因活塞有效作用面积较大可以获得较大的推力和较低的速度。

（3）速度稳定性差。由上式可知液压泵工作压力经溢流阀调定后近于恒定，可调节流阀调定后 A 也不变，活塞有效作用面积 A_0 为常量，所以活塞运动速度 v 将随负载 F 的变化而波动。

（4）由于回油腔没有背压力（回油路压力为零），当负载突然变小、为零或为负值时，活塞会产生突然前冲，因此运动平稳性差。为了提高运动的平稳性，通常在回油路中串联背压阀，弹簧刚度较大的单向阀或溢流阀均可作背压阀使用。

（5）因液压泵输出的流量和压力在系统工作时经调定后均不变，所以液压泵的输出功率为定值。当执行元件在轻载低速下工作时，液压泵输出功率中有很大部分消耗在溢流阀（流量损耗）和可调节流阀（压力损耗）上，系统效率很低。功率损耗会引起油液发热，使进入液压缸的油液温度升高，导致泄漏增加。

进油节流调速回路一般应用于功率较小、负载变化不大的液压系统中。

2. 容积调速回路

图 1－65 所示为使用变量液压泵的调速回路，属于容积调速回路，它通过改变变量液压泵的输出流量实现调节执行元件的运动速度。

液压系统工作时，变量液压泵输出的压力油液全部进入液压缸，推动活塞运动。调节变量液压泵的输出流量，就可以改变活塞的运动速度，实现调速。回路中的溢流阀起安全保护作用，正常工作时

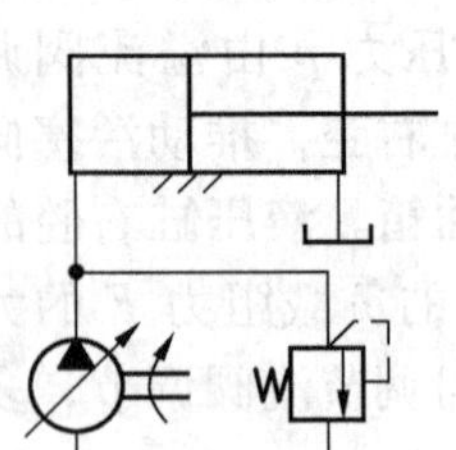

图 1－65　变量液压泵容积调速回路

常闭，当系统过载时才打开溢流，因此，溢流阀限定了系统的最高压力。

与节流调速相比较，采用变量液压泵的容积调速具有压力损耗和流量损耗小的优点，因而回路发热量小，效率高，适用于功率较大的液压系统中。其缺点是变量液压泵结构复杂，价格较高，维修较困难。

3. 容积节流复合调速回路

用变量液压泵和节流阀（或调速阀）相配合进行调速的方法称为容积、节流复合调速。图 1－66 所示为由限压式变量叶片泵和调速阀组成的复合调速回路。调节调速阀节流口的开口大小，就能改变进入液压缸的流量，从而改变液压缸活塞的运动速度。如果变量液压泵的流量大于调速阀调定的流量，由于系统中没有设置溢流阀，多余的油液没有排油通路，势必使液压泵和调速阀之间油路的油液压力升高，但限压式变量叶片泵当工作压力增大到预先调定的数值后，泵的流量会随工作压力的升高而自动减小，直到两流量相等为止。在这种回路中，泵的输出流量能自动与调速阀调节的流量相适应，只有节流损失，没有溢流损失，因此效率高，发热量小。同时，采用调速阀，液压缸的运动速度基本不受负载变化的影响，即使在较低的运动速度下工作，运动也较稳定。这种调速回路不宜用于负载变化大且大部分时间在低负载下工作的场合。

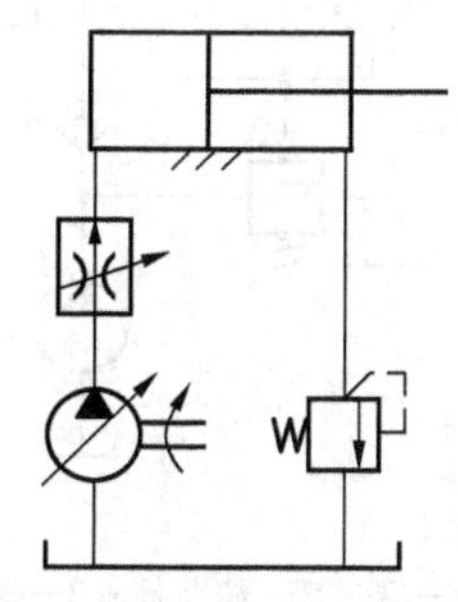

图 1－66　由变量液压泵和调速阀组成的复合调速回路

（二）快速运动回路

快速运动回路又称增速回路，其功用在于使液压执行元件获得所需的高速，以提高系统的工作效率或充分利用功率。实现快速运动视方法不同有多种结构方案，下面介绍两种常用的快速运动回路。

1. 液压缸差动连接回路

图 1－67 所示的回路是利用二位三通换向阀实现的液压缸差动连接回路，在这种回路中，当阀 1 和阀 3 在左位工作时，液压缸差动连接作快进运动，当阀 3 通电，差动连接即被切除，液压缸回油经过调速阀实现快进，阀 1 切换至右位后，缸快退。

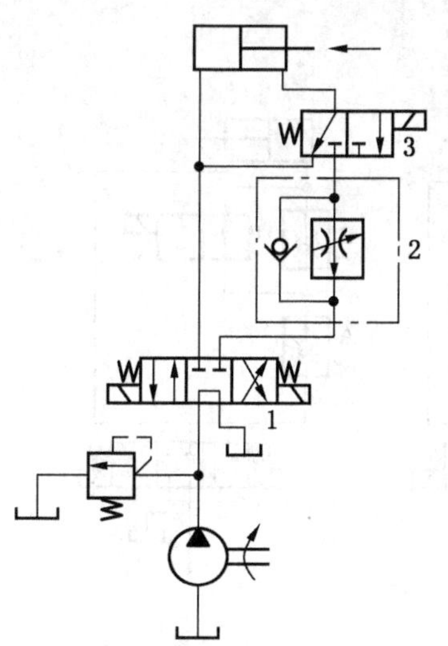

1、3—换向阀；2—调速阀

图 1－67　液压缸差动连接回路

这种连接方式，可在不增加液压泵流量的情况下提高液压执行元件的运动速度，但是，泵的流量和有杆腔排出的流量合在一起流过的阀和管路应按合成流量来选择，否则会使压力损失过大，泵的供油压力过大，致使泵的部分压力油从溢流阀溢回油箱而达不到差动快进的目的。

液压缸的差动连接也可用 P 型中位机能的三位换向阀来实现。

2. 采用蓄能器的快速运动回路

图 1－68 所示为采用蓄能器的快速运动回路。采用蓄能器的目的是可以用流量较小的液压泵。当系统中短期需要大流量时，这时换向阀 5 的阀芯是处于左端或右端位置，就由泵 1 和蓄能器 4 共同向缸 6 供油。当系统停止工作时，

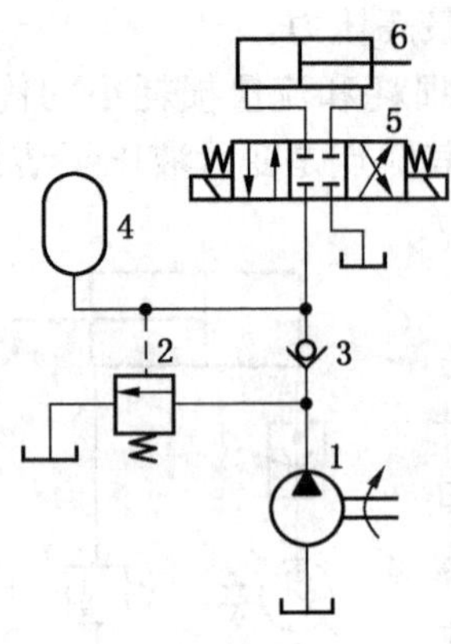

1—泵；2—卸荷阀；3—单向阀；4—蓄能器；5—换向阀；6—缸

图1－68　采用蓄能器的快速运动回路

换向阀5处在中间位置，这时泵便经单向阀3向蓄能器供油，蓄能器压力升高后，控制卸荷阀2，打开阀口，使液压泵卸荷。

（三）速度换接回路

速度换接回路的功能是使液压执行机构在一个工作循环中从一种运动速度变换到另一种运动速度，因而这个转换不仅包括液压执行元件快速到慢速的换接，而且也包括两个慢速之间的换接。实现这些功能的回路应该具有较高的速度换接平稳性。

1. 快速与慢速的换接回路

能够实现快速与慢速换接的方法很多，图1－69所示的为用行程阀来实现快慢速换接的回路。在图示状态下，液压缸快进，当活塞所连接的挡块压下行程阀时，行程阀关闭，液压缸右腔的油液必须通过节流阀才能流回油箱，活塞运动速度转变为慢速工进；当换向阀左位接入回路时，压力油经单向阀进入液压缸右腔，活塞快速向右返回。

这种回路的快慢速换接过程比较平稳，换接点的位置比较准确。缺点是行程阀的安装位置不能任意布置，管路连接较为复杂。若将行程阀改为电磁阀，安装连接比较方便，但速度换接的平稳性、可靠性以及换向精度都较差。

2. 慢速的换接回路

图1－70所示为用两个调速阀来实现不同工进速度的换接回路。图1－70a中的两个调

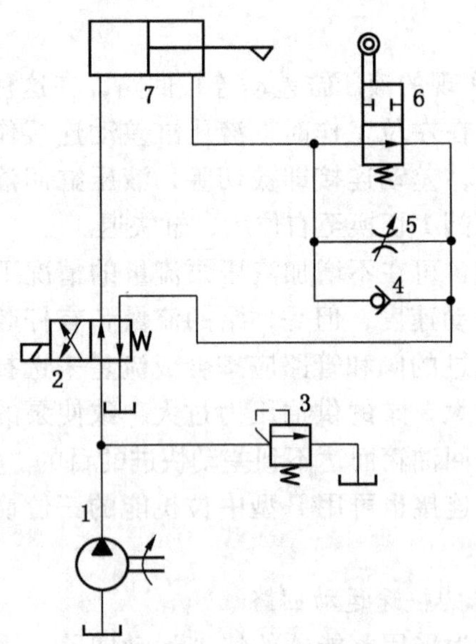

1—泵；2—换向阀；3—溢流阀；4—单向阀；5—节流阀；6—行程阀

图1－69　用行程阀的速度换接回路

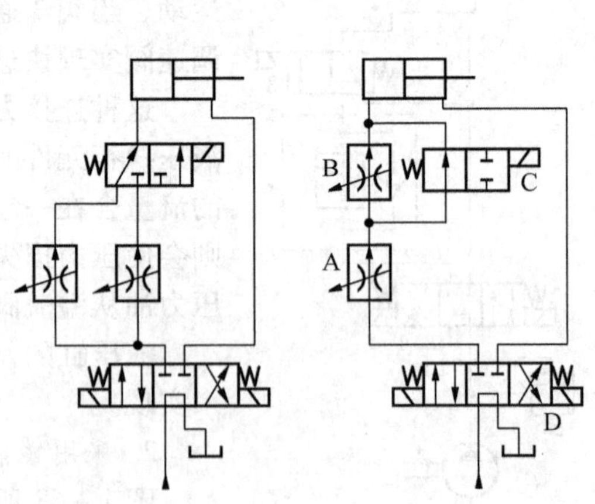

(a) 两调速阀并联　(b) 两调速阀串联

图1－70　用两个调速阀的速度换接回路

速阀并联，由换向阀实现换接。两个调速阀可以独立地调节各自的流量，互不影响。但是，一个调速阀工作时另一个调速阀内无油通过，它的减压阀处于最大开口位置，因而速度换接时大量油液通过该处将使机床工作部件产生突然前冲现象。因此它不宜用于在工作过程中的速度换接，只可用在速度预选的场合。

图 1－70b 所示为两调速阀串联的速度换接回路。当主换向阀 D 左位接入系统时，调速阀 B 被换向阀 C 短接；输入液压缸的流量由调速阀 A 控制。当阀 C 右位接入回路时，由于通过调速阀 B 的流量调得比 A 小，所以输入液压缸的流量由调速阀 B 控制。在这种回路中的调速阀 A 一直处于工作状态，它在速度换接时限制着进入调速阀 B 的流量，因此它的速度换接平稳性较好。但由于油液经过两个调速阀，所以能量损失较大。

三、方向控制回路

方向控制回路是用来控制液压系统中各条油路油流的接通、切断或改变流向，从而使有关的执行元件按照需要相应地作出启动、停止（包括锁紧）或换向等动作的回路。

（一）换向回路

换向回路的功能是改变执行元件的运动方向。一般可采用各种换向阀来实现，在闭式容积调速回路中也可利用双向变量泵实现。

1. 电磁换向阀换向回路

用电磁换向阀来实现执行元件换向最方便，但电磁换向阀动作快，换向时会有冲击，不宜用作频繁换向。采用电液换向阀换向时，虽然其液动换向阀的阀芯移动速度可调节，换向冲击较小，但仍不能适用于频繁换向的场合。即使这样，电磁换向阀换向回路仍是应用最广泛的回路，尤其在自动化程度要求较高的组合液压系统中被普遍采用。

2. 机动换向阀换向回路

机动换向阀可作频繁换向，换向精度高，冲击较小，且换向可靠性较好（这种换向回路的执行元件换向，是通过工作台侧面固定的挡块和杠杆直接作用换向阀来实现的，而电磁换向阀换向，则需要通过电气行程开关、继电器和电磁铁等中间环节），但机动换向阀必须安装在执行元件附近，不如电磁换向阀安装灵活，一般用于速度和惯性较大的系统中。

（二）锁紧回路

为了保证执行元件能在任意位置上停止，并防止在停止后因受外界影响（包括自重）而产生窜动，可采用锁紧回路。利用三位四通换向阀的 O 型或 M 型中位机能可以实现锁紧，但因阀的泄漏影响，锁紧效果较差。在要求定位准确的设备中，大都采用液控单向阀锁紧。

1. 单向阀锁紧回路

图 1－71 中的单向阀能对活塞起锁紧作用。在图示状态，活塞只能向右运动，向左则由单向阀锁紧，切换换向阀，活塞向左运动，向右锁紧。当活塞运动到液压缸终端时，则能双向锁紧。此外，单向阀还能在液压泵停止工作时防止空气渗入液压系统，防止执行元件或管路

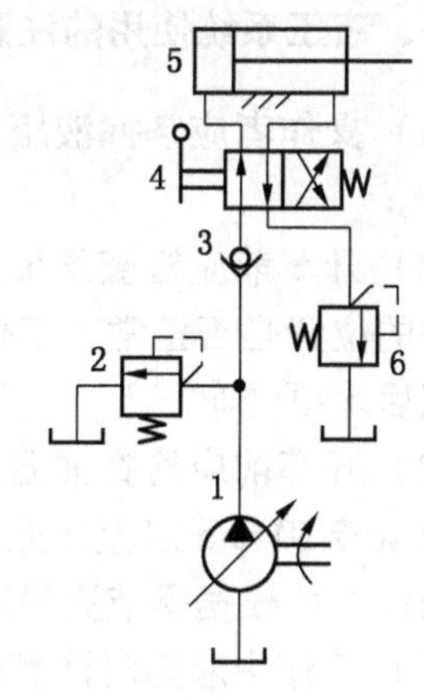

1—变量泵；2、6—溢流阀；3—单向阀；4—换向阀；5—液压缸

图 1－71　单向阀锁紧回路

等处的液压冲击影响液压泵。这种锁紧回路不够精确，因为换向滑阀可能泄漏。

2. 液控单向阀锁紧回路

图 1－72 所示为液控单向阀单向锁紧回路。图 1－73 所示为液控单向阀双向锁紧回路。由于液控单向阀的密封性能好，即使在外力作用下，这种回路也能使执行元件长时锁紧。

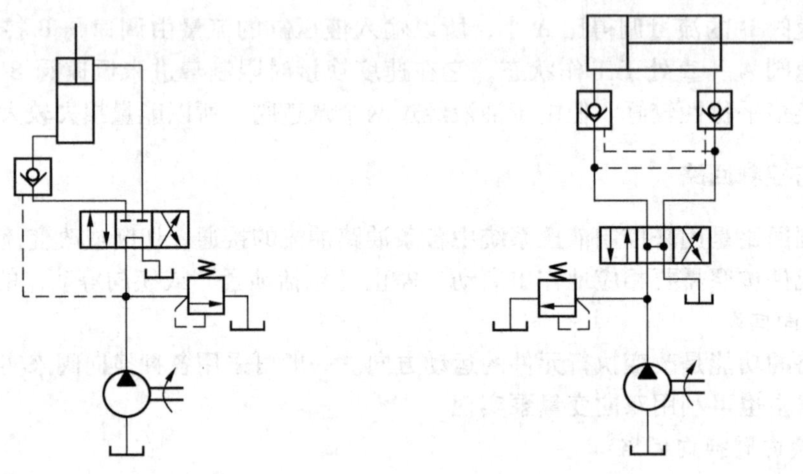

图 1－72　液控单向阀单向锁紧回路　　　图 1－73　液控单向阀双向锁紧回路

应该指出，采用液控单向阀的锁紧回路，换向阀的中位机能，应使液控单向阀的控制油口通油箱，保证液控单向阀能及时关闭。

第八节　液压传动系统的使用与维护

一、液压系统使用的注意事项

（1）操作者应掌握液压系统设备的工作原理，熟悉各种操作要点，调节手柄的位置、旋向等。

（2）开车前应检查系统上的各调节手轮、手柄是否被无关人员动过，电气开关和行程开关的位置是否正常，工件的安装是否正确、牢固等，再对导轨和活塞杆的外露部分进行擦拭后才可开车。

（3）开车前应检查油温，若油温低于 10 ℃则可将泵开开停停数次，进行升温，一般应空载运转 20 min 以上才能加载运转。若室温在 0 ℃以下，则应采取加热措施后再启动。若有条件，可根据季节更换不同黏度的液压油。

（4）工作中应随时注意油位高度和温升，一般油液的工作温度在 30～50 ℃较合适。

（5）液压油要定期检查和更换，保持油液清洁。对于新投入使用的设备，使用三个月左右应清洗油箱，更换新油，以后按设备说明书的要求每隔半年或一年进行一次清洗和换油。

（6）使用中应注意过滤器的工作情况，滤芯应定期清洗或更换。平时要防止杂质进入油箱。

（7）若设备长期不用，则应将各调节旋钮全部放松，以防止弹簧产生永久变形而影响元件的性能，甚至导致液压故障的发生。

二、液压系统的维护保养

维护保养分日常维护、定期检查和综合检查三个阶段进行。

1. 日常维护

日常维护通常是用目视、耳听及手触感觉等比较简单的方法，在泵启动前、后和停止运转前检查油量、压力、油温、漏油、噪声以及振动等情况，并随之进行维护和保养。对重要的设备应填写“日常维护卡”。

2. 定期检查

定期检查的内容包括：调查日常维护中发现异常现象的原因并进行排除；对需要维修的部位，必要时进行分解检修。定期检查的时间间隔，一般与过滤器的检修期相同，通常为 2 ~ 3 个月。

3. 综合检查

综合检查大约一年一次。其主要内容是检查液压装置的各元件、部件和组件，判断其性能和寿命，并对产生故障的部位进行检修，对经常发生故障的部位提出改进意见。

综合检查的方法主要是分解检查，要重点排除一年内可能产生的故障因素。定期检查和综合检查均应做好记录，作为设备出现故障查找原因或设备大修的依据。

复习思考题

1. 什么是绝对压力、相对压力和真空度？三者之间的关系是什么？

2. 简述液压传动的工作原理。液压传动系统由哪些基本部分组成？

3. 液压传动使用的工作液体有哪几种类型？选择工作液体的基本原则是什么？

4. 液压冲击和气穴现象是怎样产生的？有何危害？如何防止？

5. 液压泵工作时必须满足的 3 个基本条件是什么？

6. 某液压泵的输出压力 $p = 10$ MPa，泵转速 $n = 1450$ r/min，排量 $V = 200$ mL/r，容积效率 $\eta_v = 0.95$，总效率 $\eta = 0.9$，试求液压泵的输出功率和驱动泵的电动机功率。

7. 叙述外啮合渐开线齿轮泵的工作原理。

8. 什么是困油现象？产生困油现象有何危害？如何消除齿轮泵的困油现象？

9. 叙述单作用式叶片泵和双作用叶片式叶片泵的工作原理。

10. 液压马达和液压缸是如何分类的。

11. 何谓换向阀的“位”与“通”？画出三位四通电磁换向阀、二位三通机动换向阀及二位四通电磁换向阀的职能符号。

12. 画出满足要求的换向滑阀的图形符号。

（1）要求阀处于中位时液压泵可卸荷；

（2）要求阀处于中位时能锁紧执行元件；

(3) 要求阀处于中位时执行元件处于浮动状态；

(4) 要求阀对液压缸进行差动控制；

(5) 要求阀处于中位时不影响其他执行元件动作。

13. 先导式溢流阀的远控口起什么作用？

14. 画出溢流阀、减压阀和顺序阀的图形符号，并比较进出油口的油压、正常工作时阀口的开启情况和泄油情况。

15. 将减压阀的进、出油口反接，会产生什么情形？(分两种情况讨论：压力高于减压阀调定压力和低于调定压力)

16. 比较方向阀、压力阀和流量阀的基本工作原理。

17. 液压辅助元件常指哪些类型的液压元件？

18. 何谓压力控制回路？主要有哪几种类型？

19. 何谓速度控制回路？主要有哪几种类型？

20. 何谓节流调速？进油节流调速方法有什么优缺点？适用于什么场合？

21. 何谓方向控制回路？主要有哪几种类型？

第二章 采 煤 机 械

把煤由煤层中采落下来并同时把煤装入输送机的机械称为采煤机械。目前煤矿井下广泛使用的采煤机械有滚筒式采煤机、刨煤机和连续采煤机。

由于滚筒式采煤机的采高范围大，对各种煤层适应性强，能截割硬煤，并能适应较复杂的顶底板条件，因而得到了广泛的应用。刨煤机要求的煤层地质条件较严，一般适用于煤质较软不黏顶板、顶底板较稳定的薄煤层或中厚煤层。但刨煤机结构简单，尤其在薄煤层条件下劳动生产率较高。连续采煤机用于房柱式采煤方法开采，也可以作为工作面运输、通风巷道的快速掘进设备，适用于薄、中厚及厚煤层的开采。

采煤机按工作机构形式可分为滚筒式采煤机、刨煤机、钻削式采煤机和链式采煤机，采煤机按工作机构落煤方式可分为铣削式采煤机、刨削式采煤机、钻削式采煤机和锯削式采煤机。铣削式采煤机靠滚筒上的截齿旋转铣削破煤。刨削式采煤机即刨煤机，靠刨刀的往复运动刨削破煤。钻削式采煤机靠钻头边缘的刀齿钻入煤体，由钻头中部的破煤刀齿将中部的煤体破碎。锯削式采煤机即截煤机，靠安装在循环运动的截链上的截齿深入煤壁截煤。

此外，采煤机按工作机构位置可分为端头式采煤机和侧面式采煤机，按牵引方式可分为钢丝绳牵引采煤机、链牵引采煤机和无链牵引采煤机，按牵引部位置可分为内牵引采煤机和外牵引采煤机，按牵引部传动方式可分为机械牵引采煤机、液压牵引采煤机和电牵引采煤机。

第一节 滚筒式采煤机

一、滚筒式采煤机的组成

滚筒式采煤机的种类很多，但其基本部件大致相同，均由电动机及其电气设备、牵引部、截割部和附属装置等部分组成。下面以图 2－1 所示的双滚筒采煤机为例说明其组成。

1. 电动机及其电气设备

电动机及其电气设备主要包括电动机和电气控制箱。电动机是采煤机的动力部分，它通过两端出轴驱动滚筒和牵引部。电动机为防爆型鼠笼式。电气控制箱内装有各种电控元件，以实现各种控制及电气保护。

2. 牵引部

牵引部的作用是带动采煤机在工作面作往复移动，以实现采煤机的连续割煤和装煤。牵引部主要包括牵引部减速器和牵引机构。牵引部通过其主动链轮与固定在工作面两端的牵引链相啮合，使采煤机沿工作面移动。

3. 截割部

截割部的作用是向螺旋滚筒传递截割功率。截割部主要包括截割部固定减速箱、摇臂和螺旋滚筒。左右截割部减速箱将电动机的动力经齿轮减速传到摇臂的齿轮，以驱动滚筒。滚筒是采煤机直接进行落煤和装煤的机构，称为采煤机的工作机构。滚筒上焊有端盘及螺旋叶片，其上装有截煤用的截齿，由螺旋叶片将落下的煤装到刮板输送机中。为了提高螺旋滚筒的装煤效果，滚筒侧装有弧形挡煤板，它可以根据不同的采煤方向来回翻转180°。

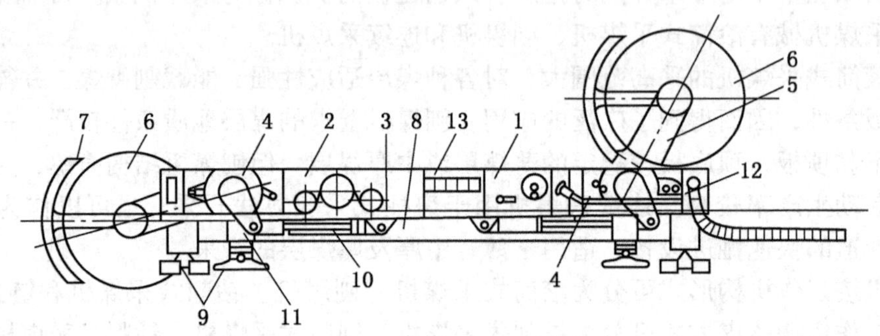

1—电动机；2—牵引部；3—牵引链；4—截割部固定减速箱；5—摇臂；6—滚筒；7—弧形挡煤板；8—底托架；9—滑靴；10—调高液压缸；11—调斜液压缸；12—拖缆装置；13—电气控制箱

图 2-1　双滚筒采煤机

4. 附属装置

附属装置主要包括挡煤板、底托架、电缆拖移装置、供水喷雾冷却装置，以及调高、调斜等装置。底托架用来固定整个采煤机，并经其下部的 4 个滑靴使采煤机骑在刮板输送机的槽帮上。采空区侧两个滑靴套在输送机的导向管上，以保证采煤机的可靠导向。底托架内的调高油缸用来使摇臂升降，以调整采煤机的采高。调斜油缸用来调整采煤机的横向倾斜度，以适应煤层沿走向起伏不平时的割煤要求。采煤机的电缆和供水管靠拖缆装置夹持，并由采煤机拖着在工作面输送机的电缆槽中移动。为降低电动机和牵引部的温度及工作面粉尘的含量，采煤机还设有专门的冷却喷雾系统。

此外，采煤机可以装设滚筒自动调高系统，利用煤岩界面传感器或记忆顶底板变化的计算机程序来自动调高，以适应项底板变化和滚筒高度变化的一致性。同时，采煤机还可装设位置显示器，用于采煤机及液压支架联控系统。

二、截割部

截割部的作用是将电动机的动力经过减速后传递给截割滚筒，以进行割煤，并且通过滚筒上的螺旋叶片将截割下来的煤装到工作面输送机上。截割部主要包括工作机构及其传动装置，是采煤机直接落煤、装煤的工作部件，其消耗的功率占整个采煤机功率的80%~90%。

（一）滚筒

螺旋滚筒（简称滚筒）是采煤机落煤和装煤的机构，对采煤机的工作起决定性作用。螺旋滚筒的主要功能应能适应煤层的地质条件和先进的采煤方法及回采工艺的要求。螺旋滚筒具有落煤、装煤、自开工作面切口的功能。

1. 滚筒结构

螺旋滚筒由螺旋叶片、端盘、齿座、喷嘴、筒毂及截齿等部分组成，如图 2－2 所示。叶片与端盘焊在筒毂上，筒毂与滚筒轴连接。齿座焊在叶片和端盘上，齿座中固定有用来落煤的截齿。螺旋叶片用来将落下的煤推向输送机。为防止端盘与煤壁相碰，端盘边缘的截齿向煤壁侧倾斜。由于端盘上的截齿深入煤体，工作条件恶劣，故截距较小，越往煤体外截距越大。端盘上截齿截煤的宽度 $B_t \approx 80 \sim 100$ mm。叶片上装有进行内喷雾用的喷嘴，以降低粉尘含量。喷雾水由喷雾泵站通过回转接头及滚筒空心轴引入。

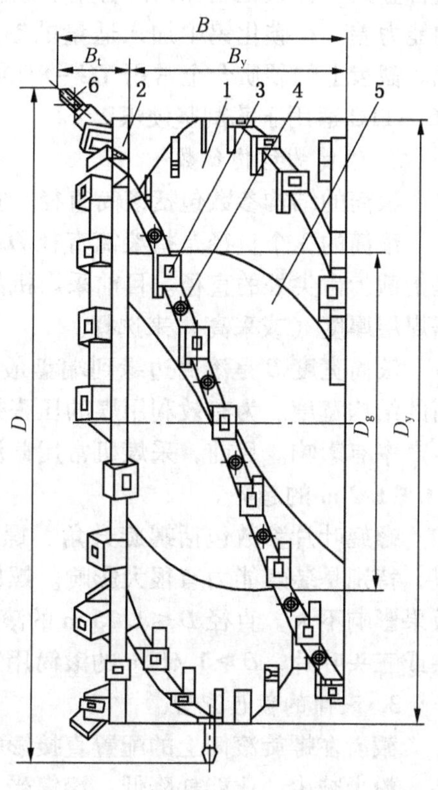

1—螺旋叶片；2—端盘；3—齿座；4—喷嘴；5—筒毂；6—截齿

图 2－2　螺旋滚筒

截齿是采煤机直接落煤的刀具，截齿的几何形状和质量直接影响采煤机的工况、能耗、生产率和吨煤成本。采煤机使用的截齿主要有扁截齿和镐形截齿两种，如图 2－3 所示。

扁截齿（图 2－3a）是沿滚筒径向安装在螺旋叶片和端盘的齿座中的，故又称径向截齿。这种截齿适用于截割各种硬度的煤，包括坚硬煤和黏性煤。镐形截齿（图 2－3b）的刀体安装方向接近于滚筒的切线，又称为切向截齿。这种截齿一般在脆性煤和节理发达的煤层中具有较好的截割性能。镐形截齿结构简单，制造容易。从原理上讲，截煤时截齿可以绕轴线自转而自动磨锐。

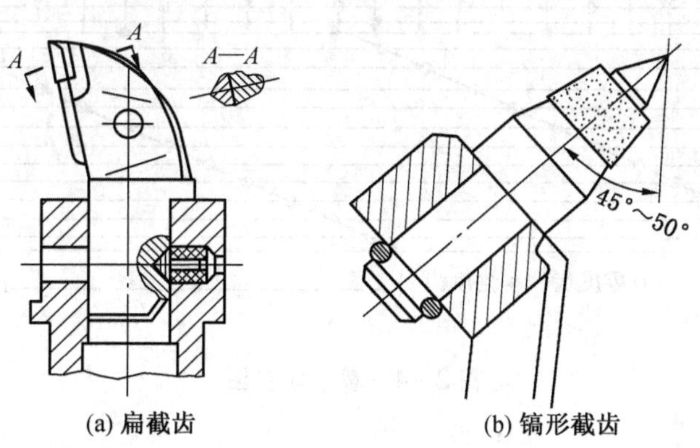

(a) 扁截齿　　(b) 镐形截齿

图 2－3　截齿及其固定方法

截齿刀体的材料一般为 40Cr、35CrMnSi、35SiMnV 等合金钢，经调质处理获得足够的强度和韧性。刀形截齿的端头镶有硬质合金核或片，镐形截齿的端头堆焊硬质合金层。硬质合金是一种碳化钨和钴的合金。碳化钨硬度极高，耐磨性好，但性质脆，承受冲击载荷的能力差。在碳化钨中加入适量的钴，可以提高硬质合金的强度和韧性，但硬度稍有降低。截齿上的硬质合金常用 YG－8C 或 YG－11C。YG－8C 适用于截割软煤或中硬煤，而 YG－11C 适用于截割坚硬煤。

2. 滚筒的结构参数

滚筒的结构参数包括滚筒直径、宽度（截深）和螺旋叶片参数等（图 2－2）。

滚筒的 3 个直径是指滚筒直径 D、螺旋叶片外线直径 D_y 及筒毂直径 D_g。滚筒直径 D 是指截齿齿尖处的直径。目前采煤机的滚筒直径都在 0.65～2.6 m 范围内。滚筒直径应根据煤层厚度（或采高）来选择。

滚筒宽度 B 是滚筒边缘到端盘最外侧截齿齿尖的距离。一般滚筒的实际截深小于滚筒的结构宽度。为有效利用煤的压张效应，减小截深是有利的。但截深太小，则对采煤机生产率有影响。目前，采煤机常用截深为 0.8 m。随着综采技术的发展，也有加大截深到 1.0～1.2 m 的趋势。

螺旋叶片参数包括螺旋升角、螺距、叶片头数以及叶片在筒毂上的包角，它们对落煤，特别是装煤能力有很大影响。螺旋叶片头数主要是按截割参数的要求确定的，对装煤效果影响不大。直径 $D<1.25$ m 的滚筒一般用双头叶片，$1.25<D<1.40$ m 的滚筒用双头或三头叶片，$D>1.60$ m 的滚筒用三头或四头叶片。

3. 滚筒的截齿配置

截齿在螺旋滚筒上的配置直接影响滚筒截割性能的好坏。合理配置截齿可使块煤率提高，粉尘减少，比能耗降低，滚筒受力平稳，机器运行稳定。

截齿在螺旋滚筒上的配置情况常用截齿配置图来表示。图 2－4 所示为某型号采煤机截齿配置图，是截齿齿尖所在圆柱面的展开图。

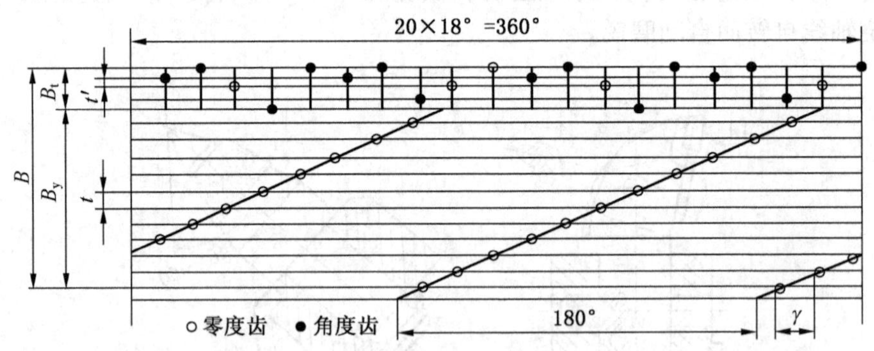

图 2－4　截齿配置图

水平直线表示齿尖的运动轨迹（截线），相邻截线之间的距离就是截距。竖线表示截齿的位置坐标。圆圈表示 0°截齿的位置，黑点表示安装角不等于 0°的截齿。截齿向煤壁倾斜为正方向，向采空区倾斜为负方向。叶片上截齿按螺旋线排列，属顺序式截槽。滚筒端盘截齿排列较密，为减少端盘与煤壁的摩擦损失，截齿倾斜安装属顺序式配置，其方向与叶片上截齿排列的方向相反。紧靠被截煤壁的截齿倾角最大，属半封闭式截槽。靠里边的煤壁处顶板压张效应弱，截割阻力较大，为了避免截齿受力过大，减轻截齿过早磨损，端盘截齿配置的截线应加密，截齿应加多。端盘截齿一般为滚筒总截齿数的一半左右，端盘消耗功率一般约占滚筒总功率的1/3。

4. 螺旋滚筒的转向

采煤机滚筒旋转方向的确定原则是有利于装煤和机器的稳定。

为了输送机推运煤，滚筒的旋转方向必须与滚筒的螺旋线方向一致。对逆时针（站在采空区侧看滚筒）旋转的滚筒，叶片应为左旋；顺时针旋转的滚筒，叶片应为右旋。即符合“左转左旋，右转右旋”的规律。

螺旋方向的选择，还同所在采煤工作面的方向有关。工作面的方向的确定一般是面对工作面输送机头站立，若工作面在右手侧，则称为右工作面；若工作面处在左手侧，称左工作面。对于单滚筒采煤机，使用在左工作面的滚筒，应顺时针旋转；使用右工作面的滚筒，应逆时针旋转如图 2-5a 所示（图中 B 表示煤流方向）。使用在右工作面的滚筒，应逆时针旋转，使用左旋滚筒，如图 2-5b 所示。

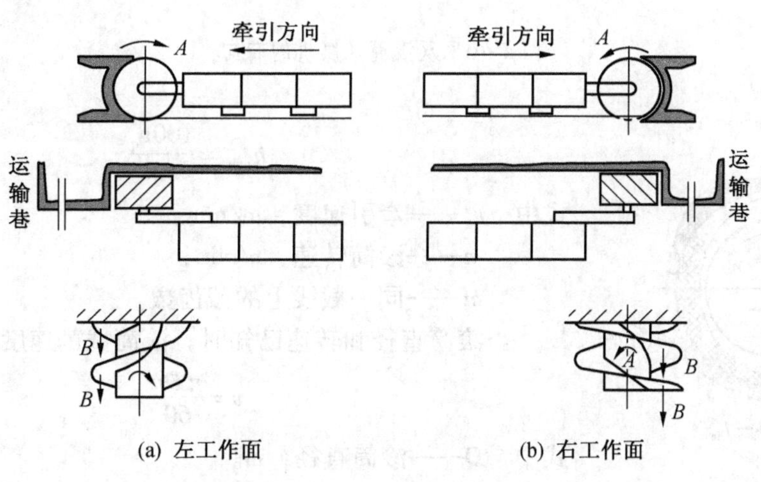

图 2-5　单滚筒采煤机滚筒叶片的旋向与转向

为了保证采煤机的工作稳定性，双滚筒采煤机两个滚筒的旋转方向应相反，以使两个滚筒受的截割阻力相互抵消，因此，两个滚筒必须具有不同的螺旋方向。两个转向相反的滚筒有两种布置方式：一种是前顺后逆，如图 2-6a 所示。采用这种方式，采煤机的工作稳定性较好，但滚筒易将煤甩出打伤司机，且煤尘较大，影响司机正常操作。另一种是前逆后顺，如图 2-6b 所示。采用这种方式，采煤机的工作稳定性较差，易振动，但装煤效果好，煤尘少。对机身较重的采煤机，机器振动影响不大。因此，大部分采煤机都采用“前逆后顺”的方式，即左滚筒为左旋叶片，逆时针旋转；右滚筒为右旋叶片，顺时针旋转。

5. 滚筒的转速

若采煤机滚筒以转速 n 旋转，同时以牵引速度 v_q 向前推进（图 2-7），截齿切下的煤屑呈月牙形，其厚度从 $0 \sim h_{max}$ 变化，而且

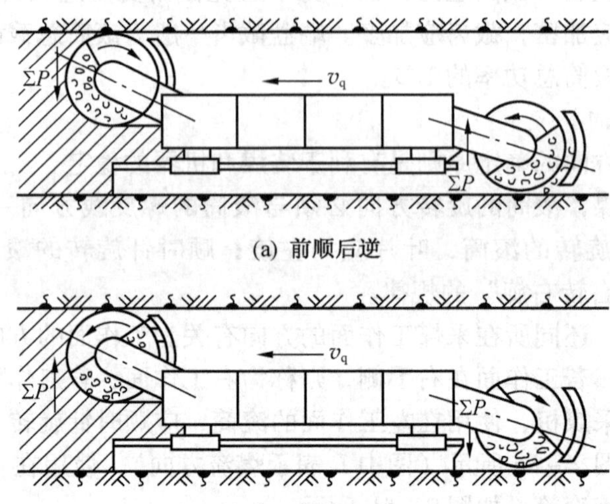

图 2-6　双滚筒采煤机的转向

$$h_{max}=\frac{100v_q}{mn} \tag{2-1}$$

式中　v_q——牵引速度，m/min；

n——滚筒转速，r/min；

m——同一截线上的截齿数。

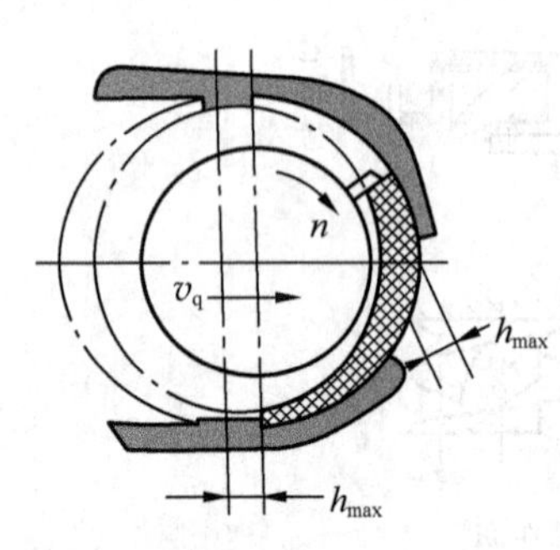

图 2-7　切削深度变化

当滚筒直径和转速已知时，滚筒截割速度为

$$v=\frac{\pi Dn}{60} \tag{2-2}$$

式中　D——滚筒直径，m。

由式（2-1）可见，当 m 一定时，切削深度与牵引速度成正比，与滚筒转速成反比，即滚筒转速越高，煤的块度越小，并造成煤尘飞扬。滚筒转速确定得适当，大块煤产出率和装煤效率能同时提高。大多数中厚煤层采煤机滚筒转速在 30～40 r/min 范围内较好。厚煤层采煤机滚筒直径大于 1800～2000 mm 时，转速可低至 20～30 r/min。当截割速度超过 3 m/s 时，截齿摩擦发火的可能性增加，所以厚煤层采煤机降低滚筒转速尤为重要。

对于薄煤层采煤机的小直径滚筒来说，由于叶片高度低，滚筒内的运煤空间小，必须加大滚筒转速，以保证采煤机的生产率。小直径滚筒的转速可达 80～120 r/min。

（二）截割部传动装置

截割部传动装置的作用是将电动机的动力传递到滚筒上，以满足滚筒工作的需要。同时，传动装置还应适应滚筒调高的要求，使滚筒保持适当的工作高度。由于截割消耗功率占采煤机总功率的 80%～90%，因此要求截割部传动装置具有高的强度、刚度和可靠性，并具有良好的润滑密封、散热条件和高的传动效率。对于单滚筒采煤机，还应使传动装置能适应左、右工作面的要求。

截割部减速器一般分为固定减速器和摇臂减速器。当截割电动机横向布置时，电动机与摇臂减速器直接相连，即没有固定减速器。当截割电动机纵向布置时，则两个减速器都有，固定减速器内有一对圆锥齿轮，以实现两轴的相交传动。

1. 传动方式

(1) 电动机－固定减速器－摇臂－滚筒，如图2－8a所示。这种传动方式应用较多，其特点是传动简单，摇臂从固定减速器端部伸出（称为端面摇臂），支撑可靠，强度和刚度好，但摇臂下降位置受输送机限制，故挖底量较小。MGD－150型、BM－100型采煤机均采用这种传动方式。

(2) 电动机－固定减速器－摇臂－行星齿轮传动－滚筒，如图2－8b所示。这种传动方式是在滚筒内安装行星齿轮传动，故可使前几级传动比减小，简化了传动系统，并使本级（行星齿轮）传动的齿轮模数减小。由于滚筒内装行星齿轮，传动后使筒毂尺寸增加，因而这种传动方式适合于在中厚煤层以上工作的大直径滚筒采煤机，如MXA－300、AM－500等。这时，摇臂从固定减速器侧面伸出（称为侧面摇臂），故可获得较大的挖底量。

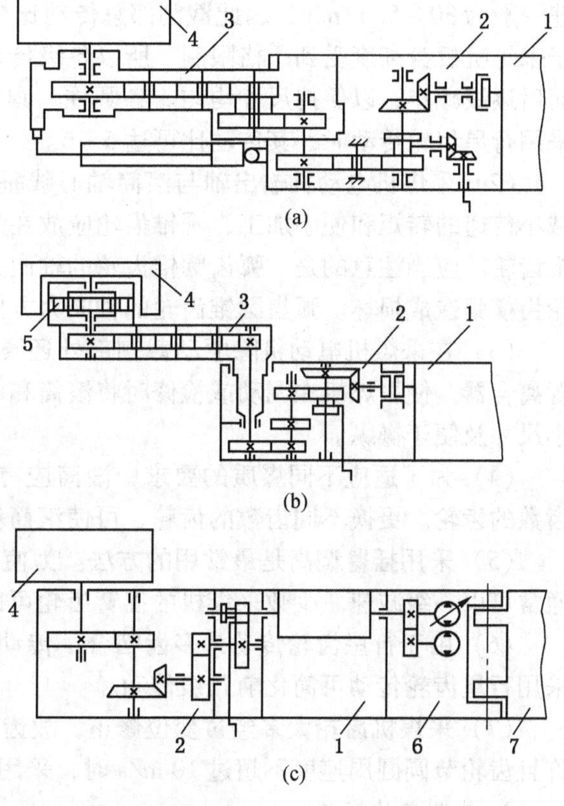

1—电动机；2—固定减速箱；3—摇臂；4—滚筒；5—行星齿轮传动；6—泵箱；7—机身及牵引部

图2－8 截割部传动方式

以上两种传动方式中都采用摇臂调高，以获得较好的调高性能。但由于摇臂内齿轮较多，要增加调高范围，必须增加惰轮数。由于滚筒受力大，摇臂及与固定减速器的支撑就成为采煤机的薄弱环节，所以设计时应尽可能加大支撑距离，并保证摇臂的强度和刚度。

(3) 电动机－减速器－滚筒，如图2－8c所示。这种传动方式取消了摇臂，而靠电动机、减速器和滚筒组成的截割部来调高，使齿轮数大大减少，机体的强度和刚度增大，且可获得较大的调高范围，还可使采煤机机身长度大大缩短，有利于采煤机开切口等工作。如MXP－240和DTS－300型采煤机采用这种传动方式。

(4) 电动机－摇臂－行星齿轮传动－滚筒，如图2－8d所示。这种传动方式采用了纵向出轴的电动机，电动机单独驱动，使电动机轴与滚筒轴平行，因而取消了承载大、易损坏的锥齿轮，使截割部更为简单。采用这种传动方式可获得较大的调高范围，并使采煤机机身长度进一步缩短。电牵引采煤机多采用这种传动方式。

2. 截割部传动特点

（1）采煤机的电动机都用四级电动机，其输出轴转速为1460 r/min左右，而滚筒转速一般为30~50 r/min，因此截割部总传动比为30~50，通常采用3~5级齿轮减速。由于采煤机机身高度受到严格限制，所以各级传动比不能平均分配，一般前级传动比较大，而后逐级减小，以保持尺寸均匀。各圆柱、圆锥齿轮的传动比一般不大于3~4。当末级采用行星齿轮传动时，其传动比可达5~6。

（2）采煤机电动机输出轴与滚筒轴心线垂直时，传动装置中必须装有圆锥齿轮。为减小传递的转矩和便于加工，圆锥齿轮应放在高速级（第一级或第二级），并采用弧齿圆锥齿轮。应当注意的是，弧齿圆锥齿轮的轴向力应使两齿轮推开，以增大齿侧间隙，避免轮齿楔紧造成损坏。弧齿圆锥齿轮的轴向力方向取决于齿轮转向和螺旋线方向。

（3）在采煤机电动机除驱动截割部外还要驱动牵引部时，截割部传动系统中必须设置离合器，使采煤机在调动或检修时将滚筒和电动机脱开。离合器一般放在高速级，以减小尺寸及便于操纵。

（4）为了适应不同煤质的要求，滚筒应有两种以上转速，因此，截割部应配有不同齿数的齿轮。更换不同齿数的齿轮，可使滚筒获得两种以上的转速。

（5）采用摇臂调高是最常用的方法。为使摇臂长度符合要求，摇臂内含有多个惰轮，通常可以一级减速。少数采煤机的摇臂齿轮可以两级减速。

（6）由于行星齿轮传动为多齿啮合，传动比大，效率高，可减小齿轮模数，故末级采用行星齿轮传动可简化前几级传动。

（7）采煤机齿轮大多经过变位修正，故齿轮齿数较少，一般11~13齿。但在结构允许且齿轮节圆圆周速度不超过10 m/s时，采用较多齿数有利于传动的平稳性。

3. 截割部的润滑

采煤机截割部因传递的功率大而发热严重，其壳体温度可高达100 ℃，因此截割部传动装置的润滑十分重要。

减速器中最常用的润滑方式是飞溅润滑。随着现代采煤机功率的加大，采用强迫方式的润滑也日渐增多，即用专门的润滑泵将润滑油供应到各个润滑点上。

飞溅润滑是将一部分传动零件浸在油池内，靠它们向其他零件供油和溅油，同时油被甩到箱壁上，以利散热，并使轴承获得必要的飞溅润滑。油面位置应使齿轮副的大齿轮浸在油中1/3~1/4直径。减速器中的轴布置在同一水平或接近同一水平时，飞溅润滑具有良好的效果。

设计减速器结构时，应考虑到采煤机经常处于倾斜状态下工作，所以必须保证能自然润滑。在倾斜状态下，由于润滑油积聚在低处，高处传动零件润滑不好，因此应避免油池太长，或人为地将油池分隔成几个独立油池，以保证自然润滑。

采煤机摇臂齿轮的润滑具有特殊性，它不仅承载重、冲击大，而且截割顶煤或底部煤时，摇臂中的润滑油集中在一端，使其他部位的齿轮得不到润滑，因此在采煤机操作中一般规定：滚筒截割顶煤或挖底时，工作一段时间后，应停止牵引，将摇臂下降或放平，使摇臂内全部齿轮都得到润滑后再工作。

根据采煤机截割部减速器和摇臂的承载特点，大都采用150～460cSt(40 ℃)的极压（工业）齿轮油作为润滑油，其中以L－AN220和L－AN320硫磷型极压齿轮油用得最多。

三、牵引部

牵引部是采煤机的重要组成部分，它不仅担负着采煤机工作时的移动和非工作时的调动，而且牵引速度的大小对整机的生产率和工作性能产生很大影响。

牵引部包括牵引机构和牵引传动装置两部分。牵引机构是直接移动机器的装置，它分为钢丝绳牵引、链牵引及无链牵引。牵引传动装置用来驱动牵引机构，并实现牵引速度的调节。牵引传动装置位于采煤机上的称为内牵引，位于工作面两端的称为外牵引。大部分采煤机都采用内牵引，只有在某些薄煤层采煤机中，为了充分利用电动机功率来割煤并缩短机身，才采用外牵引。随着高产高效工作面的出现以及采煤机功率的增大，同时为了使工作面更加安全可靠，无链牵引机构已逐渐取代了链牵引。

（一）对牵引部的基本要求

为了满足高产高效的要求，对采煤机牵引部的性能有如下要求：

(1) 牵引力大；

(2) 传动比大；

(3) 能实现无级调速；

(4) 不受滚筒转向的影响；

(5) 能实现正反向牵引和停止牵引；

(6) 有完善可靠的安全保护；

(7) 操作方便。

（二）牵引机构

采煤机的牵引机构有钢丝绳牵引、链牵引、无链牵引3种形式。钢丝绳牵引的牵引力小，易发生断绳事故，并且断裂后不易重新连接，故这种牵引机构已被淘汰。目前液压牵引采煤机上广泛使用的是链牵引，电牵引采煤机都采用无链牵引。

1. 链牵引机构

链牵引的工作原理如图2－9所示，牵引链绕过主动链轮和导向链轮，两端分别固定在输送机上、下机头的拉紧装置上。当牵引部的主动链轮转动时，通过牵引链与主动链轮啮合驱动采煤机沿工作面移动。

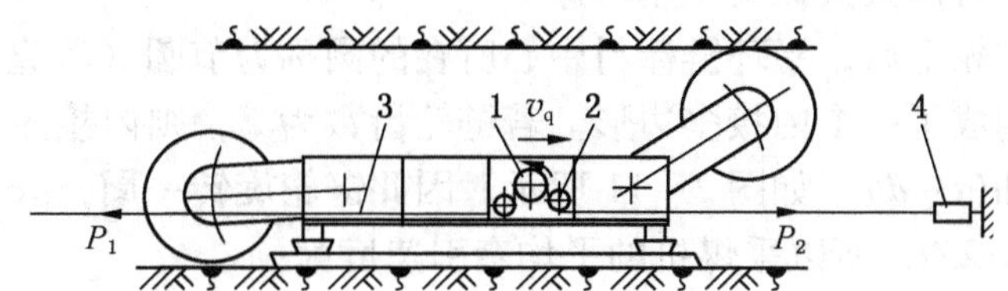

1—主动链轮；2—导向链轮；3—牵引链轮；4—拉紧装置

图2－9　链牵引的工作原理

当主动链轮逆时针方向旋转时，牵引链从右段绕入，这时左段链为松边，其拉力为 P_1，右段链为紧边，其拉力为 P_2，因而作用于采煤机上的牵引力为

$$P = P_2 - P_1$$

采煤机在此力作用下，克服阻力而向右移动；反之，当主动链轮顺时针方向旋转时，则采煤机向左移动。

根据链轮的安装位置不同，有立式链轮和水平链轮两种。立式链轮吐链方便，而水平链轮的牵引链容易堆积，造成牵引链在链轮处被卡死；另外，冒落的矸石也容易进入水平链轮，产生严重磨损和脱链现象。因此在中厚煤层采煤机上，广泛采用立式链轮布置形式。

链牵引机构的组成包括矿用圆环链、链轮、链接头和紧链装置等。

1）矿用圆环链和链接头

采煤机和刨煤机的牵引链都采用高强度矿用圆环链（图 2－10a），它是用 23Mn－CrNiMo 优质合金钢经编链成形后焊接而成的。

为了制造和运输方便，圆环链一般做成适当长度、由奇数个链环组成的链段，以便于运输，使用时将这些链段用链接头接成所需长度。处理断链事故时也需用链接头连接（图 2－10b）。

对链接头的要求是，外形尺寸与圆环链相差不多，强度不低于链环，装拆方便，运行中不会自行脱开。链接头用 65Mn 等优质钢制作，并经严格的质量检验。

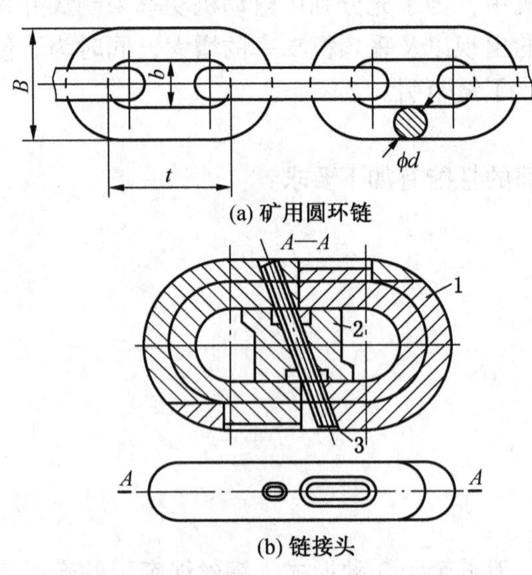

(a) 矿用圆环链

(b) 链接头

1—半圆环；2—限位块；3—弹簧插销

图 2－10 矿用圆环链和链接头

2）链轮

圆环链链轮的几何形状比较复杂，其形状和制造质量对于链环和链轮的啮合影响很大。链轮形状不正确会啃坏链环，加剧链环和链轮的磨损，或者使链环不能与轮齿正确啮合而掉链。

链轮通常用 ZG35CrMnSi 铸造，齿面淬火硬度为 HRC45～50。如果改为锻造，齿形部分模锻或电解加工，可以大大提高使用寿命。

圆环链缠绕到链轮上后，平环链棒料中心所在的圆称为节圆（其直径为 D_0），各中心点的连线在节圆内构成了一个内接多边形。若链轮齿数为 Z，则内接多边形的边数为 $2Z$，边长分别为 $(t+d)$ 和 $(t-d)$，如图 2－11 所示。因此链轮旋转一周，绕入的圆环链长度为 $Z(t+d)+Z(t-d)=2Zt$，所以采煤机的平均牵引速度为

$$v_q = \frac{2Ztn_s}{1000} \tag{2-3}$$

式中 v_q——牵引速度，m/min；

Z——链轮齿数；

t——圆环链节距，mm；

n_s——链轮转速，r/min。

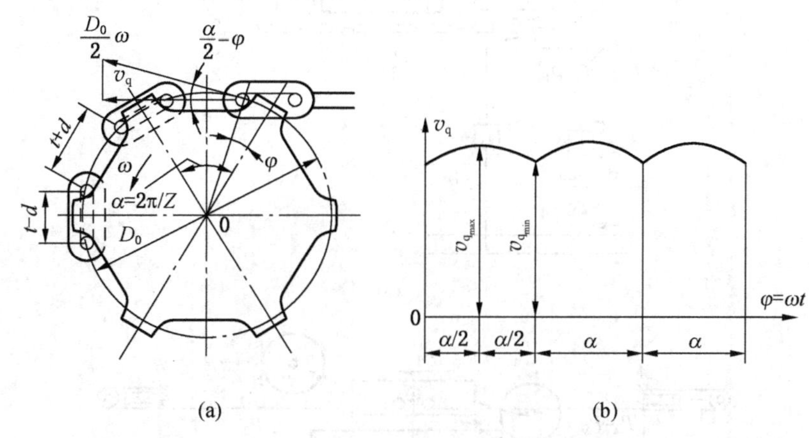

图 2－11　链轮及其链速变化

链牵引的牵引速度不均匀，致使采煤机负载不平稳。牵引速度的变化如图 2－11b 所示，齿数越少，速度波动越大。主动链轮的齿数一般为 5～8。

3）紧链装置

通常，牵引链通过紧链装置固定在输送机两端。紧链装置产生的初拉力可使牵引链拉紧，并可缓和因紧边转移到松边时弹性收缩而增大紧边的张力。目前，采煤机的牵引链紧链装置主要有弹簧紧链装置和液压紧链装置。

液压紧链装置的工作原理如图 2－12 所示。牵引链绕过导向链轮，通过连接环和液压缸连接。如果采煤机由右向左开始工作，这时左端牵引链的张紧力使左端拉紧装置的安全阀大大超过调定值，使液压缸全部缩回，而采煤机右端牵引链的预紧力（初张力）由定压减压阀的调定压力值来决定，并使右端拉紧装置的液压缸活塞杆伸出。当采煤机继续向左端牵引时，将使非工作边张力逐渐增加，当右端液压缸的压力值增加到安全阀的调定值时，安全阀动作，液压缸收缩，导向链轮左移，用液压缸的行程补偿牵引链的弹性收缩，从而限制了非工作边张力的增加。

液压紧链装置的优点是非工作边能保持恒定的张力，其初张力（预紧力）的大小由定压减压阀的调定值决定。在工作过程中非工作边的张力大小由安全阀的整定值决定。

弹性伸长量的存在，使采煤机移动时产生振动，其最大振幅可达 50～80 mm，引起切屑断面的急剧变化，从而导致采煤机载荷发生大的变化，使零部件承受较大的动载荷，这是链牵引的最大缺点。因此，近年来广泛使用了无链牵引的采煤机。

2. 无链牵引机构

随着采煤机向强力化、重型化及大倾角方向发展，目前使用的圆环链已不能满足要求，而且牵引链一旦断裂，其储存的弹性能被释放，将严重危及人身安全。为此，取消了固定在工作面两端的牵引链，而采用了无链牵引机构。

无链牵引取消了工作面的牵引链，消除了断链和跳链伤人事故，工作安全可靠；在同

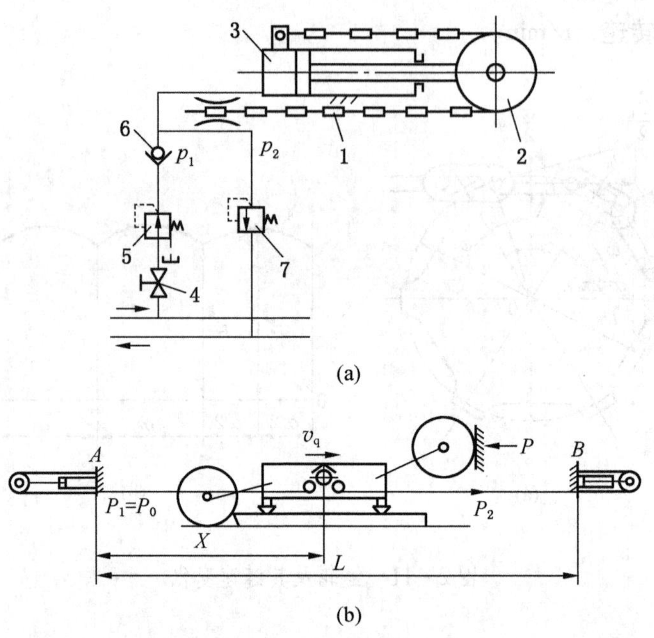

1—牵引链；2—导向链轮；3—液压缸；4—截止阀；5—减压阀；6—单向阀；7—安全阀

图 2－12　液压紧链装置原理图

一工作面内可以同时使用两台或多台采煤机，从而可降低生产成本，提高工作效率；牵引速度的脉动比链牵引小得多，使采煤机运行较平稳。链轨式虽然也是链条，但强度余量较大，弹性变形对牵引速度的影响较小；牵引力大，能适应大功率采煤机和高产高效的需要；取消了链牵引的张紧装置，使工作面切口缩短。对底板起伏、工作面弯曲、煤层不规则等的适应性增强；适应采煤机在大倾角（可达 54°）条件下工作，利用制动器还可使采煤机的防滑问题得到解决。但必须加强输送机本身的结构，并在使用和管理中保持其有一定的平直度；齿轮、齿轨或销轴，不仅在啮合传动中传递很大的力，而且还起支点的作用，磨损加快，因此在材质和热处理方面要求较高，在结构上也要求能快速更换；为了适应采煤机在推移中水平和垂直方向倾斜时仍能保证正确的啮合，在销轴座或齿轨之间的连接方式上要注意可调性，同时还要注意溜槽的连接强度。无链牵引机构使机道宽度增加了约 100 mm，所以提高了对支架控顶能力的要求。

无链牵引机构分为齿轨式无链牵引机构、销轨式无链牵引机构、链轨式无链牵引机构 3 种类型。

1）齿轨式无链牵引机构

齿轨式无链牵引机构的原理是采用齿轮齿轨的啮合传动原理。为了适应采煤机牵引力大的要求，齿轨的模数很大，一般为 40～60 mm。

齿轨式无链牵引机构分为滚轮－齿轨式和齿轮－齿轨式无链牵引机构两种类型。

滚轮－齿轨式（又称销轮齿轨式）无链牵引机构如图 2－13 所示。其齿轨安装在采空侧的输送机挡煤板上，齿轨分为长齿轨和短齿轨两种形式。长齿轨固定在输送机挡煤板上，随溜槽一起弯曲。短齿轨又称调节齿轨，活装在两节长齿轨之间。长齿轨两端各有一个椭圆形孔，短齿轨两端的销轴装在此孔中。这种结构形式既保证了中部溜槽弯曲的要求，又限制了齿轨的弯曲角度，有利于保证滚轮与齿轨的啮合特性。这种无链牵引系统具有工作可靠、结构简单、易于制造和维修的特点，因而得到广泛应用。

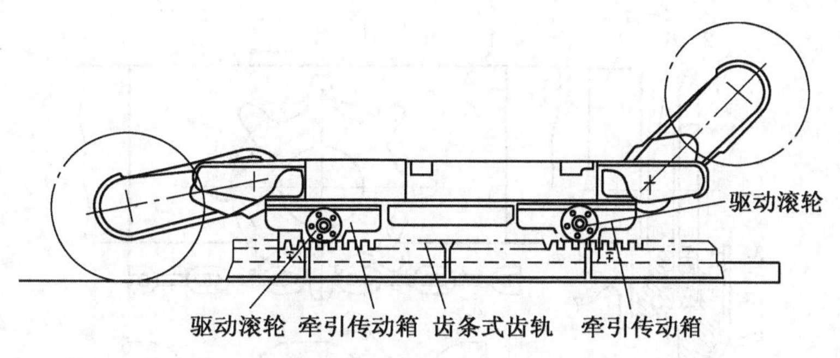

图 2－13　滚轮－齿轨式无链牵引机构

齿轮－齿轨式无链牵引机构的齿轨位于煤壁侧的铲煤板上，与铲煤板焊接在一起，既是输送机铲煤板，又是无链牵引的啮合齿轨。这种无链牵引机构通常与爬底板式采煤机配套。其特点是结构高度低，适用于薄煤层，但制造困难，无调节短齿轨，对输送弯曲度适应性较差。

2）销轨式无链牵引机构

销轨式无链牵引机构分为齿轮－销轨式和链条－销轨式两种类型。

齿轮－销轨式无链牵引机构如图 2－14 所示，它是通过驱动齿轮经齿轨轮与铺设在输送机溜槽上的圆柱销排式齿轨相啮合而使采煤机移动的。销轨由两侧板固定，齿轨轮不会脱轨，刚性也好；销轨长度是溜槽长度的 1/2，销轨接口与溜槽接口相互错开，一节固定在挡煤板的轨座上，另一节活装在开有长孔的轨座上。这样当溜槽在垂直方向弯曲 α 角时，销轨间只弯曲 $\alpha/2$。这种销轨结构简单，传动性较好，在我国使用比较广泛。

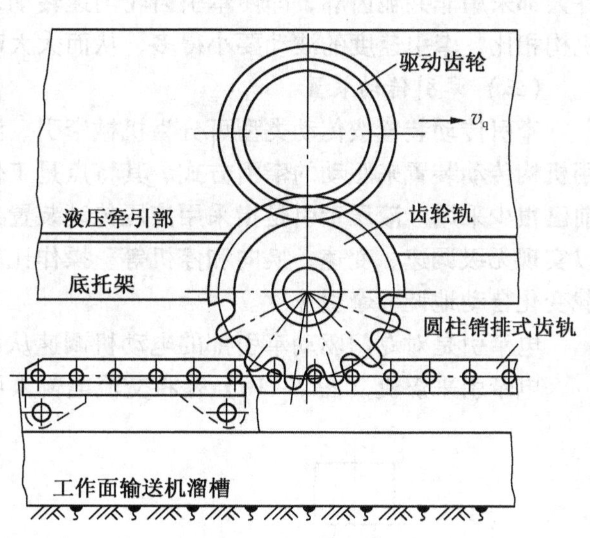

图 2－14　齿轮－销轨式无链牵引机构

链条－销轨式无链牵引又分为水平式销轨和垂直式销轨两种形式。采煤机牵引部的链轮带动一条短无极套筒滚子链，与沿着工作面输送机全长铺设的销轨相啮合，带动采煤机沿工作面输送机移动。

3）链轨式无链牵引机构

链轨式无链牵引机构（图 2－15）是在工作面全长安装一条圆环链，圆环链不是固定在机头架和机尾架上，而是安装在沿工作面全长铺设的专门导链槽中。牵引机构采用不等直径和不等节距的圆环链3与链轮2相啮合。由于链轨可以圆滑弯曲，链环尺寸稳定，即使输送机溜槽的偏转较大，采煤机仍能平稳运行；在倾角大于27°、倾角变化达36°和过断层的条件下工作，适应能力都很好。

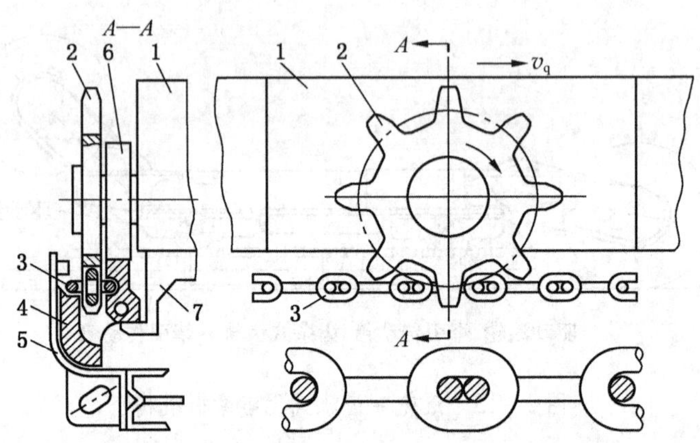

1—牵引部传动装置；2—链轮；3—圆环链；4—链轨架；5—挡板；6—导向滚轮；7—底托架

图2-15　链轮-链轨式无链牵引机构

无链牵引机构适用于低速、重载、多尘和无润滑的工作条件，维护比较方便，但传动件大都采用非共轭齿廓，即使牵引齿轮匀速转动，采煤机牵引速度仍会波动。但与链牵引机构相比，牵引速度的波动要小得多，从而大大改善了牵引的平稳性。

（三）牵引传动装置

牵引传动装置按传动类型可分为机械牵引、液压牵引和电牵引。机械牵引是指全部采用机构传动装置来驱动的牵引方式。其特点是工作可靠，但只能有级调速，结构复杂，目前已很少采用。液压牵引是指采用液压传动装置来驱动的牵引方式。液压传动的牵引部可以实现无级调速、变速、换向和停机等，操作比较方便，保护系统比较完善，并且能随负载变化自动地调节牵引速度。

电牵引是对专门驱动牵引部的电动机调速从而调节速度的牵引方式。

电牵引采煤机（图2-16）是将交流电输入可控硅整流、控制箱控制直流电动机调速，

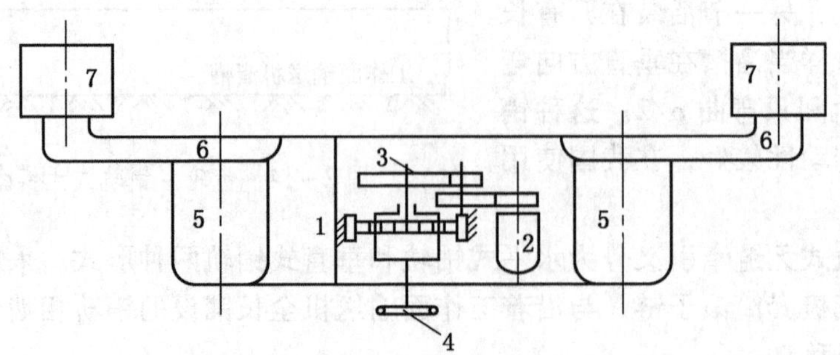

1—控制箱；2—直流电动机；3—齿轮减速装置；4—驱动轮；5—交流电动机；6—摇臂；7—滚筒

图2-16　电牵引采煤机示意图

然后经齿轮减速装置带动驱动轮使机器移动的。两个滚筒分别用交流电动机经摇臂6来驱动。由于截割部电动机的轴线与机身纵轴线垂直，所以截割部机械传动系统与液压牵引的采煤机不同，没有锥齿轮传动。这种截割部兼作摇臂的结构可使机器的长度缩短。摇臂调高系统的油泵由单独的交流电动机驱动。

根据调速原理的不同，牵引电动机有直流和交流两种类型。

1. 他激或串激直流电动机调速电牵引

牵引电动机可以是他激直流电机，也可以是串激直流机。现以他激电机为例说明其调速原理（图2－17）。由电工原理知，电动机的转矩 M 等于

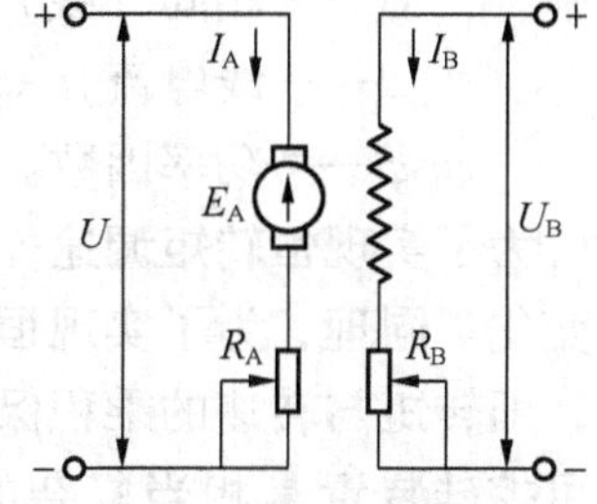

图2－17　他激直流电机调速原理

$$M = K_m \Phi I_A \tag{2-4}$$

式中　K_m——电动机常数；

Φ——每对磁极的磁通量；

I_A——电枢电流。

感应电动势 E_A 为

$$E_A = K_E \Phi n \tag{2-5}$$

式中　K_E——电动机常数；

n——电动机转速。

电动机电枢端电压 U 为

$$U = E_A + I_A R_A \tag{2-6}$$

式中　R_A——电枢电阻。

在 $U < E_A$ 的情况下，电枢电流改变方向，电动机以发电机工况运转。由式（2－5）和式（2－6）还得

$$U = K_E \Phi n + I_A R_A \tag{2-7}$$

则电动机的转速为

$$n = \frac{U - I_A R_A}{K_E \Phi} \tag{2-8}$$

由式（2－8）可知，要想改变电动机转速。可以通过以下方法达到：

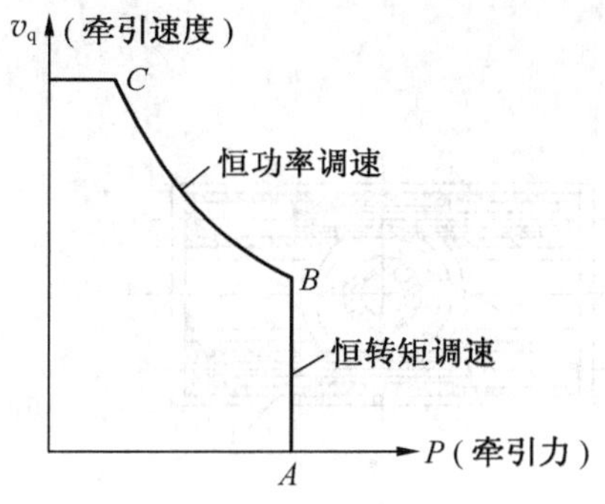

图2－18　牵引力－牵引速度特性

（1）保持激磁电流 I_B 不变（在额定值），即磁通 Φ 不变，采用可控硅触发电路来改变电枢电压 U，可以得到恒转矩调速段（图2－18中 AB 段）。

（2）保持电枢电压不变（额定值），而减小激磁电流 I_B（即减小磁通 Φ），使转矩减小，速度增大，以得到恒功率调速段（图2－18中 BC 段）。当然，也可以同时用调节电枢电压与磁场强度的办法来达到调速。

2. 交流电机变频调速的电牵引

由于交流感应电动机旋转磁场的同步转速 n_c（$n_c = 60f/p$）仅取决于电源频率 f 和电动机的磁极对数 p，与轴上的载荷和转速无关，所以，通过调节电源频率就可以调节电动机转速。电动机转速和同步转速的比值就是滑差率，滑差率则取决于

电动机轴的载荷。

通过适当的变频调速可使截割电动机的功率趋于稳定，减轻超载和欠载，使采煤机的生产效能发挥得更好。但是，单纯的变频调速还不能获得良好的牵引特性，因为感应电动机功率与电源频率无关。感应电动机功率计算公式为

$$P=\sqrt{3}UI\cos\varphi\times10^{3} \tag{2-9}$$

式中　U——相间（线）电压，V；

I——线电流，A；

$\cos\varphi$——功率因数。

为了实现恒转矩调速，调频变速的同时还应调节电源电压，使电动机功率正比于转速而变化。同理，为了实现恒功率调速，调频变速的同时也应调节电源电压，使电动机功率，即转矩与转速的乘积保持不变，这个调速过程还要涉及线电流的变化，所以，调压调频可控硅装置是相当复杂的。但这种调速方法启动性能好，启动力矩大，启动电流小（一般为额定电流的2.5倍左右，而固定频率的电动机启动电流为5~6倍额定电流）。

电牵引采煤机的优点是：调速性能好；因采用固体元件，所以抗污染能力强；除电刷和整流子外无易损件，因而寿命和效率高，维修工作量小；因电子控制的响应快，所以易于实现各种保护、检测和显示；结构简单，机身长度可大大缩短，提高了采煤机的通过性能和开切口效率。因此，电牵引采煤机被认为是第四代采煤机。

四、附属装置

1. 调高和调斜装置

为了适应煤层厚度的变化，在煤层高度范围内上下调整滚筒位置称为调高。为了使下滚筒能适应底板沿煤层走向的起伏，使采煤机机身绕纵轴摆动称为调斜。调斜通常用底托架下靠采空侧的两个支撑滑靴上的液压缸来实现。

采煤机调高有摇臂调高和机身调高两种类型，它们都是靠调高油缸（千斤顶）来实现的。用摇臂调高时，大多数调高千斤顶装在采煤机底托架内（图2-19a），通过小摇臂轴使摇臂升降，也有将调高千斤顶放在端部（图2-19b）或截割部固定减速箱内（图2-19c）的。用机身调高时，摇臂千斤顶有安装在机身上部的（图2-20），也有装在机身下面的（如MXP-240型采煤机的调高装置）。

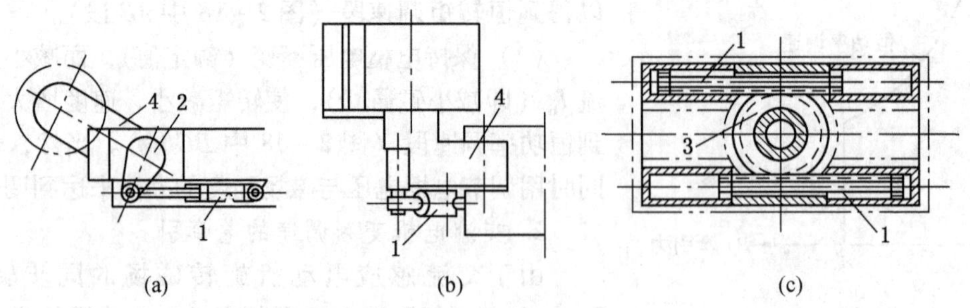

1—调高千斤顶；2—小摇臂；3—摇臂轴；4—摇臂

图2-19　摇臂调高

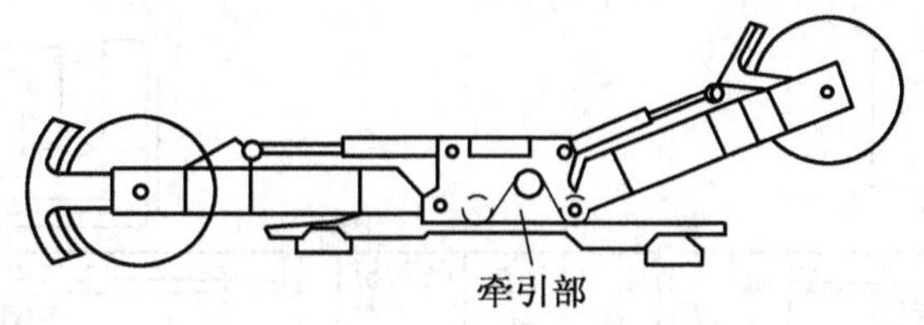

图 2-20　机身调高

典型的调高液压系统如图 2-21 所示。调高泵经滤油器吸油，靠操纵换向阀，通过双向液压锁使调高千斤顶升降。双向液压锁用来锁紧千斤顶活塞的两腔，使滚筒保持在所需的位置上。安全阀的作用是保护整个系统。

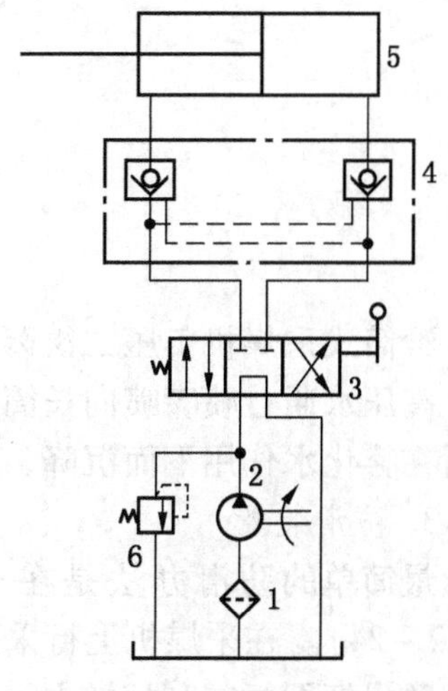

1—滤油器；2—调高泵；3—换向阀；4—双向液压锁；5—千斤顶；6—安全阀

图 2-21　调高液压系统

2. 喷雾降尘装置

喷雾降尘是用喷嘴把压力水高度扩散，使其雾化，形成将粉尘源与外界隔离的水幕。雾化水能拦截飞扬的粉尘而使其沉降，并有冲淡瓦斯、冷却截齿、湿润煤层和防止产生截割火花等作用。

喷嘴装在滚筒上，将水从滚筒里向截齿喷射，称为内喷雾；喷嘴装在采煤机机身上，将水从滚筒外向滚筒及煤层喷射，称为外喷雾。内喷雾的喷嘴离截齿近，把粉尘消除在刚刚生成还没有扩散的阶段，降尘效果好，耗水量小；但供水管要通过滚筒轴和滚筒，需要可靠的回转密封，喷嘴也容易堵塞和损坏。外喷雾的喷嘴离粉尘源较远，粉尘容易扩散，并且耗水量较大，但供水系统的密封和维护比较容易。

喷嘴是喷雾系统的关键元件，要求其雾化质量好，喷射范围大，耗水量小，尺寸小，不易堵塞和拆装方便。常见的喷嘴结构如图 2-22 所示。

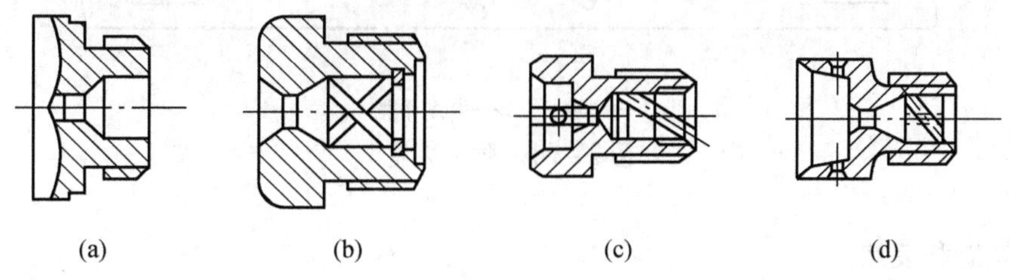

(a)　(b)　(c)　(d)

图 2-22　喷嘴结构

典型的喷雾冷却系统如图 2-23 所示，其供水由喷雾泵站沿顺槽管路、工作面拖移软管接入，经截止阀、过滤器及水分配器分配成 4 路：1、4 路供左、右截割部内、外喷雾；2 路供牵引部冷却及外喷雾；3 路供电动机冷却及外喷雾。

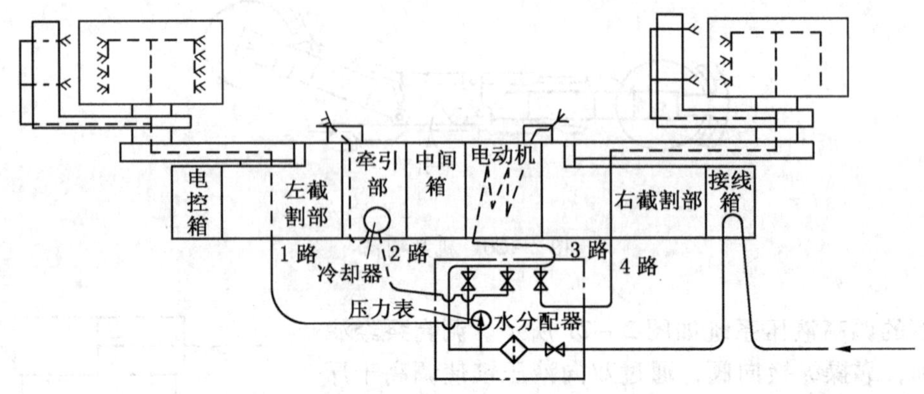

图 2-23 喷雾冷却系统

滚筒式采煤机负压二次降尘原理是：将一长筒置于采煤机机身上面，长筒内安装喷嘴，高压水通过喷嘴喷向长筒一端，水流带动空气，在吸风端形成负压场，煤尘被吸入筒内后在雾化水作用下而沉降，筒内喷出的水雾进一步降尘，达到二次降尘的目的。

3. 防滑装置

最简单的防滑办法是在采煤机底托架下面顺着煤层倾斜向下的方向设置防滑杆（图 2-24）。在采煤机上行采煤时，可利用操纵手把将防滑杆放下。这样，万一断链下滑，防滑杆即插在刮板链上，只要及时停止输送机，即可防止采煤机下滑。而下行采煤时将防滑杆抬起。这种装置只用于中、小型采煤机。在无链牵引中，可用设在牵引部液压马达输出轴上的圆盘摩擦片式液压制动器，代替设于上顺槽的液压安全绞车，防止停机时采煤机下滑。这种制动器已用于 MXA-300 等型采煤机中，效果良好。

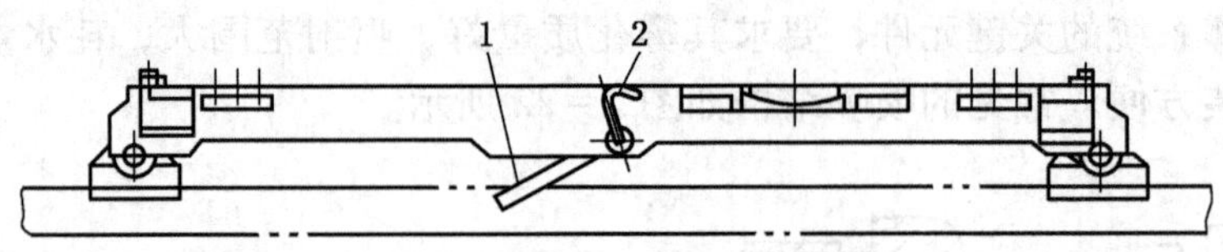

1—防滑杆；2—操纵手把

图 2-24 防滑装置

4. 电缆拖移装置

采煤机上山、下山采煤时，需要收、放电缆和水管。通常把电缆和水管装在电缆夹（图 2-25）里，由采煤机拖着一起移动。

电缆夹由框形链环用铆钉连接而成，各段之间用销轴连接。链环朝采空区侧是开口的，电缆和水管从开口放入并用挡销挡住。电缆夹的一端用一个可回转的弯头固定在采煤机的电气接线箱上。为了改善靠近采煤机机身这一段电缆夹的受力情况，电缆夹的开口一边装有一条节距相同的板式链，使链环不致发生侧向弯曲或扭绞。

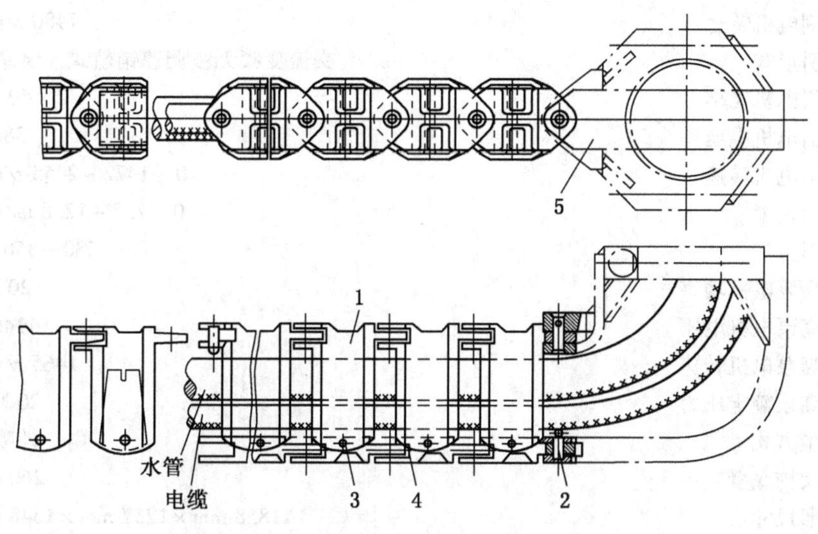

1—框形链环；2—销轴；3—挡销；4—板式链；5—弯头

图 2-25　电缆夹

第二节　电牵引采煤机

一、概述

以 MG300/700-WD 型电牵引采煤机为例进行介绍。

MG300/700-WD 型电牵引采煤机是多电机驱动的电牵引采煤机。其中截割电机功率为 2×300 kW，牵引电机功率为 2×40 kW，调高泵电机功率为 20 kW，装机总功率为 700 kW。该机适用于煤质中硬以上的缓倾斜煤层，采高范围 2~3.5 m。它与 SGZ764 刮板输送机、液压支架等配套使用，组成长壁式综合机械化采煤工作面，配合放顶煤液压支架和后刮板输送机可组成综合机械化放顶煤工作面。

1. 组成与主要技术特征

MG300/700-WD 型采煤机由左右滚筒、左右摇臂、牵引传动箱、外牵引、泵站、高压箱、控制箱、调高油缸、主机架、辅助部件、电器系统及附件等部件组成，整机外形如图 2-26 所示。

MG300/700-WD 型采煤机主要技术特征如下：

采高	2~3.5 m
适应煤层倾角	≤16°
截深	630 mm
滚筒直径	1800 mm
滚筒转速	35.7 r/min
装机总功率	700 kW
截割电机功率	2×300 kW

截割电机电压	1140 V
截割电机转速	1480 r/min
牵引形式	交流变频无级调速销轨式无链牵引
牵引电机功率	2×40 kW
牵引电机电压	380 V
牵引电机转速	0～1472～2455 r/min
牵引速度	0～7.7～12.8 m/min
牵引力	580～350 kN
调高泵电机功率	20 kW
调高泵电机电压	1140 V
调高泵电机转速	1465 r/min
调高泵额定压力	20 MPa
降尘方式	内、外喷雾
最大挖底量	260 mm
外形尺寸	11858 mm×1257 mm×1548 mm
总重	45.45 t

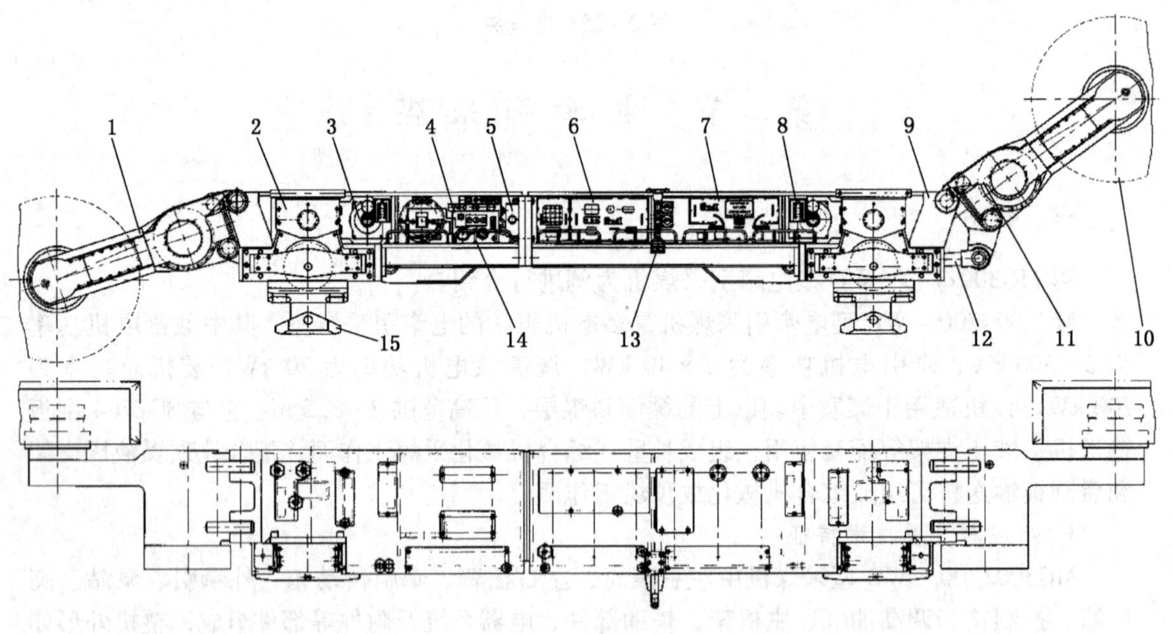

1—摇臂；2—外牵引；3—牵引传动箱；4—泵站；5—辅助部件；6—控制箱；7—高压箱；8—电器系统及附件；9—主机架；10—截割滚筒；11—电机护罩；12—调高油缸；13—拖缆装置；14—护栏；15—滑靴

图2-26 MG300/700-WD电牵引采煤机

2. 结构特点

MG300/700-WD型采煤机，总体结构为多电机横向抽屉式布置，采用机载式交流变频无级调速销轨式无链牵引，计算机操作控制，中文显示运行状态并具有故障检测功能。该机型的主要特点如下：

(1) 主机架为分体框架式焊接结构，强度高、刚性好，各部件的安装可单独进行，部件间没有动力传递和连接。左右滚筒的截割反力、牵引力、限位及导向作用力均由主机架承受。

（2）摇臂与主机架悬挂铰接，无回转轴承及齿轮啮合环节。摇臂输出功率大，滚筒转速低。

（3）整体铸造销轨式无链牵引，工作平稳可靠，牵引力大，能适应底板起伏较大的工作面。

（4）滚筒强度高，耐磨性能好。滚筒安装镐型截齿，截齿消耗少，块煤率增加。

（5）液压系统和水路系统的主要元件都集中在集成块上，管路连接点少，便于维护、检修。

（6）计算机控制，系统简单可靠，运行状态随时检测，中文显示，适应国内煤矿使用。

二、摇臂截割部

摇臂截割部主要由截割电机、摇臂减速器、提升托架、内喷雾装置和滚筒等部件组成。电机功率300 kW，布置于摇臂壳体内，通过减速装置驱动滚筒旋转割煤。提升托架为主机架与摇臂壳体之间的过渡连接部件。内喷雾装置将一定流量的压力水引入滚筒上并由喷嘴喷出，降低截齿割煤时产生的煤尘。

1. 摇臂减速器

摇臂减速器的结构如图 2－27 所示。电动机输出轴与齿套连接，齿套带动一轴齿轮5，一轴齿轮5带动二轴齿轮7，二轴齿轮7带动轴齿轮8，轴齿轮8带动三轴齿轮9，齿轮9带动轴齿轮10。一轴齿轮5与齿套6、二轴齿轮7与轴齿轮8、三轴齿轮9与轴齿轮10之间均通过渐开线花键连接。齿套6以及轴齿轮8和10的一端通过轴承支撑在轴承座盖上，另一端通过轴承支撑在摇臂壳体上。轴齿轮10带动惰轮11旋转，惰轮通过轴承由芯轴支撑，芯轴与摇臂壳体固定。惰轮起连接作用，以加长摇臂，增加滚筒的调高范围。双联齿轮由安装于轴承座上的双列球面滚子轴承支撑，大齿侧由惰轮带动，另一端为行星传动的中心轮，与三个行星齿轮14啮合。内齿圈15通过螺栓固定在摇臂壳体上，由于内齿圈固定不动，行星轮一边绕芯轴16自转，一边绕中心轮公转。芯轴通过两个双列球面滚子轴承支撑行星轮，并由卡板与行星架固定，和行星轮同步公转。三个公转的芯轴同时带动行星架，行星架与滚筒座之间渐开线花键连接，滚筒座随行星架一起转动。滚筒座由大型双列向心球面滚子轴承支撑在轴承座内。滚筒座与轴承压盖之间安装有锥形滑动密封副21，靠轴承压盖一侧的锥形滑动密封环和其背部的O形密封圈固定，靠滚筒座一侧的锥形滑动密封环和其背部的O形密封圈随滚筒座一起旋转。滚筒座轴向由压盖限位，压盖连接螺栓必须拧紧，保证滑动密封副之间的接触力，防止煤尘和水进入行星减速器腔内。锥形滑动密封环为硬质合金材料，耐磨性好，磨损后靠其背部O形密封圈的弹性变形补偿。滚筒座的输出端为方榫结构，与滚筒（图中未画出）中心的方形孔配合，滚筒由高强度螺栓固定在滚筒座上，滚筒座转动时带动滚筒旋转割煤。

采空区侧的截割电机端部有离合器手柄，操作离合器手柄向外移动，可使电机输出轴与齿套6脱开，合上离合器手柄，一轴进入啮合状态。采煤机调试、空行走以及停止工作时均需要脱开离合器。操纵离合器必须在截割电机停止运转的状态下进行。

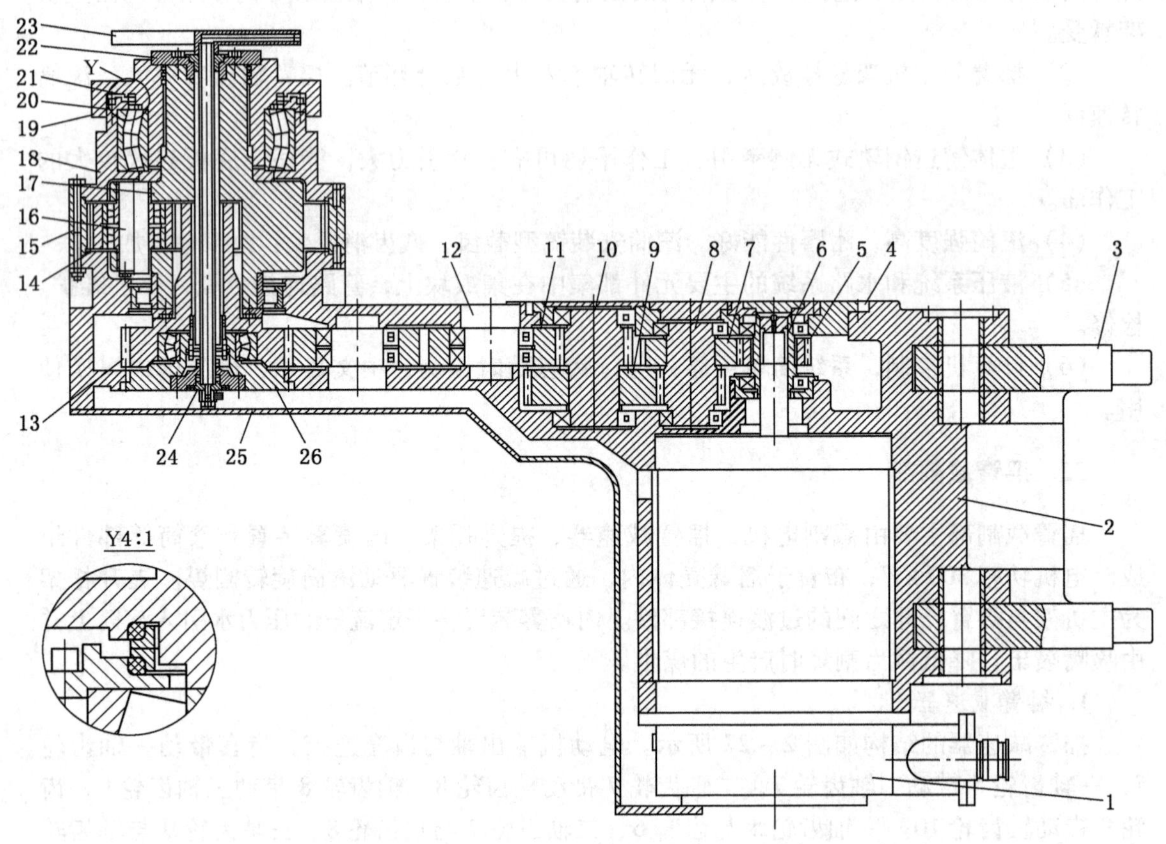

1—截割电机；2—摇臂壳体；3—提升托架；4—轴承座盖；5— 一轴齿轮；6—齿套；7—二轴齿轮；8、10—轴齿轮；9—三轴齿轮；11—惰轮；12、16—芯轴；13—太阳轮；14—行星轮；15—内齿圈；17—行星架；18—轴承座；19—滚筒座；20—轴承压盖；21—锥形滑动密封副；22—压盖；23—配水盘；24—内喷雾装置；25—软管护板；26—轴承座

图 2-27　摇臂减速器

摇臂一轴、二轴的齿轮有 3 种齿数可供用户选择，适应煤质软硬的变化。三种齿数对应的减速器的总传动比分别为 30.88、36.8 和 41.45，相应的滚筒转速分别为 47.93 r/min、40.22 r/min 和 35.71 r/min。

摇臂减速器还有另一种结构，摇臂壳体内二级减速，三个惰轮，行星减速器二级减速，滚筒截深 800 mm，滚筒转速较 630 mm 截深的降低近 20%。一轴、二轴的齿轮可以成对更换，齿数比分别为 36/33、39/30 和 41/28，对应的滚筒转速分别为 39 r/min、32.7 r/min 和 29 r/min。630 mm 截深与 800 mm 截深两种机型除摇臂外，机身部分零部件可以互换。

2. 提升托架

主机架与摇臂壳体之间通过提升托架连接。提升托架左、右不同，图 2-28 所示为左提升托架结构。左侧插入摇臂耳座，上下四孔与摇臂耳座孔对齐插入销轴后，由盖 1、5 轴向限位。右侧上部的两孔插入主机架耳座，由销轴与主机架铰接，销轴外装衬套 4，防止托架耳孔磨损。右下侧耳孔插入油缸活塞杆耳座用销轴铰接，衬套保护耳孔免受磨损。楔块衬于托架和摇臂壳之间，用于消除二者销轴铰接的间隙。

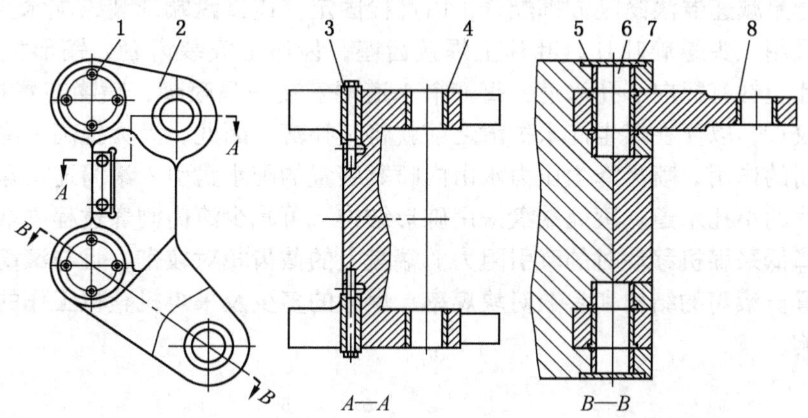

1、5—盖；2—提升托架；3—楔块；4、7、8—衬套；6—铰接销

图 2－28　左提升托架

3. 内喷雾装置

内喷雾装置如图 2－29 所示。摇臂软管护板内的胶管与铰接接头连接，铰接接头的空心螺栓拧在压盖上，压力水由此引入内喷雾水管。水管一端插入配水盘，用 O 形密封圈密封，另一端插入端盖，用组合密封圈密封。端盖通过内六角螺钉与摇臂壳体固定。配水盘由个螺栓固定在滚筒煤壁侧，随滚筒一起旋转（水管不转），配水盘上相互成 120°的三条水道将压力水分配至滚筒三个螺旋叶片的水道中，并由滚筒上的喷嘴喷出降尘。套管一端插入压盖，用 O 形密封圈密封，另一端插入衬套，衬套外部由骨架油封密封。套管用于隔开行星减速器腔的润滑油，防止润滑油从水管外部泄漏。骨架油封装在密封护套内，止动销限制密封套转动，压盖对组合密封轴向限位。套管随压盖 2 和行星架一起转动。

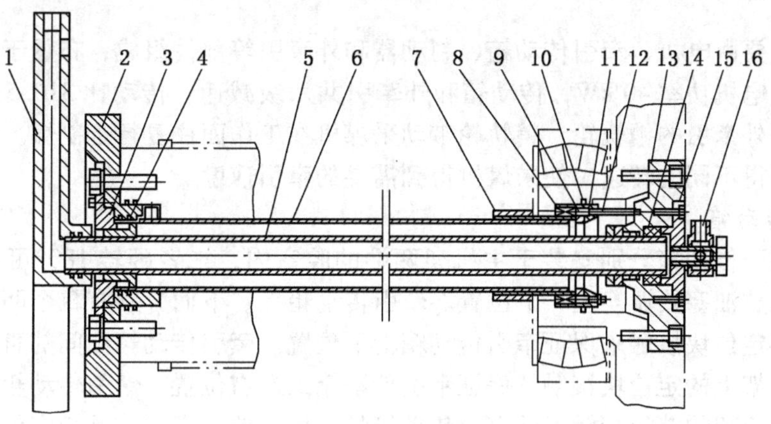

1—配水盘；2、15—压盖；3—挡套；4、10—O 形密封圈；5—内喷雾水管；6—套管；7—衬套；8—骨架油封；9—耐磨环；11—密封护套；12—止动销；13—端盖；14—组合密封；16—铰接接头

图 2－29　内喷雾装置

4. 截割滚筒

截割滚筒由轮毂、螺旋叶片、端盘、齿座和连接盘焊接而成，如图 2-30 所示。连接盘的方孔与行星减速器滚筒座方榫配合，由螺栓固定，连接盘端部装入配水盘后由端盖 6 保护。滚筒采用三头螺旋叶片，叶片上焊接齿座，齿座上安装齿套，镐形截齿装于齿套内。螺旋叶片上钻有径向小孔水道，每一个水道端安装一只喷嘴，喷嘴布置在截齿之间，离截齿齿尖较近，以便在煤尘尚未扩散之前就将其扑落。因此，大大提高了降尘效果，并且有冲淡瓦斯的作用。喷雾降尘压力水由内喷雾装置的配水盘引入滚筒连接盘的水槽，水槽通螺旋叶片的小孔水道。滚筒端盘采用碟形结构，可减少滚筒割煤过程中端盘与煤壁的摩擦损耗，降低采煤机移动时的牵引阻力。端盘上的截齿相对较密，且与滚筒轴向角度按一定规律布置。滚筒的结构和参数对块煤率、煤尘的多少及采煤机整机工作的稳定性等都有一定的影响。

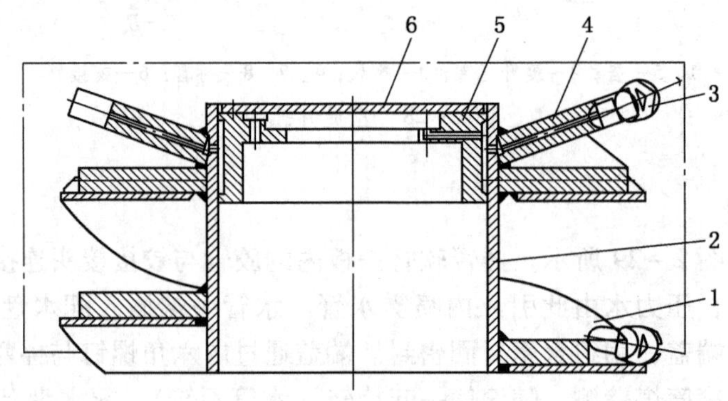

1—螺旋叶片；2—轮毂；3—齿座；4—端盘；5—连接盘；6—端盖

图 2-30 截割滚筒

三、牵引部

牵引部主要由电机、牵引传动箱、制动器和外牵引等部件组成，布置于采煤机主机架的两端。每台电机功率 40 kW，传动箱和外牵引共六级减速，传动比 310.5。电机输出轴经减速后驱动外牵引的销轨轮，销轨轮带动采煤机在工作面往复行走割煤。牵引电机由变频器控制可获得不同的转速，使采煤机得到需要的牵引速度。

1. 牵引传动箱

左、右牵引传动箱分别安装于主机架两端的腔室内，二者翻转 180°可以互换，对应的注油接头和放油塞要调换上、下位置。牵引传动箱上、下面分别有 3 个凹槽，由凹槽的底面与主机架定位块接触来保证牵引传动箱上下位置。牵引传动箱中间的直角梯形凹槽的直角边与主机架上的定位块接触，保证牵引传动箱的左右位置，牵引传动箱的后面有两个定位面，与主机架的挡块接触保证牵引传动箱的前后位置。牵引传动箱定位后由 6 个螺柱用偏心螺母固定到主机架上。

牵引传动箱的横剖面如图 2-31 所示。牵引电机布置于齿轮箱体 1 内，端部由 4 个 M16 螺栓与箱体固定。电动机输出轴与一轴齿轮 5、齿轮 8 与二轴齿轮 6、齿轮 9 与三轴齿轮 10 均为渐开线花键配合。轴齿轮 5 两端通过轴承分别支撑于侧盖和轴承座上，并与二轴齿轮 6 啮合。二轴轴齿轮 6 两端分别靠轴承座 7 和箱体支撑，齿轮 8 与齿轮 9 啮合。三轴齿轮 10 两端靠轴承座 11 和箱体支撑，并与齿轮 13 啮合实现三级减速。齿轮 13 通过轴承支撑在箱体上，与太阳轮 14 靠渐开线花键配合（另一侧与制动器的制动轴齿轮啮合，采煤机正常牵引时，制动轮空转）带动太阳轮旋转。太阳轮与行星轮 16 啮合，行星轮通过滚柱 17、芯轴 18 支撑在行星轮架 20 上，由于双联内齿圈与箱体固定，行星轮一边绕芯轴自转，一边带动芯轴绕太阳轮公转，3 个芯轴同时拨动行星轮架转动。行星轮架 20 又为下一级行星减速的太阳轮，传动原理同前。第二级有 5 个行星轮，行星轮架 24 通过轴承支撑于内齿圈和轴承座上，输出端与外牵引部件连接。

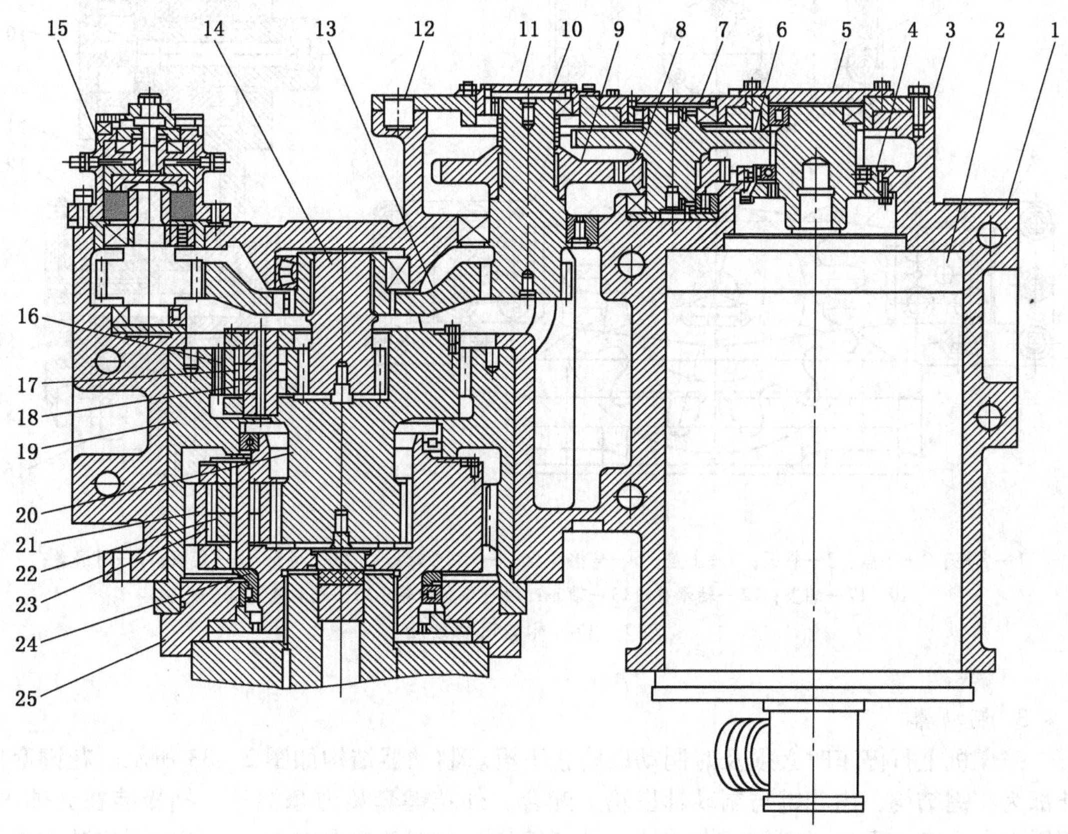

1—齿轮箱体；2—电机；3—侧盖；4、7、11、25—轴承座；5—一轴齿轮；6—二轴齿轮；8、9、13—齿轮；10—三轴齿轮；12—定位销；14—太阳轮；15—制动器；16、21—行星轮；17、23—滚柱；18、22—芯轴；19—双联内齿圈；20、24—行星轮架

图 2－31　牵引传动箱横剖面示意图

2. 外牵引箱

外牵引箱结构如图 2－32 所示。底座 1 上部用 2 个 M30 螺栓与主机架的上部面板连接，下部用 10 个 M30 螺栓和偏心螺母与主机架连接，并通过键与主机架定位。外牵引箱安装后，空心轴 6 两端分别与牵引传动箱二级行星减速行星轮架和外牵引的齿轮 7 连接，

三者同步转动。空心轴两端装有耐磨件，并由端盖轴向限位。齿轮 7 两端的双列球面滚子轴承分别支撑在底座和上盖上，齿轮 7 与齿轮 11 啮合。齿轮 11 通过两个双列球面滚子轴承、轴套支撑在芯轴上，芯轴一端由端盖 17 支撑，另一端由下盖支撑，导向滑靴安装于端盖和下盖上，端盖、下盖与底座固定。销轨轮与齿轮 11 用花键连接，齿轮 11 转动后带动销轨轮与刮板输送机采空区侧的销轨啮合，牵引采煤机在工作面行走，销轨轮与销轨的准确啮合靠导向滑靴保证。

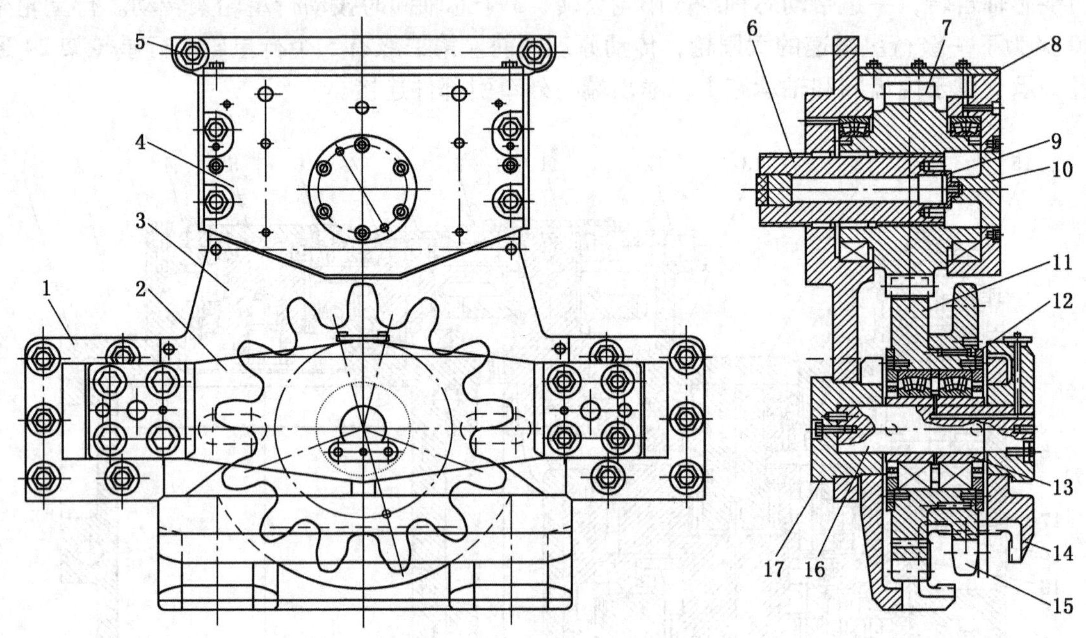

1—底座；2—下盖；3—护板；4—上盖；5—连接螺栓；6—空心轴；7、11—齿轮；8—盖板；9—耐磨盘；10、17—端盖；12—轴承盖；13—轴套；14—导向滑靴；15—销轨轮；16—芯轴

图 2－32　外牵引箱结构

3. 制动器

采煤机上行停车时必须及时制动以防止下滑。制动器结构如图 2－33 所示。花键套内外都为花键结构，内花键与制动轴齿轮 1 配合，外花键套装内摩擦片。挡板装在壳体内，圆周方向由壳体限位，左侧轴向槽插入外摩擦片，左端面顶在座盖上。制动器安装在牵引传动箱煤壁侧（图 2－31），制动轴齿轮与牵引传动箱的齿轮啮合。采煤机正常工作时，油泵提供的压力油经接头进入活塞与挡板之间的油腔，活塞受油液压力作用右移松开压板 7，蝶形弹簧受压缩，交替安装的内、外摩擦片松开，出现轴向间隙，外摩擦片和挡板在壳体内不动，内摩擦片由花键套、轴齿轮带动自由旋转，制动器解除制动，采煤机正常牵引。当切断电源、采煤机停机或泵站停止供油时，油液压力消失，蝶形弹簧复位推动活塞左移，压板在弹簧力作用下压紧内、外摩擦片，轴齿轮制动，传动箱、外牵引停止工作，采煤机停止。

制动器靠油液压力松闸，弹簧力制动，能提供可靠的制动力，防止采煤机下滑，起到安全保护作用。

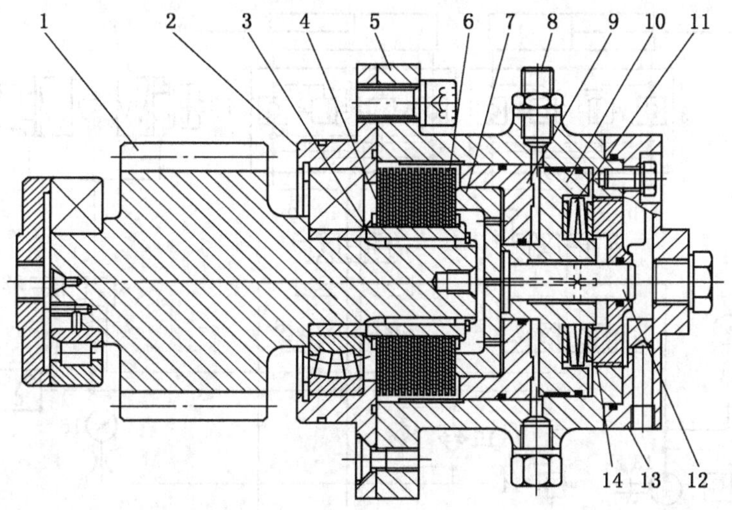

1—轴齿轮；2—座盖；3—花键套；4—外摩擦片；5—壳体；6—内摩擦片；7—压板；8—油管接头；
9—挡板；10—活塞；11—蝶形弹簧；12—定位销；13—端盖；14—调节压盖

图2-33 制动器结构

制动器必须定期检查，观察摩擦片磨损程度，必要时进行调整。采煤机在煤层倾角大于10°的工作面运行时，每周至少检查一次。检查时卸去端盖13的螺堵，定位销12与调节压盖14端部应是平的。如果定位销低于调节压盖，则弹簧制动力不够。调整时先卸下端盖与壳体之间的联结螺钉，然后转动端盖，端盖带动调节压盖顺时针方向旋转，每转动1/8圈（相当于一个孔距），压盖向前移动0.28 mm。制动器允许压盖移动总量约4.31 mm，相当于压盖转动17/8圈。制动器的调节应注意不能使定位销高出压盖端面，否则会造成采煤机牵引时摩擦片不能完全打开，导致制动器损坏。

四、液压系统

采煤机摇臂调高以及牵引部制动靠液压系统控制。

（一）液压系统工作原理

采煤机液压系统如图2-34所示，主要由油泵卸荷回路、摇臂调高回路和牵引制动油路组成。

1. 油泵卸荷回路

采煤机在煤层厚度变化或进刀时，摇臂位置需要调整，大部分工作时间滚筒固定在同一位置割煤。摇臂不需要调高时，油泵应处于低压卸荷状态运转，油泵是利用手液动换向阀中位卸荷的。手液动换向阀中位为H型机能，不调高时，换向阀处于中位，油泵从油箱经粗过滤器吸油，排出的压力油经手液动换向阀5、6的中位打开低压溢流阀，经冷却器回油箱，处于低压卸荷状态运转。油泵理论排量25 mL/r，额定工作压力20 MPa。

2. 摇臂调高回路

1）左摇臂调高回路

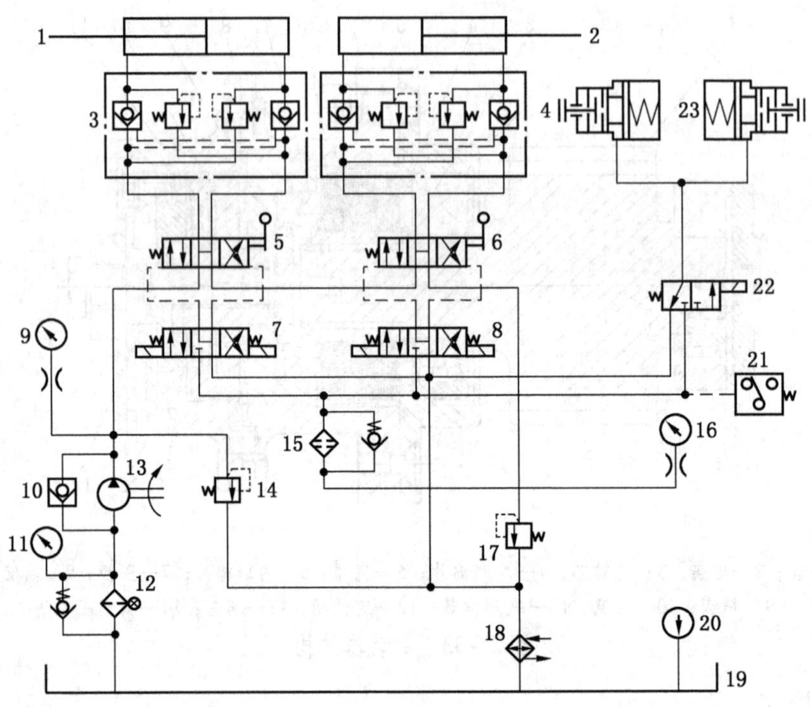

1、2—左、右调高油缸；3、4—阀组；5、6—手液动换向阀；7、8—电磁换向阀；9—高压表；10—单向阀；11—真空表；12—粗过滤器；13—油泵；14—高压安全阀；15—精过滤器；16—低压表；17—低压溢流阀；18—冷却器；19—油箱；20—温度计；21—压力继电器；22—电磁阀；23—制动器

图2－34　液压系统

左摇臂的位置由调高油缸1控制。手液动换向阀5处于中位时，油缸1两腔的油液由阀组3中的液压锁封闭，活塞杆固定不动。操纵手液动换向阀5左（右）移，油泵提供的高压油经换向阀右（左）位、阀组右（左）侧的液控单向阀进入油缸活塞（活塞杆）腔，同时打开左（右）侧的液控单向阀，活塞杆（活塞）腔油液通过手液动换向阀5右（左）位、手液动换向阀6中位，经低压溢流阀、冷却器回油箱，活塞杆伸出（缩回），摇臂向上（下）摆动，滚筒高低相应变化。手液动换向阀5复位，调高过程结束，活塞杆由阀组3中的液压锁固定在新的工作位置。阀组中的两个安全阀分别并联于油缸的两腔，如摇臂外部阻力增加造成油缸腔内油液压力大于安全阀调定压力，则安全阀开启卸压，将活塞腔油液卸入活塞杆腔（或活塞杆腔油液卸入活塞腔），对油缸起安全保护作用。

手液动换向阀5也可以由电磁换向阀7的按钮控制。操纵按钮使电磁换向阀7左（右）移，低压油经精过滤器、电磁换向阀7右位通手液动换向阀5右（左）端，推动手液动换向阀5阀芯左（右）移，接下来油路和油缸的动作过程同上。

2）右摇臂调高回路

右摇臂调高回路包括右调高油缸2、阀组4、手液动换向阀6和电磁换向阀8等元件。压力油经手液动换向阀5中位进手液动换向阀6。左、右油缸调高回路属于串联形式，两摇臂不能同时调高。手液动换向阀6既可以手动控制，也可以由电磁换向阀8控制。操纵手液动换向阀6，回路工作原理与左调高回路相同，阀组4中的安全阀对右调高油缸起安全保护作用。

3. 牵引制动油路

牵引制动油路包括制动器、刹车电磁阀和压力继电器等元件。采煤机停机或突然停电时，电磁阀处于图示位置，制动器压力油经电磁阀、冷却器卸入油箱，在制动器碟形弹簧作用下（图2-33），活塞伸出，压紧制动器的内外摩擦片，制动器制动，采煤机停止牵引。采煤机正常工作时，电磁阀通电左移，低压油经精过滤器、电磁阀右位进入制动器23，活塞移动迫使弹簧受压缩，松开摩擦片，制动器解除制动。压力继电器的调定压力为1.5 MPa，当低压油的压力由于管路泄漏、元件漏损或低压安全阀失效而无法建立起足够的压力时，压力继电器就会发出电信号，使刹车电磁阀动作，制动器油路泄载制动，采煤机停止牵引。

粗过滤器12过滤精度为80 μm，并装有污染指示器，一旦滤芯被污物堵塞，进出油口压差增至0.03 MPa时，旁通阀开启，避免油泵吸空损坏。滤油器两端压差通过真空表反映出来，真空表显示200 mmHg时应清洗或更换粗过滤器滤芯。

精过滤器安装在阀块上，过滤精度为10 μm，滤油器装有污染指示器、旁通单向阀，还装有永久磁铁以吸附油液中的铁屑，提高控制油路的安全可靠性。

油泵侧面并联一个单向阀，油泵正常工作时，单向阀封闭。如油泵电机电源线反接，油泵反转，油泵可通过单向阀从油箱吸油，避免油泵短时吸空损坏。

系统装有两个溢流阀，一个为高压安全阀14，调定压力为20 MPa，限定系统最高压力，对系统起安全保护作用。另一个为低压溢流阀17，安装在系统的回油油路上，负责提供背压，调定压力为2 MPa，为系统建立一个低压回路，低压油用于控制手液动换向阀和制动器的动作。

（二）泵站

泵站是液压系统的动力源，为调高油缸和制动器提供压力油。泵站主要由电动机、齿轮泵、油箱、阀组、仪表、油管及管件等组成，如图2-35所示。电动机用内六角螺钉安装在法兰盘上，法兰盘与主机架由螺栓固定。齿轮泵与电动机之间用内花键套连接，并由螺栓固定在法兰盘上，定位块3起轴向限位作用。油箱上安装空气滤清器、压力表组、油位计、温度计、冷却器等零部件。油箱结构尺寸较大，可以盛放足够的液压油，一方面为系统提供油源，另一方面可使系统回来的热油得到充分热交换以降低油温。粗过滤器25安装在油箱左下方，清洗更换滤芯或检修时，只要松开其端盖即可自动切断油箱通路，以防油箱油液外泄。阀组包括手液动换向阀、电磁换向阀、刹车电磁阀、高低压溢流阀等。各种阀集成组装在阀块上，阀块内部沟通油路，省去了复杂的外部管路连接，便于安装、维修，同时也缩小了体积。精过滤器也和阀组集成在一起。管件包括90°弯头、三通、四通、接头座等。油管分高压胶管、不锈钢管或紫铜管，不锈钢管或紫铜管用卡套螺纹接头，高压胶管用快速接头。油管及管件把各液压元件连接起来。从齿轮泵输出的压力油通往阀组，阀组后面的接头通过高压胶管连接左、右调高油缸。同时，一路低压油从阀组后面接出通向刹车电磁阀，控制制动器的动作。

（三）调高油缸

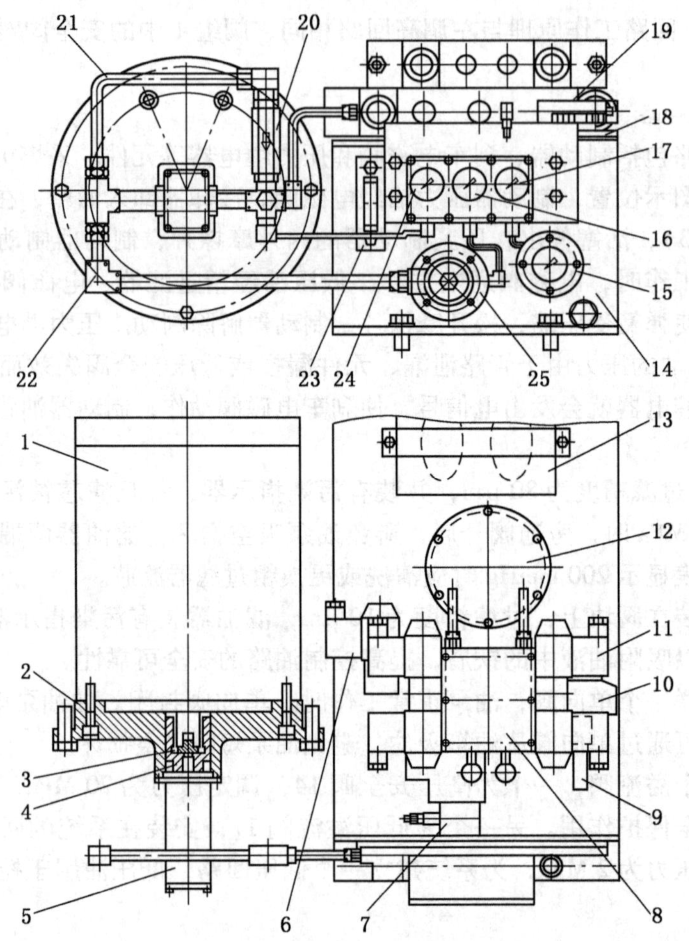

1—电机；2—法兰盘；3—定位块；4—内花键套；5—齿轮泵；6—刹车电磁阀；7—电磁溢流阀；8—手液动换向阀；9—背压阀；10—精过滤器；11—电磁换向阀；12—盖板；13—冷却器；14—油箱；15—温度表；16—真空表；17—低压表；18—空气滤清器；19—阀块；20—单向阀；21—油管；22—管件；23—油位计；24—高压表；25—粗过滤器

图 2－35　泵站结构

调高油缸的结构如图 2－36 所示。耳座与摇臂提升托架、缸体底座与主机架通过销轴铰接。阀组装在油缸底座上，当油缸的供油管破裂时，阀组内的液控单向阀可以封闭油缸活塞腔、活塞杆腔油液，不会使摇臂下降。操纵泵站手液动换向阀，油缸活塞杆伸缩，摇臂上下摆动，或锁定在需要的位置，满足采煤机的采高和挖底量的要求。

五、主机架及辅助部件

（一）主机架

主机架分两段组合，为框架焊接结构，结构简单，刚性好，部件间没有动力传递和连接。采煤机上滚筒的切割反力、牵引力、调高油缸的支承力，以及靠工作面运输机支撑、限位、导向的作用力均由主机架承受。

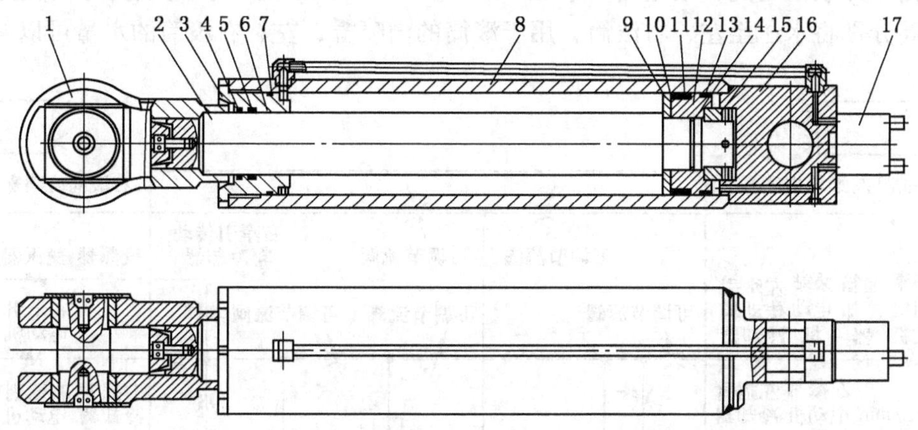

1—耳座；2—活塞杆；3—导向套；4—防尘圈；5—蕾形密封圈；6、13—导向环；7、14—O 形密封圈
8—缸体；9—挡圈；10—支承环；11—鼓形密封圈；12—活塞；15—螺母；16—底座；17—阀组

图 2－36　调高油缸结构

主机架分为 4 个腔室，采空区侧敞口，分别安装左、右牵引传动箱，泵站和控制箱。供水阀块与泵站安装在同一个腔室。各部件均可方便地从采空侧单独装入或拆卸，各部件与机架均用螺栓固定。主机架煤壁侧及顶面开有窗口，便于螺栓紧固、连接、布设电缆、水管等，所有窗口平时用盖封住，需要时拆开。主机架结构如图 2－26 所示。

主机架靠煤壁侧两端有支腿，支腿处装有滑靴。采空侧两端装有外牵引装置，外牵引与主机架用定位盘定位，螺栓连接。外牵引装有牵引轮及导向滑靴，与工作面输送机配合实现采煤机的支承、限位及导向。主机架的两端与左、右摇臂分别用销轴铰接，调高油缸位于主机架下部煤壁侧两端。

主机架重量约为 13.2 t，最大不可拆卸构件的外形尺寸为长 4625 mm、宽 1348 mm、高 1178 mm。

（二）辅助部件

辅助部件主要包括喷雾冷却系统、护栏护罩、拖缆装置、注油器及专用拆卸工具。

1. 喷雾冷却系统

喷雾冷却系统主要由水阀组件、接头、软管、冷却器和喷水块等组成。喷雾冷却系统的作用如下：

（1）为滚筒提供内喷雾，降低工作面粉尘含量，改善工人工作条件。

（2）冷却截割电机、牵引电机和泵站电机。

（3）冷却截割传动部和牵引传动部。

（4）冷却油箱和变频器、变压器。

（5）用于外喷雾，冲淡瓦斯和湿润煤层等。

图 2－37 所示为 MG300/700－WD 型采煤机的喷雾冷却系统。来自喷雾泵站的压力水接水阀组件的进水口，流量 320 L/min。水阀组件的截止阀打开后，压力水经截止阀、过滤器后分两路，一路到内喷雾，一路经减压阀将压力降为 3.5 MPa 后到外喷雾冷却水路。

过滤器出口并联溢流阀，限定出口水压 7 MPa。7 MPa 的压力水在阀组内分两支路，经可调节流阀分别将水送至左、右滚筒，用于滚筒的内喷雾，左、右滚筒的水量可以调节。

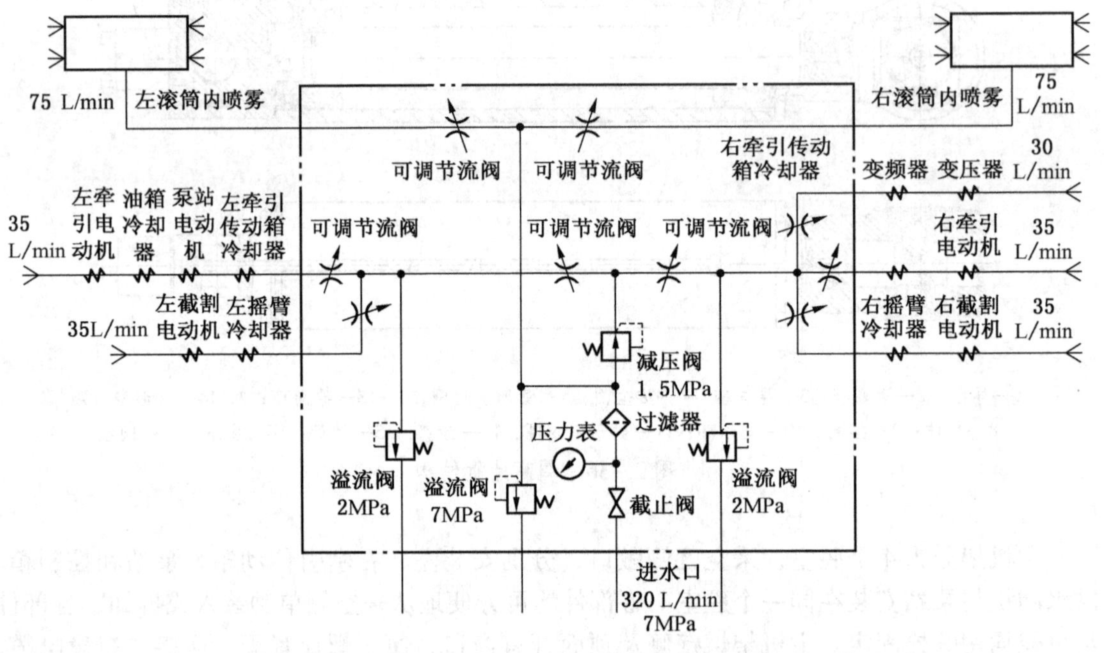

图 2-37　MG300/700-WD 型采煤机喷雾冷却系统

通过减压阀后的压力水分为左、右两路。左路水又分两路，一路进入左牵引传动箱冷却器，对传动箱进行冷却，之后进入泵站电机，冷却泵站电机后再进入液压油箱冷却器，对油箱冷却后进入左牵引电机，冷却电机后通过固定在摇臂上的喷水块的喷嘴将水喷向滚筒。另一路水进入左摇臂冷却器，对左摇臂冷却后再进入左截割电机，冷却电机后通过固定在摇臂上的喷水块的喷嘴将水喷向滚筒。右路水分三路，一路水进入变频器和变压器，冷却变频器和变压器后通过固定在摇臂上的喷水块的喷嘴将水喷向滚筒。另一路水进入右牵引传动箱冷却器，冷却传动箱之后再进入右牵引电机，冷却电机后通过固定在右摇臂上的喷水块的喷嘴将水喷向滚筒。第三路水进入右摇臂冷却器，冷却右摇臂后再进入右截割电机，之后通过安装在右摇臂上的喷水块的喷嘴将水喷向滚筒。每个喷水块上均安干喷嘴，冷却水由喷嘴喷出后形成雾状，具有很好的降尘效果。传动箱油池冷却器由紫铜管煨成，管上焊有若干集热片，压力冷却水由管内通过对润滑油和液压油进行降温冷却。外喷雾水的压力由低压溢流阀调整，设定压力为 2 MPa。各水路的水量均可以通过可调节流阀调节，多余的压力水经溢流阀卸掉。

2. 防护件、拖缆装置

防护件主要有软管护栏护板、控制盒护罩以及截割电机护罩等。软管护栏固定在主机架采空侧的边缘，防止软管掉下与其他物体碰撞磨损。摇臂采空侧安装护板，保护内喷雾水管。控制盒护罩有两个，安装于主机架采空侧两端控制盒外部，防止控制盒受煤块碰撞失效。截割电机护罩装于摇臂截割电机安装部位采空侧，防护电机露出摇臂壳部分免受砸坏。

拖缆装置固定在主机架采空侧，下方与电缆夹连接，用来拖拽电缆。拖缆装置连接板采用铰接结构，使电缆有更大的弯曲半径，防止电缆由于往复弯曲而造成损坏。

3. 注油器

注油器有便携式油压驱动注油机和压杆式黄油枪。

便携式油压驱动注油机有两台，分别用来注射齿轮油和液压油。齿轮油注油嘴是注射齿轮油时使用的连接组件，液压油注油嘴是注射液压油时使用的连接组件。在采煤机的采空侧安装有 4 个注油接头，中间 2 个分别向左、右截割部注油，两边 2 个分别向左、右牵引部注油。当截割部或牵引部油量不够时，拆开注油接头上的 U 形卡，取下防护套，使用便携式油压驱动滤油机向截割部或牵引部注油。

压杆式黄油枪主要用来给外牵引和铰接部位注油脂。

4. 专用拆卸工具

采煤机随机携带的专用工具主要有滚筒拆卸工具、截齿齿套挡圈拆卸钳、油缸楔块提取器、油缸铰接销提取器、摇臂铰接轴提取器、摇臂楔块提取器、外牵引定位销提取器以及主机架起吊工具。专用工具便于采煤机特殊部位的拆卸检修。

第三节　连 续 采 煤 机

连续采煤机能够实现回采与掘进合一，矿井建设期短，出煤快；连续采煤机运转灵活、搬迁快，对长壁综采无法布置的边角地段或不规则地段及村庄下压煤柱回采更能显示其优势；连续采煤机可用于巷道掘进，同时又能适用于房柱式等方法回采，速度快，效率高。但连续采煤机及其配套设备体积大、吨位高，我国老矿井条件受到限制，设备下井困难；缺乏支护、清道、除尘等配套设备，生产能力受到一定限制；引进的连续采煤机设备电气防爆性能与我国防爆标准不一致；主要部件或零件在国内买不到，备件进口渠道不畅通、价格昂贵；国内没有对连续采煤机开采的成套技术进行系统研究；对回采工艺、支护方式和煤岩柱控制等相关问题没有很好解决，对通风管理不利；对有自然发火危险的矿井，煤体暴露多，带来了安全隐患。

连续采煤机适用于埋藏深度小于 500 m，煤层厚度 1.3 ~ 4 m，倾角小于 12°，煤层顶板中等稳定以上，顶板允许暴露面积 50 m^2，可锚性好，底板抗压强度不能太低的矿体。连续采煤机吨煤成本一般低于普采，具有相当于长壁综采的水平，且劳动强度低于综采。我国煤田分布十分广泛，煤层赋存条件多种多样，十分适宜使用连续采煤机。地质构造复杂而无法布置正规综采或普采的不规则地段或边角地段煤层，适合于使用连续采煤机。

一、连续采煤机的结构特点

连续采煤机通常由截割机构、装运机构、行走机构、液压系统、电气系统、冷却喷雾除尘装置以及安全保护装置等组成，如图 2－38 所示。

连续采煤机适用于薄、中厚及厚煤层，其截割高度一般 0.8 ~ 3.9 m，最大截高可达 6 m。不同截高的连续采煤机的结构虽有区别，但其结构的基本特点是一致的。

1. 多电机驱动，模块式布置

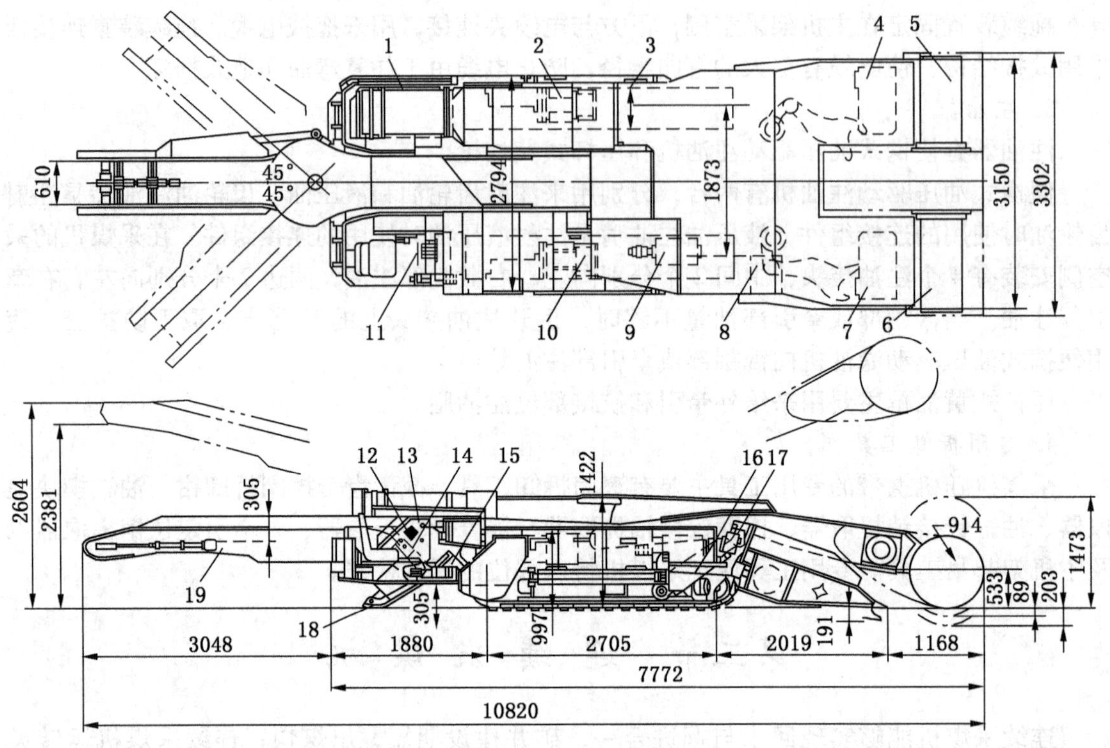

1—电控箱；2—左行走履带电动机；3—左行走履带；4—左截割滚筒电动机；5—左截割滚筒；6—右截割滚筒；7—右截割滚筒电动机；8—装运机构电动机；9—液压泵和电动机；10—右行走履带电动机；11—操作手把；12—行走部控制器；13—主控站；14—输送机升降液压缸；15—主断路箱；16—截割臂升降液压缸；17—装载机构升降液压缸；18—稳定液压缸；19—运输机构

图 2-38　连续采煤机结构

连续采煤机都采用多电动机分别驱动截割、装运、行走、冷却喷雾除尘及液压系统等，简化了传动系统，电动机多达 6~8 台。在总体布置上将各机构的电动机、减速器及其控制装置全部安设在机架外侧，便于维护检修。设计上将工作机构及其驱动系统分开，构成简单独立的模块式组合件，便于拆运、安装、维护及故障处理，从而达到缩短停机时间，减少维护的目的，这也有利于采煤机实现自动监控和故障诊断，提高运行的可靠性。

2. 横轴式滚筒，强力截割机构

连续采煤机一般采用横轴式滚筒截割机构，滚筒宽度大，截割煤体面积宽，落煤能力强，生产能力大，这是区别于一般纵轴式部分断面掘进机的主要特点。连续采煤机的截割滚筒上装有按螺旋线布置的齿座和锥形截齿，左右截割滚筒分别由两台交流电动机经各自的减速器减速后同步驱动。电动机、减速器和截割滚筒安装在截割臂上，截割臂则铰接在采煤机机架上并由两个升降液压缸驱动实现上、下摆动，滚筒截割落煤。

由于水平布置截割滚筒宽度大，一般都在 3 m 左右，为此将其分成左、右外侧及中间三段。左、右外侧滚筒由里向外，越靠近端盘截齿密度越大。截齿排列方式一般按相反的螺旋线方向布置，目的使截落的煤炭向滚筒的中间段推移，以便直接落入滚筒下方的装载机构。中间段有两种型式，一种是截链式，一种是普通滚筒式。截链式是利用截割机构的减速器在左、右外侧滚筒之间所占用的距离，布置相应宽度的截链，保证截割机构在轴线方向的整个三段部分截割的连续性。连续采煤机三段滚筒的轴线多数采用水平直线布置方式，少数采用水平折线布置方式，即将左、右外侧段的轴线与中间段轴线成一夹角，使其是倾斜截割煤体，其目的是保证三段滚筒截割煤体时不留煤芯或煤柱。截割机构减速器的输出轴同时带动左、右外侧滚筒和截链机构回转。截链式机构可以有效地截落左、右外侧滚筒之间的煤体，但截割阻力较大，截割效率较低，维修量较大。截链式的滚筒适合截割较坚硬煤体。

截割机构性能的好坏直接影响连续采煤机的生产能力以及采掘速度和效率。近年来，由于煤矿集中化生产的发展以及高效高产矿井的出现，对连续采煤机的性能不断提出新的要求，连续采煤机的装机总功率已增长到690 kW，一般也在300~500 kW。装机总功率的增长中，以截割电动机容量的增长最快，已从过去占装机总容量的30%增至60%，普遍已达300 kW左右。当前，新型的连续采煤机已具备截割坚硬煤层。连续采煤机向提高截割效率、增大截割能力的强力截割方向发展。

3. 装载、运输机构

连续采煤机的装运机构由侧式装载机构、装煤铲板、刮板输送机及其驱动装置组成。工作时，侧式装载机构在装煤铲板上收集从滚筒截落的煤，再经刮板输送机机内转载至连续采煤机机后卸载。

侧式装载机构采用侧向取料连续装载方式，有链杆扒爪和圆盘耙杆两种。扒爪或圆盘耙杆布置在装煤铲板两侧，形成左、右装载机构，取料装载面宽，机构高度小，清底干净，动作连续，生产率高，适于配合横置滚筒宽面截落煤的工作。扒爪式装载机构是一种传统的四连杆机构，扒集运动轨迹为一对对称倒腰形曲线，装煤效率较高，但其动负荷较大，铰接部位润滑条件差，易磨损。圆盘式装载机构的运动轨迹为一对圆形曲线，结构简单，工作平稳，但耙集范围较小。

装煤铲板配合侧式装载机构承接滚筒截落的煤并装入刮板输送机，完成装运作业。装煤铲板倾斜放置巷道底板上，后端与采煤机机架底座铰接，在两个液压缸作用下，可绕铰接点上、下摆动，以适应装载条件变化和行走时底板的起伏。

运输机构为单链刮板输送机，机头部分与装煤铲板铰接，机尾部分在两个升降液压缸和一个摆动液压缸作用下，可实现上、下升降和左、右摆动，以调整机后卸载时的高度和左右位置。输送机材质耐磨性能好，强度高，溜槽高度低，槽底装有可更换的耐磨合金板。刮板传动多采用套筒滚子链。套筒滚子链与刮板采用十字形接头连接，以适应输送机机尾水平摆动的需要。在采煤机机身后部刮板输送机的下方，装设有增加采煤机截割时整机稳定性的稳定靴。稳定靴在液压缸的作用下支撑在巷道底板上，采煤机行走时稳定靴抬起。

装运机构的驱动系统有两种：一种是由一台交流电动机经减速器后同时驱动装载和运输两个机构；另一种是由两台交流电动机经各自的减速器减速后分别驱动左、右两侧装载机构，然后经同步轴驱动运输机构，这种系统结构简单，比较常见。

4. 履带行走机构

连续采煤机主要用于房柱式采煤作业，机器调动比较频繁，截割滚筒的截割阻力较大，要求行走机构既要有较好的灵活性，又要有较大的稳定性。因此，近代连续采煤机普遍采用电牵引履带行走机构，它比轨轮式灵活，较胶轮式具有更高的稳定性。

履带行走机构由两套直流电动机、可控硅整流器、减速器和履带机构等组成。两套机构各自独立并分别驱动左、右两条履带。交流电源由机器的配电箱供给，经可控硅整流器整流，利用整流后输出电压的高低控制直流电动机的转速；再经减速器减速后，使履带得到不同的行走速度。

在行走直流电动机与截割滚筒交流电动机之间装有闭环自动控制系统，由截割滚筒电动机负载的大小自动反馈控制行走直流电动机，以获得适合于不同硬度煤层条件下最佳的截割效果。目前，连续采煤机履带推进速度一般在 0 ~ 10 m/min，调动速度可达 21 m/min。履带由行星轮输出轴的链轮驱动，导向轮导向。履带板为铸造整体结构，面对底板侧铸有突筋，以增加履带对巷道的附着力，公称比压一般在 0. 14 ~ 0. 2 MPa。

履带行走机构通常利用装在行走电动机与减速器之间传动轴上的液压盘式制动闸制动，以保证采煤机在上山截割时或在陡坡上电源中断时将机器制动住，防止下滑发生事故。

5. 液压及供水系统

连续采煤机的液压系统普遍为泵 - 缸开式系统。液压泵多为双联齿轮泵，由一台交流电动机驱动。液压缸有单作用、双作用和双伸缩几种形式，是实现截割臂、装煤铲板、输送机稳定靴的升降或水平摆动以及行走履带制动闸动作的执行机构。控制方式有手动和电磁阀两种。管路系统中装有完善的压力检测装置。

连续采煤机供水系统的水源来自矿井的静压水或专用供水。供水系统主要用于冷却液压油、冷却电动机外壳、冷却可控硅整流器、内外喷雾、湿式除尘和灭火，对供水的水质、流量和压力有较高的要求，系统比较复杂。

6. 电气系统

现代连续采煤机的电气系统比较复杂，系统的功能较多，系统的监控和保护比较完善。在动力部分中，除行走部用低压水冷直流串激电动机外，截割、装运、液压泵以及除尘器风机的驱动均为高压水冷式三相交流电动机，主电路有可靠的过载、漏电和短路保护。

二、12CM18 - 10D 型连续采煤机

12CM18 - 10D 型连续采煤机是 12CM 系列中性能较先进的连续采煤机的一种机型。主要用于高效高产长壁工作面煤巷掘进和边角煤回采。

12CM18 - 10D 型连续采煤机动力设备有 7 台电动机，其中 2 台 140 kW 交流电动机驱动截割机构的左、右截煤滚筒；2 台 26 kW 直流电动机分别驱动行走部左、右履带；1 台 45 kW 交流电动机驱动装载运输机构；1 台 52 kW 和 1 台 19 kW 交流电动机分别驱动液压系统液压泵和湿式吸尘装置的风机，装机总容量 448 kW。

1. 截割机构

12CM18 - 10D 型连续采煤机截割机构由电动机、机械保护装置、减速器、左右截割滚筒、截割链及截割臂等组成。采煤机截割机构的传动系统如图 2 - 39 所示。电动机以垂直机器纵轴方向对称布置在截割臂上方左右两侧，通过机械保护装置将动力传送至减速器，减速器的出轴同时带动左、右截割滚筒和截割链。截割臂为焊接构件，前端下折，并

在其上支撑与固定电动机、减速器、左右截割滚筒及截割链；后端通过一对耳轴与采煤机机身铰接；底部装有升降液压缸，通过升降液压缸的作用使截割臂上下摆动，实现截割滚筒采煤动作。

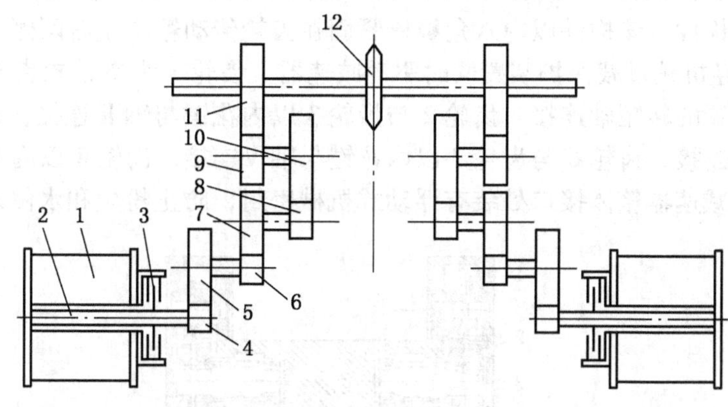

1—截割部电动机；2—转矩轴；3—摩擦离合器；4～11—直齿轮；12—链轮

图 2－39　12CM18－10D 型连续采煤机截割机构传动系统

1）电动机及机械保护装置

2 台截割机构电动机每台功率为 140 kW，电压 1050 V，转速 1400 r/min，为水冷式三相交流电动机。机械保护装置采用摩擦离合器和转矩轴。电动机轴为空心轴，空心轴外端以外花键与摩擦离合器输入装置相连接。摩擦离合器的输出装置以内花键与转矩轴一端连接。转矩轴的另一端则穿过电动机的空心轴并以外花键与减速器齿轮连接。电动机通过摩擦离合器、转矩轴将动力传至减速器。

摩擦离合器在传送动力的同时起机械过载保护作用。当外力矩低于摩擦离合器摩擦片设定的摩擦转矩时，离合器将电动机的动力传送至减速器；反之，当外力矩高于摩擦片设定的摩擦转矩时，摩擦片打滑，截割机构停止工作，起到机械过载保护作用。

摩擦离合器布置在电动机外侧，以便于维修拆装。为了实现摩擦离合器输出装置与减速器之间的动力传送，采用了转矩轴方式。由于电动机空心轴结构尺寸的限制，从空心轴穿过的转矩轴比较细长，转矩轴两端为外花键，里端外花键与减速器齿轮连接，外端外花键与摩擦离合器输出装置内花键连接。当外力矩低于转矩轴细颈处的抗扭强度时，转矩轴传送动力，电动机驱动截割机构正常工作；反之，当外力矩大于细颈处抗扭强度时，转矩轴在细颈处扭断，与扭断的转矩轴相连侧电动机空转，停止驱动截割机构。此时，需要重新更换转矩轴。转矩轴与摩擦离合器均能在传送动力的同时起截割机构过载保护作用。

一般情况而言，摩擦离合器先于转矩轴动作，起过载保护作用。但当转矩轴长期使用出现疲劳或过大的外力矩突然加载，如截割到坚硬夹石时，若摩擦片打滑动作滞后，转矩轴也可能先于摩擦离合器动作而被扭断。此外，当一侧电动机转矩轴扭断的同时，另一侧转矩轴必定已承受了很高的应力，使用寿命会缩短。此时如果只更换损坏一侧的转矩轴，则会导致两侧转矩轴交替损坏，所以最好同时更换两侧转矩轴。实际使用表明，这种机构过载保护装置在外力矩过大的情况下，摩擦离合器动作比较频繁，而扭断转矩轴的过载保护是不会经常发生的。

2）减速器

截割机构减速器为四级直齿轮传动，总传动比24.8，截割滚筒的转速为59 r/min，减速器箱体呈T形，由两部分构成：齿轮传动部分为焊接箱形构件；左、右截割滚筒轮毂部分为筒形铸钢构件，该构件以内六角螺栓紧固在齿轮传动箱体左右两侧，如图2－40所示。2台电动机经机械过载保护装置同时驱动减速器。齿轮1为空轴轮齿轮，以内花键与机械过载保护装置的转矩轴连接。齿轮2与齿轮3以内花键与轴Ⅱ连接，齿轮4与齿轮5以内花键与轴Ⅲ连接，齿轮6与齿轮7以内花键与轴Ⅳ连接，齿轮8以内花键与减速器主轴连接。链轮与减速器箱体接口处装有浮动式机械密封，防止粉尘和水侵入箱体。

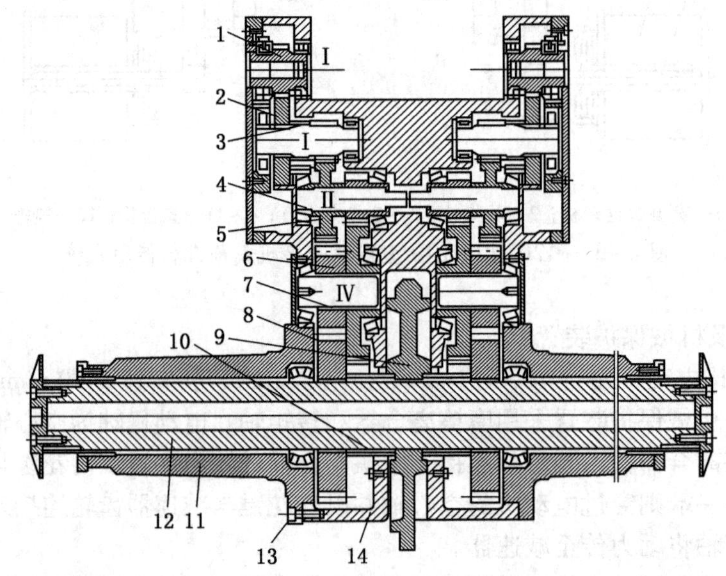

1～8—直齿轮；9—链轮；10—浮动式机械密封；11—截割滚筒轮毂；12—空心主轴；13—内六角螺栓；14—齿轮传动箱体

图2－40　截割机构减速器

减速器主轴与截割滚筒及截割链的连接方式如图2－41所示。空心主轴1的端部以花键与驱动环连接。驱动环锥面圆周上以个楔形块楔紧4个滚筒传动键，并以保持盖限位。保持盖以内六角螺栓紧固在空心主轴的端面上。主轴的动力通过驱动环、楔形块、滚筒键传送至截割滚筒，使滚筒旋转，实现截煤。截割滚筒以圆锥滚柱轴承支撑在减速器箱体的滚筒轮毂上，轴承内圈在轮毂上，外圈在截割滚筒内。截割滚筒工作时，轴承内圈不转，外圈转动。截割滚筒筒身上有注油塞，注入TO－HD油至其容积的一半，用以润滑圆锥滚柱轴承。截割滚筒的端盘通过内六角螺栓紧固在截割滚筒的外端，并以端盖封口。

3）截割链与截煤滚筒的截齿配置

12CM18－10D型连续采煤机截割滚筒直径915 mm，截割宽度3300 mm。截割宽度包括左、右滚筒宽度及截割链宽度，其中截割链宽度约为760 mm，左、右滚筒各约1270 mm。左、右滚筒及截割链全部采用切向安装的镐形截齿。滚筒与截链上镐形截齿的

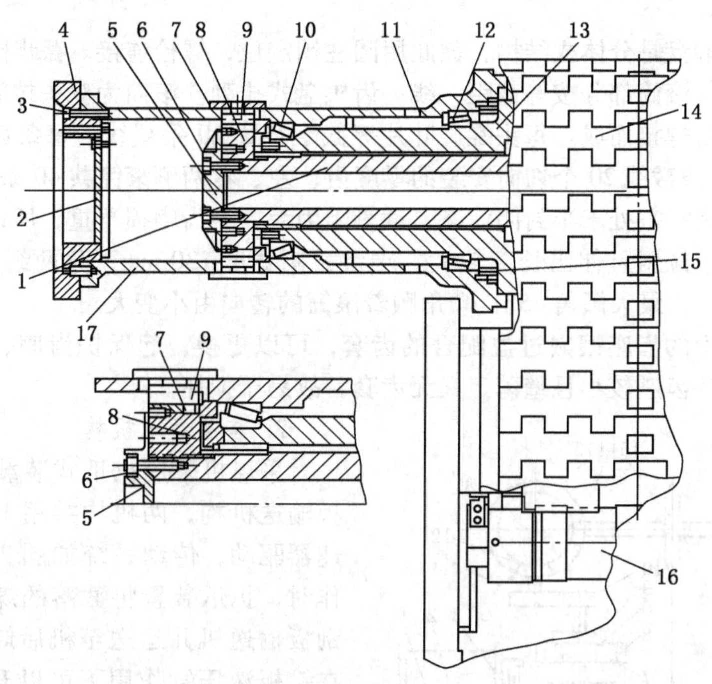

1—主轴；2—端盖；3—螺栓；4—端盘；5—保持盖；6—内六角螺栓；7—楔块；8—驱动环；9—键；10、12—圆锥滚柱轴承；11—油塞；13—减速器箱体（滚筒轮毂）；14—截割链；15—浮动密封；16—托滚及链条拉紧装置；17—截割滚筒

图 2-41 主轴与截割滚筒及截割链的连接

切削角分别为 50°与 45°。截齿由镶嵌钨钴硬质合金的中碳合金钢制成，表面硬化处理。截割链上链运行方向与采煤机推进方向一致，左、右滚筒与截割链同向旋转，截齿自上而下截割煤体，可减少粉尘飞扬。左、右滚筒螺旋叶片旋向相反，左滚筒为右螺旋，右滚筒为左螺旋，目的是使左、右滚筒截落的煤炭在螺旋叶片作用下沿轴线方向向中部推移，直接落入下方装煤铲板的中间，由输送机运走。这种截煤滚筒与截割链同时使用的截割机构比较适合于坚硬致密煤层的截割。

截割链的链轮为整体式，链轮以花键与主轴连接，链轮与截割链相啮合。截割链为链板式，形如履带，由链板、轴颈销、锁紧衬套等组成。每块链板上有固定销孔、齿座及链轮啮合方孔。整条截割链共有 30 块链板，其中除 2 块链板为调节板无齿座外，其余 28 块均有齿座。

截割链的截齿配置采用变截距一线 4 齿棋盘式布置，有 15 条截线，每条截线上布置 4 个截齿，共 60 个齿，分四组排列，每组 15 个截齿。截线距由中心向两侧由大变小，靠滚筒处截线密度大，而且最外侧截线上的 4 个截齿向外倾斜，其目的是充分破落截割链与滚筒交面处的煤体，其余截线上的截齿均为零度齿。棋盘式截齿配置方式使每个截齿截割时两侧受力基本平衡，每个截齿的切削断面较大，而且形状近似对称，截出的块煤较多，有利于降低截割比能耗。此外，截割链中心截线两侧的各条截线的截齿对称布置，使整个截链机构的截齿呈 V 形排列，也有利于平衡截割煤体时产生的侧向力，使截链机构载荷均匀，工作平稳。

截煤滚筒与端盘是分体式结构，彼此用圆柱销定位，螺栓连接。截齿配置由滚筒和端盘两个部分组成，滚筒部分按等截距一线一齿棋盘式排列。滚筒为双头螺旋叶片，叶片与齿座分别加工好后焊接而成。每头螺旋叶片等截距布置 10 条截线，每条截线上安装 1 个齿，每侧滚筒 20 条截线 20 个切向安装的零度齿，左、右两侧滚筒共 40 条截线 40 个齿。

端盘部分截齿截割处于半封闭状态，截割阻力大，截齿磨损严重，所以截线较密，截齿较多，截齿向外倾斜且伸出长度较大。端盘截割宽度 130 mm，分两组共布置 10 个截齿，最小倾角 -7°，最大倾角 45°，倾角顺着滚筒的转向由小变大。

采煤机滚筒上的齿座镶嵌过盈配合的齿套，可以更换，起保护齿座、减少磨损的作用。但截割链上的齿座较小且壁薄，又无齿套，故易于损坏。

2. 装载运输机构

采煤机采用扒爪式装载机构和单链刮板输送机构，两机构共用 1 台电动机和减速器驱动，传动系统如图 2-42 所示。工作时，扒爪装置将截落的煤炭扒集至单链刮板输送机并运送至机后卸载。装煤铲板在铲板液压缸作用下可以升降，以适应装载条件或行走时底板的起伏变化。刮板输送机机尾在升降、摆动液压缸作用下可作上、下升降或左、右摆动，以调整卸载时的高度和位置。

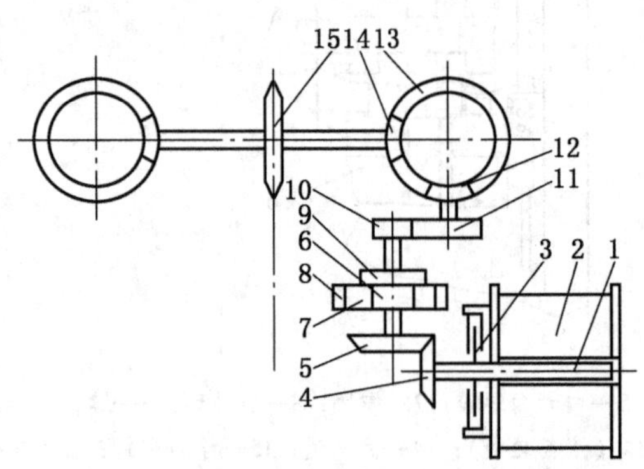

1—转矩轴；2—装运机构电动机；3—摩擦离合器；
4、5、12、13、14—直齿圆锥齿轮；6—中心轮；
7—行星轮；8—内齿圈；9—行星架；10、11—直齿轮；
15—转载刮板输送机链轮

图 2-42 装载运输机构传动系统

1）减速器

减速器与电动机安装在装煤铲板右侧的框架内，电动机横置，便于拆装和维护检修。45 kW 电动机为三相交流水冷式，电动机的空心轴内安装转矩轴，其作用与截割机构电动机的转矩轴相同，结构类似。减速器为四级传动，电动机转矩轴经减速器减速后，同时驱动左右扒爪圆盘和刮板输送机主轴旋转。减速器箱体由三段组成，彼此用螺栓联结，均为铸件。减速器总传动比约为 24，圆盘转速 60 r/min，刮板输送机链速为 2.44 m/min。

2）扒爪装置

扒爪装置由圆盘、扒杆、连杆、摇杆以及铰轴、轴承等组成，如图 2-43 所示，是典型的曲柄摇杆机构。圆盘（相当于曲柄）由减速器的大圆锥齿轮驱动。扒杆的扒爪采用主副双爪，爪尖的运动轨迹呈腰形，而且相互衔接。爪尖轨迹覆盖面积较大，且左右装载的爪尖运动相位相差 180°，装载效果好。此外，杆件由铰轴、轴承相互连接，工作平稳可靠，很适于装载煤炭。由于连杆、摇杆下面的间隙可能被坚硬夹石卡住而将其挤坏，故摇杆采用弧形杆。圆盘与扒杆铰接处是一对圆锥轴承，采用金属平面密封，防尘防水效果好。扒杆与摇杆铰接处以及摇杆与机架铰接处采用蝶形橡胶密封，密封性能差，易磨损，轴承故障率高。

采煤机的装载机构还可选配圆盘式弧形耙杆装置，如图 2-44 所示，左右圆盘旋向相

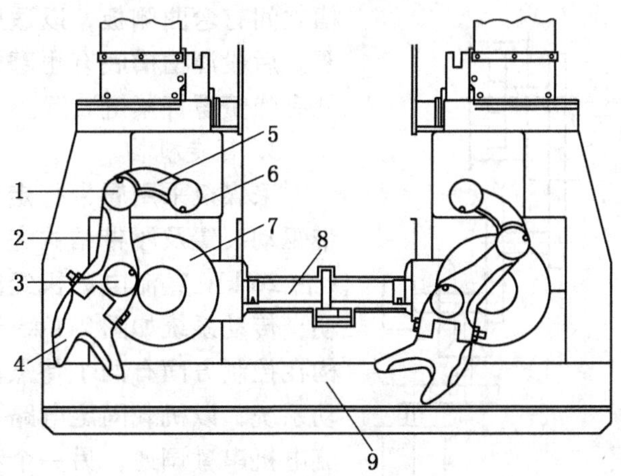

1—主副爪尖；2—铰轴；3—扒杆；4、6—铰轴；5—摇杆；7—圆盘；8—单链刮板机主轴；9—装煤铲板

图2-43 扒爪装置

反，左侧顺时针，右侧逆时针，物料由装煤铲板前端绕外侧落入输送机刮板。这种装置省去了曲柄摇杆机构及其相关的维修工作量，而且装载能力较大，但弧形耙杆杆尖轨迹覆盖面积较小，耙集效率不如扒爪，装煤铲板可能出现物料堆积。

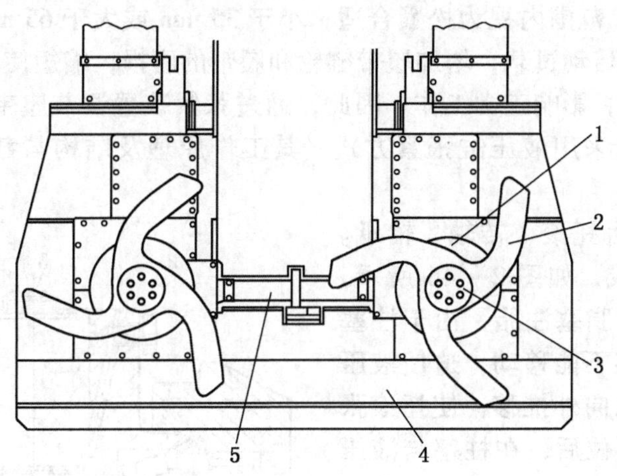

1—圆盘；2—弧形耙杆；3—压盖；4—装煤铲板；5—单链刮板运送机主轴

图2-44 圆盘式弧形耙杆装载装置

3） 运输机构

运输机构为单链刮板输送机，动力由减速器末级输出轴经花键轴套传送至主轴，主轴链轮带动套筒滚子链和刮板，实现煤炭的运输。花键轴套是为了便于拆装主轴而设置的过渡轴；溜槽由前后两部分组成，前面部分在装煤铲板上；后面部分又分前后两段，前段溜槽的一端以铰钢与装煤铲板铰接，在升降液压缸作用下溜槽可绕铰轴上下升降；另一端与后段溜槽铰接，在摆动液压缸作用下后段溜槽（即机尾）可绕铰轴水平摆动。前后段溜

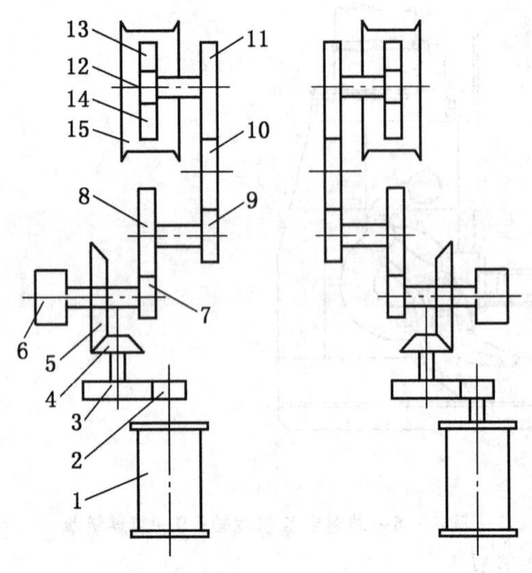

1—行走部电动机；2、3、7、8、9、11—直齿轮；4、5—直齿圆锥齿轮；6—液压盘式制动器；10—惰轮；12—中心轮；13、14—行星轮；15—履带驱动轮

图 2-45　行走装置传动系统

槽之间有弯曲侧板，以适应机尾水平摆动的需要。后段溜槽槽底有耐磨板，溜槽两侧靠机尾处有弹簧螺杆紧链装置。

3. 行走机构

采煤机采用履带行走机构，左、右两侧履带驱动装置及履带结构完全相同，每侧履带由1台26 kW直流电动机经减速器减速后直接驱动，传动系统如图2-45所示。采煤机行走机构在控制方面有两个特点：一是采用交直流驱动系统，以机载固定电路可控硅整流器实现直流电机串激调速；另一个特点是在截割与行走电动机之间建立反馈控制系统，截割电动机的电流反馈可以控制行走电动机的输入电压，当截割电动机的电流增加时，行走电动机的输入电压减少，从而使行走机构在截割电动机恒定负荷下自动调整行走速度。

行走机构履带松紧要适度，其标准是：当采煤机垫起，履带转至最紧位置时，履带下垂量保持在35～65 mrn范围内视为松紧合适，小于35 mm或大于65 mm就是过紧或过松。履带过紧会导致行星传动过载，增加履带链轮和履带的磨损，缩短使用寿命；履带过松会出现卡链或链轮崩齿，影响正常工作。因此，通过张紧装置调节履带松紧是必不可少的日常工作。张紧装置采用液压缸张紧方式，其工作原理及结构与截割链紧链装置基本相同。

履带张紧装置由托滚、转轴、轴承。液压缸、柱塞等组成，如图2-46所示。紧链时，用油枪向注脂塞注脂，由于柱塞端部已顶住履带机架不能移动，迫使液压缸沿机架的导向凸缘向外推移，使托滚张紧履带；托滚张紧到位后，在柱塞与液压缸之间加入垫片和卡板，使托滚固定在新的位置上；然后松开油塞的六角螺母，释放缸内全部油脂，防止损坏液压缸。由此可见，履带调节时，靠油脂压力推移托滚，实现紧链；托滚到位后，液压缸卸压，靠加入的垫片保持紧链压力。垫片的厚度有5 mm、6 mm、8 mm、10 mm、16 mm五种，每增加2 mm垫片，履带下垂量则减少25 mm。当加入的垫片总厚度超过100 mm时，需要卸下一块履带板。

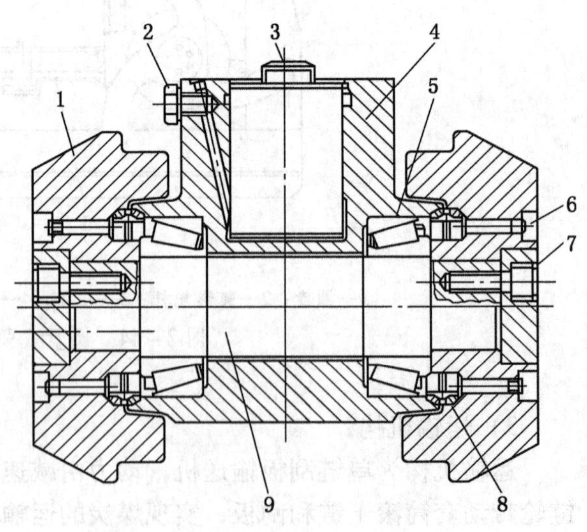

1—托滚；2—注脂塞；3—柱塞；4—液压缸；5—轴承；6—润滑油塞；7—螺栓；8—浮动密封；9—转轴

图 2-46　履带张紧装置结构

第四节　其他类型的采煤机

一、刨煤机

刨煤机是以煤刨为工作机构，采用刨削方式破煤的采煤机械。

刨煤机与工作面输送机组成一体，成为具有能落煤、装煤和运煤的机组。刨煤机组沿工作面全长布置。刨煤机与工作面输送机配合，可实现工作面落煤，装煤和运煤的机械化。如图2-47所示，刨煤机主要由煤刨、传动装置、牵引机构（链轮和牵引链）和电气控制装置组成。煤刨的煤刨上安装若干刨刀，其掌板两端与牵引链连接，牵引链绕过两端链轮形成无极链，链轮转动后，通过牵引链拖动煤刨沿工作面输送机槽运行，刨刀则将一定厚度的煤破落下来，并由煤刨上的犁板将煤装入输送机槽内，随着煤刨的运行，推移装置将输送机推向新的煤壁。煤刨运行到工作面端头后，由行程控制器使之停止牵引。电动机反转时，链轮通过牵引链拖动煤刨反方向运行进入下一刀刨煤作业。

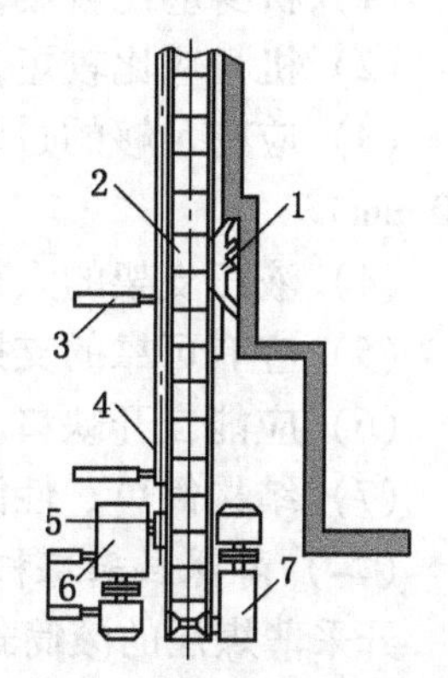

1—煤刨；2—工作面输送机；
3—推移千斤顶；4—牵引链；
5—链轮；6—煤刨传动装置；
7—输送机传动装置

图2-47　刨煤机

刨煤机电气控制装置一般具有以下功能：①刨煤机传动装置电动机双机或单机运行控制；②工作面输送机电动机双机或单机运行控制；③乳化液泵站运行控制；④喷雾泵运行控制；⑤工作面随时停机控制；⑥缓冲器动作断电保护；⑦煤刨终端限位停机；⑧司机与工作面主要工作点通话；⑨煤刨在工作面的位置显示；⑩刨煤机传动装置电动机和工作面输送机电动机相电流显示。

刨煤机的类型较多，按煤刨的工作原理可分为静力刨煤机和动力刨煤机两大类。动力刨煤机是煤刨除受到刨链的牵引力外，还带有破煤原动力的刨煤机，以扩大其使用于较硬煤层和适应地质构造变化的能力，如煤刨带有高压水破煤功能的刨煤机、煤刨带动力冲击破煤功能的刨煤机等。动力刨煤机因为煤刨本身带有破煤原动力以后，使得结构复杂，尚未推广使用。静力刨煤机与动力刨煤机的根本区别是煤刨本身不带动力，单纯凭借刨链牵引力工作的刨煤机，其结构比较简单。通常所说的刨煤机多指静力刨煤机。

与滚筒式采煤机相比，刨煤机的截深较浅（30～120 mm），可以充分利用煤层的压酥效应，刨削力及单位能耗小；牵引速度大（一般为40～60 m/min，快速刨煤机可达3 m/s）；刨落下的煤的块度大（平均切屑断面积为70～80 cm^2，煤尘少；结构简单、可靠，特别是煤刨可以设计得很低，约300 mm），可实现薄煤层、极薄煤层的机械化采煤；工人不必跟机操作，可在巷道内进行控制，对薄煤层、急倾斜煤层机械化和实现遥控具有重要意义。刨煤机的缺点是：对地质条件的适应性不如滚筒式采煤机，开采硬煤层比较困难，煤刨与输送机和底板的摩擦阻力大，电动机功率的利用率低。

目前刨煤机是薄煤层采煤机械化有效的采煤机械，也是主要发展途径之一。尤其在很薄的煤层中，刨煤机的优越性更加突出。

二、薄煤层采煤机

薄煤层是指煤层厚度在0.8～1.3 m的煤层，我国可采薄煤层的储量约为20%。

国内外正在研制开发和使用的薄煤层采煤机有我国生产的MG100型采煤机，苏联生产的K－103型，日本生产的MCLE200－DR7575型，法国生产的SIRFLOOK型和英国生产的AM－420型。

（一）对薄煤层采煤机的要求

（1）机身应比较矮，但应有足够的电动机功率，以确保高效率采煤的需要。

（2）机身应比较短，以适应底板的起伏变化，确保采煤机有较好的通过性能。

（3）应有足够的过煤高度（最小值为140～160 mm）及过机高度（最小值为90～200 mm）。

（4）液压支架的人行道高度应不小于400 mm，人行道宽度应不小于600 mm。

（5）应有可靠的支撑导向装置，以确保采煤机平稳运行。

（6）应能自开缺口。

（7）结构简单、性能可靠，便于安装与维护。

（二）薄煤层采煤机的类型及特点

开采薄煤层的滚筒式采煤机主要有两种结构类型：机身骑在工作面输送机上的骑溜式和机身落在工作面输送机靠煤壁侧底板上的爬底板式。

骑溜式采煤机与中厚煤层采煤机完全相同，只是由于受到煤层厚度的限制，机身比较矮。

底板式采煤机由于机身从刮板输送机上下放到煤层底板，机面高度大幅度地降低，使过煤高度和过机高度都有所增大，这种采煤机是薄煤层采煤机的发展方向，但在技术上存在的主要问题是工作过程中机身容易倾斜、滚筒割底等。

1. 骑溜式采煤机

如图2－48a所示，其机身骑在刮板输送机上，并靠输送机支撑和导向。由于受到煤层厚度的严格限制，机身较矮。以功率为100 kW的采煤机为例，如果电动机高度为350 mm，配套的输送机中部槽高度为180～190 mm，过煤高度至少为140～160 mm，则机面高度至少为600～650 mm。再考虑顶梁厚度、顶板下沉以及过机高度（一般不小于90～200 mm），则得出骑溜式采煤机适于开采煤层厚度为0.75～0.90 m的煤层。如果电动机功率加大则电动机高度相应加大，其最小采高也将加大。我国生产的MG100型采煤机的采高为1.0～1.3 m。

2. 爬底板式采煤机

如图2－48b所示，爬底板式薄煤层采煤机的机身位于机道内，机面高度较大幅度地降低，使过煤高度和过机高度都有所增大，而且可使采煤机在极薄的煤层厚度（0.6～0.8 m）中工作。另外，还可增加工作面的通风断面，改善通风性能，提高工作的安全性，可靠性。

爬底板式采煤机使用中的注意事项：

（1）滚筒位于机身两端，而不是位于机身一侧。因此，滚筒直径一定大于机身高度，

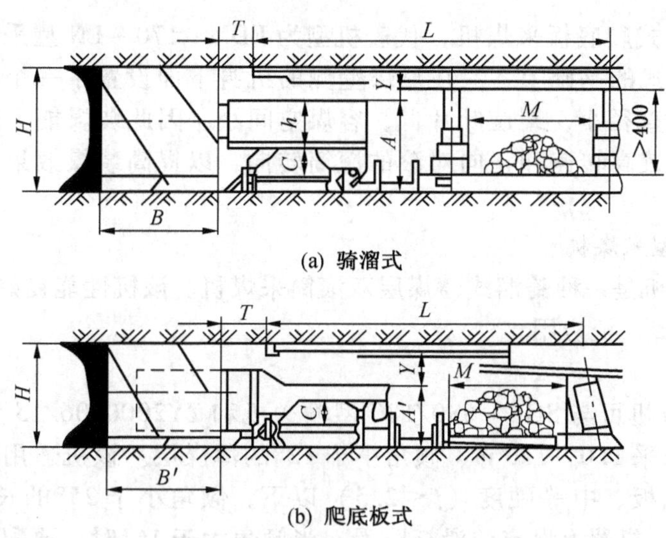

图 2-48　薄煤层采煤机的布置

且前方滚筒贴着底板割煤，以确保采煤机行走不受阻碍，这与一般骑溜式采煤机是有区别的。

（2）滚筒直径与输送机溜槽高度的比值只有 3.8～4.5，而中厚煤层采煤机的这个比值达 6～10。因此，必须仔细确定滚筒参数和摇臂尺寸，确保煤流畅通，以获得较好的装煤效果。

（3）必须重视支撑和导向问题。机身的支撑点可以在机身下、采空区侧槽帮上或溜槽铲煤板上，支撑点最多应有两处，且其中一处应能起到可靠地导向作用，一般采用导向管。

（4）无论采用哪种支撑，采煤机机身都应离开底板适当距离，以便进行调斜，以适应底板起伏不定并清除浮煤。

（5）爬底板采煤机仅用于开采薄煤层，观察和行动都很不方便，限制了牵引速度的提高，所以多采用遥控和自动化技术。

目前使用的爬底板采煤机的支撑方式共有底板支撑式、悬臂支撑式和混合支撑式。

（1）底板支撑式爬底板采煤机，代表机型为 AM-420 型采煤机。机身靠采空区一侧的两个导向块支撑在铲煤板上的一导向槽里，对机身既起支撑作用又起导向作用。另一侧在机身下面，靠两个液压腿将机身支撑在机道内煤壁侧的底板上。由于一侧机身的高低取决于滚筒刚开出的底板位置的高低，故采煤机工作时机身容易歪斜，必须及时进行调整。这种方式适用于底板稳定，采高较小的场合。

（2）悬臂支撑式爬底板采煤机，代表机型为 K-103 型采煤机。其机身在机道内成悬臂状，靠采空侧的机身通过两个千斤顶滑靴支撑在输送机铲煤板上，另一侧通过采煤机连接桥跨过刮板输送机而支撑在辅送机采空区侧的导向装置上，煤壁侧机身下无支撑。这种支撑方式机面高度略为增高，但适合在软底板条件下工作，且导向良好，采煤机工作稳定。

(3) 混合支撑式爬底板采煤机，代表机型为 EDM－170－LN 型采煤机。这种支撑方式是在悬臂支撑式的基础上，又在靠煤壁侧的机身下面设置了一个浮动支撑。薄煤层采煤机由于滚筒直径小，螺旋叶片低，容煤空间小，因此装煤能力低。为了改善装煤效果，一般采用较高转速和正向对滚的滚筒转向，以提高装煤效果，防止摇臂挡住装煤口。

(三) MG100 型采煤机

MG100 型采煤机是一种骑溜式薄煤层双滚筒采煤机。该机性能良好、工作可靠，已在我国薄煤层中得到广泛应用。

1. 适用条件

MG100 型采煤机可与 SGB－630/180 型输送机和 ZY2000/06/15 型液压支架组成综采配套设备，开采 1.0～1.3 m、倾角小于 12°的薄煤层。该机适用于中等稳定的顶板、起伏不大的底板、中等硬度（$f<2.5$）以下，倾角小于 25°的长壁采煤工作面；当倾角小于 16°时，机器上设有防滑杆防滑；当倾角大于 16°时，要配置防滑液压安全绞车。

2. 组成及特点

MG100 型采煤机是双滚筒采煤机，如图 2－49 所示，主要由电动机、牵引部、截割部固定减速器、摇臂、滚筒、挡煤板、底托架、拖移电缆装置及喷雾灭尘装置等组成。该型号采煤机具有能自开缺口、功率大、强度高及系统保护完善等优点。

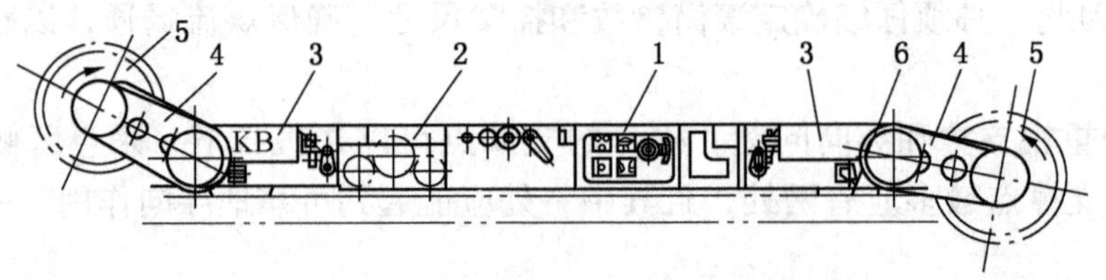

1—电动机；2—牵引部；3—截割部固定减速器；4—摇臂；5—滚筒；6—底托架

图 2－49　MG100 型采煤机结构

3. 截割部传动系统

如图 2－50 所示，电动机输出轴其中一路经齿轮离合器 A，圆柱齿轮 1、2，圆锥齿轮 3、4，齿轮 5、6、7，齿轮联轴器 B 及摇臂箱内的齿轮 8、9、10、11 传动滚筒 D；而另一路由齿轮离合器经齿轮 12、13 传动调高泵 C。调高泵 C 用来传动调高油缸，使调高套 E 带动摇臂上、下摆动 30°。

4. 牵引部

该机牵引部传动系统如图 2－51 所示，电动机轴经齿轮联轴器 F 及齿轮 1、2 驱动主油泵 P，同时经齿轮 3、4 驱动辅助泵；马达 M 的出轴上装有 $Z=32$ 的惰轮，通过齿轮 5、6、7 及行星齿轮 8、9、10 驱动主链轮 11，进行锚链牵引。12 为导向链轮。

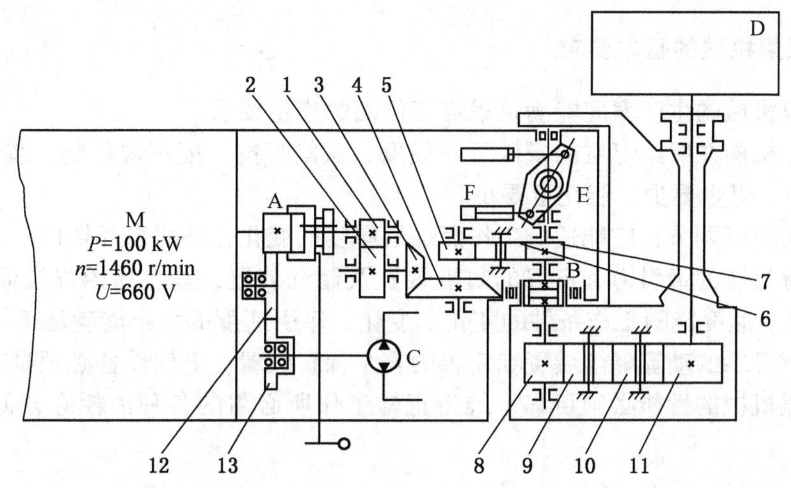

1、2—圆柱齿轮；3、4—圆锥齿轮；5～13—齿轮；A—齿轮离合器；B—齿轮联轴器；
C—调高泵；D—滚筒；E—调高套；F—调高油缸

图2－50　MG100型采煤机的截割部传动系统

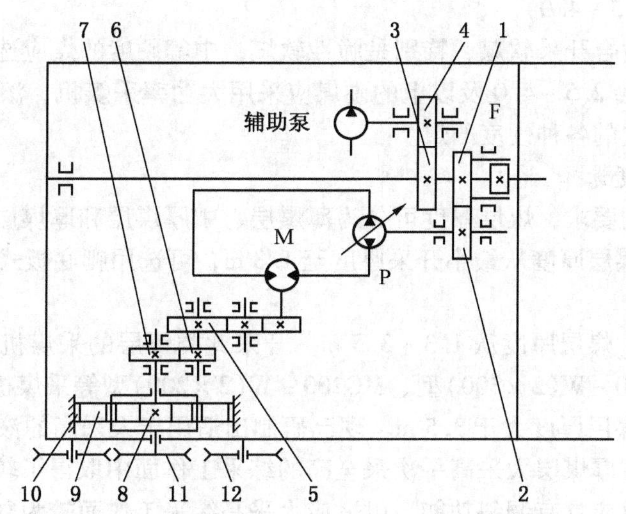

1～7—齿轮；8～10—行星齿轮；11—主链轮；12—导向链轮；
F—齿轮联轴器；M—马达；P—主油泵

图2－51　MG100型采煤机的牵引部传动系统

第五节　采煤机的选用

机械化采煤工作面的生产能力主要取决于采煤机械的落煤、装煤能力，而落煤、装煤能力又与煤层的地质条件和机器自身的性能、参数、结构等因素有关。因此，根据地质条件正确选择采煤机械，对于充分发挥采煤机械的能力、提高工作面产量、降低电耗等有着十分重要的意义。

一、对采煤机械的基本要求

（1）采煤机械的生产率应能满足采煤工作面的产量要求。

（2）工作机构在所给煤层的条件下（硬度、截割阻抗）能正常截割，装煤效果要好，落煤块度适中、煤尘要少、能耗也要小。

（3）采高应可调节，应能适应工作面煤层厚度的变化，并能自开切口。

（4）应有足够的牵引力和良好的防滑装置及制动装置，能在所给煤层倾角的条件下安全生产，牵引速度能随工作条件的变化而变化，牵引速度的大小能满足工作要求。

（5）应有可靠的喷雾降尘装置和完善的安全保护装置，电气设备必须具有防爆功能。

（6）采煤机械的性能必须可靠，维持正常工作所必需的各种消耗应较低、经济效益要高。

二、采煤机械的选用依据

1. 根据煤的坚硬程度选择

根据煤的坚硬程度系数的不同，将煤通常分为软煤（$f\leqslant1.8$）、中硬煤（$f=1.8\sim2.5$）和硬煤（$f\geqslant2.5\sim4.0$）。

各种刨煤机最适合开采软煤，特别是脆性软煤；中等硬度的煤应选用中等功率的采煤机；而对黏性煤及$f\geqslant2.5\sim4.0$及以上的硬煤应采用大功率采煤机；滚筒式采煤机可截割缓倾斜及急倾斜煤层的各种硬度的煤。

2. 根据煤层厚度选择

根据开采技术的要求，煤层厚度可分为薄煤层、中厚煤层和厚煤层。

（1）薄煤层。煤层厚度从最小开采厚度至1.3 m，可选用爬底板式采煤机或骑溜式采煤机。

（2）中厚煤层。煤层厚度从1.3～3.5 m。开采此类煤层的采煤机在技术上已经比较成熟，可选用MG300－W(2×300)型、MG200－W(2×200)型等采煤机。

（3）厚煤层。煤层厚度大于3.5 m。现已研制出适用于大采高的液压支架和采煤、运输设备，故采煤机在厚煤层大采高一次采全高的综采工作面中取得了较好的经济指标。适用于大采高的采煤机应具有调斜功能，以适应大采高综采工作面较为复杂的地质条件及开采条件的变化以及俯采、仰采的要求，同时采煤机和输送机应具有破碎大块煤装置，以确保采煤机和输送机的正常工作。适用于厚煤层大采高一次采全高的采煤机有MXA－600/4.5、MG300－WG(600)、AM－500等，最大采高可达4.5 m。

煤层厚度在4.5 m以上的特厚煤层一般采用分层铺网开采或放顶煤机械化开采的方法，分层厚度应控制在2.5～3.5 m。

3. 根据煤层倾角选择

根据开采技术特点，将煤层倾角分为缓倾斜煤层（煤层倾角为0°～25°）、倾斜煤层（煤层倾角为25°～45°）和急倾斜煤层（煤层倾角为45°～90°）。

倾角小于12°的煤层，一般不必考虑采煤机械的防滑问题，且对机械化采煤最有利。在工作面干燥的条件下，金属之间的摩擦因数一般为0.24～0.30，相应的摩擦角一般在13.5°～17°。因此，倾角大于12°时，必须设置防滑装置。在工作面潮湿的条件下，摩擦因数将有所降低，故煤层倾角大于8°时，就应备有防滑装置。

普遍采用的防滑装置是固定在工作面回风巷内的同步绞车，而当采煤机从上向下割煤时，液压绞车的液压马达，以液压泵的工况运行，产生阻止采煤机下滑的阻力矩，一旦采煤机下行超速时，限速装置切断电源，绞车将自动抱闸；当采煤机从下向上割煤时，液压绞车除了防止采煤机下滑外，还起到辅助牵引的作用。

煤与底板的摩擦因数一般为0.7～0.8，相应的摩擦角为36°～40°，故煤层倾角大于40°时，煤可沿底板自然下滑，而不必安装输送机。但实际上为了沿要求的安全方向运送煤，并且无链牵引的采煤机也需要为之导向，故在倾角大于40°的工作面条件下，仍需配备工作面输送机。

三、采煤机的参数选择

1. 采煤机的生产率

采煤机的生产率取决于矿山地质条件和技术条件、机器的工况和结构参数及时间利用率等因素。因此采煤机的生产率分别用理论生产率、技术生产率和实际生产率表示。

1）理论生产率

它是采煤机的最大生产率，是在给定的工作条件下，以最大参数运行时的生产率，称为理论生产率。其计算公式为

$$Q_t = 60HBv_q\rho \qquad (2-10)$$

式中 Q_t——理论生产率，t/h；

H——工作面平均采高，m；

B——滚筒有效截深，m；

v_q——给定条件下可能的最大工作牵引速度，m/min；

ρ——煤的密度，一般取1.3～1.4 t/m^3。

采煤机的理论生产率是选择与采煤机配套的工作面输送机、转载机及皮带输送机生产能力的依据，是由工作条件、机器工况和结构参数确定的。在实际工作中，只有与其配套的设备生产能力大于采煤机的生产能力时，采煤机才能达到给定的理论生产率。

采煤机的截深、工作面的采高及煤的密度一般都是一定值，所以理论生产率主要取决于采煤机的工作牵引速度的大小。采煤机司机应该根据工作面的具体条件随时调节牵引速度，以尽可能大的牵引速度截煤，但应注意牵引速度过大，会造成电动机过载，而烧坏电动机。

2）技术生产率

它是指除去采煤机必要的辅助工作，如检查机器、更换截齿、自开切口及排除故障等所占用的时间外的生产率，其计算公式为

$$Q = Q_tK_1 \qquad (2-11)$$

式中 Q——技术生产率，t/h；

K_1——采煤机技术上的可靠性和完备性有关的系数，即连续工作系数，一般取0.5～0.7。

采煤机的技术越完善，该系数值越大，理论生产率与技术生产率的差值也就越小。

3）实际生产率

它是采煤工作面每小时的实际产量，其计算公式为

$$Q_m = QK_2 \quad (2-12)$$

式中 Q_m——实际生产率，t/h；

K_2——考虑由于工作面配套设备的影响，如刮板输送机、液压支架的故障等而停机延误的时间，一般取0.6～0.65。

采煤机的实际生产率应当满足工作面的计划日产能力的要求。

2. 滚筒直径

滚筒直径是指截齿齿尖的直径，其大小应按照煤层厚度来选择。

薄煤层双滚筒采煤机或一次采全高的单滚筒采煤机，滚筒直径可按下式选取：

$$D = H_{min} - (0.1 \sim 0.3) \quad (2-13)$$

式中 D——滚筒直径，m；

H_{min}——煤层最小厚度，m；

$(0.1 \sim 0.3)$——考虑到截煤后的顶板下沉量，防止采煤机返回装煤时因顶板下沉导致滚筒割支架顶梁。

中厚煤层单滚筒采煤机，如果上行割顶煤，下行割底煤，即往返进一刀，完成一个工作循环，其滚筒直径为

$$D = (0.55 \sim 0.6)H_{max} \quad (2-14)$$

双滚筒采煤机一般都是一次采全高，即上行或下行各进一刀，各完成一个循环时，其滚筒直径为

$$D > 0.5H_{max} \quad (2-15)$$

滚筒直径已系列化，分别为0.6 m、0.65 m、0.7 m、0.8 m、0.9 m、1.0 m、1.1 m、1.25 m、1.4 m、1.6 m、1.8 m、2.0 m、2.3 m、2.6 m。

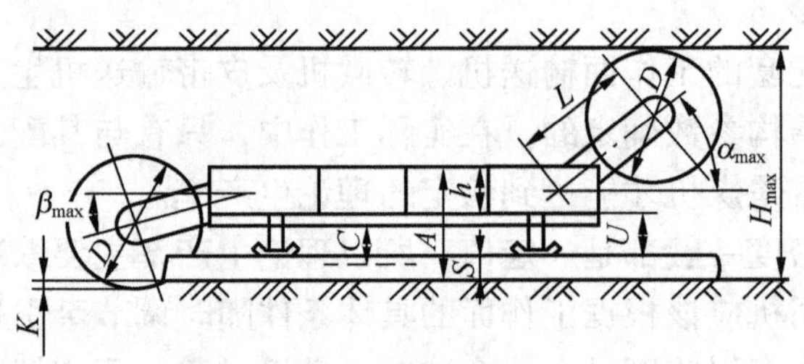

A—机面高度；U—底托架高度；S—输送机溜槽高度；C—过煤高度；D—滚筒直径

图2－52 采高与机器的相关尺寸的关系

3. 截深

截深即滚筒宽度，是指滚筒外缘到端盘外侧截齿齿尖的距离，薄煤层采煤机，由于牵引速度较低，为了提高生产率，截深一般为0.75～1.0 m，而中厚煤层和厚煤层的采煤机常选用0.6 m或0.63 m。

4. 采高及挖底量

如图2－52所示，采煤机及与其配套的输送机选型后，其结构参数已确定，用户在选定机面高度及滚筒直径后，应用下式验算采高范围及挖底量，如果不能满足要求，应要求厂家更换底托架高度。

其验算公式为

最大采高：

$$H_{max} = A + L\sin\alpha_{max} + \frac{D}{2} - \frac{h}{2} \quad (2-16)$$

最大挖底量：

$$K_{\max}=L\sin\beta_{\max}+\frac{D}{2}+\frac{h}{2}-A \tag{2-17}$$

式中　L——采煤机摇臂长度；

A——电动机高度；

$\alpha_{\max}$——摇臂向上最大摆角；

$\beta_{\max}$——摇臂向下最大摆角。

以上各尺寸详见产品说明书。挖底量一般选 100 ~ 300 mm。中厚煤层 $C\geqslant250\sim300$ mm；薄煤层 $C\geqslant200\sim240$ mm；最小值为 140 ~ 160 mm。

5. 牵引速度

牵引速度是采煤机的一个重要参数，牵引速度直接决定了机器的生产能力。一方面，装机容量、输送机生产能力、移架速度等因素限制了牵引速度的增长；而另一方面，牵引速度加大后，切屑厚度过大将导致齿座挤压煤体，造成截割阻力的急剧增加，甚至电动机过载。

采煤机滚筒上的截齿在滚筒转一周时切入煤体的最大切屑厚度 $H_{\max}$ 为

$$H_{\max}=1000\,\frac{v_q}{mn} \tag{2-18}$$

式中　v_q——工作牵引速度，m/min；

m——滚筒每条截线上的截齿数目；

n——滚筒转速，r/min。

随着装机容量的加大，采煤机牵引速度已达 8 ~ 10 m/min，国外有的采煤机牵引速度高达 15 ~ 20 m/min。但片面提高牵引速度并不是增加综采工作面生产能力的唯一途径，还受到其他因素的制约，是一个较为复杂的生产过程和生产管理等方面的问题。最大牵引速度仅用于采煤机返程清理余煤或空载调动机器用。

6. 牵引力

牵引力大小取决于煤质硬度、牵引速度、摩擦系数、煤层倾角、截割阻力、采高、机器质量等因素，很难精确计算，一般用经验公式确定。即

$$P=(1.0\sim1.3)N \tag{2-19}$$

式中　P——牵引力，kN；

N——装机容量，kW。

一般情况下，装机容量为 150 kW 时，牵引力为 160 ~ 180 kN；装机容量为 3000 kW 时，牵引力为 250 ~ 300 kN。

7. 滚筒转速和旋转方向

滚筒转速高，则切屑厚度小，截割能耗大，煤粉量多。转速过低，则切屑厚度增大，又将受到截齿伸出长度的限制。一般以 30 ~ 50 r/min 的转速为宜；薄煤层采煤机一般以 60 ~ 100 r/min 的转速为宜。

为了改善装煤效率及保证割煤时机身的稳定，单滚筒采煤机的滚筒应位于工作面倾斜方向的下方，上行割煤时滚筒应采用从上向下割的旋转方向；薄煤层双滚筒采煤机应采用两滚筒正向对滚的旋转方向；中厚煤层及厚煤层双滚筒采煤机两滚筒转向都采用反向对滚的旋转方向。

8. 装机容量

采煤机的装机容量是由采煤机的生产能力决定的，装机容量的85%左右用于落煤和装煤，用在牵引力的只需一小部分而已。生产能力为500～700 t/h时，装机容量为600～750 kW，国外一些采煤机的生产能力已达1500～2000 t/h，其装机容量高达1100～1500 kW。

采煤机的生产能力与采高成正比关系，为此可根据采高估算装机容量的大小。对于硬煤，装机容量可相应加大一倍。

不同类型的部分采煤机的技术特征见表2－1。

表2－1 采煤机技术特征

		技术特征	1MGD250型	MG200－W型	MG400/930－WD型	MG2×200－QW型（大倾角）	MGD150－NW型（短壁）	MG344－PWD型（爬底板）
适用条件		采高/m	1.3～2.5	1.5～3.0	1.8～3.76	1.5～3.0	2～2.8	1.0～1.3、1.3～1.6
适用条件		倾角/(°)	0～35	0～35	≤40	0～55	0～25	0～25
适用条件		硬度f	≤3	2～3	1.8～4.0	2～4	2～3	2～3
截割部		滚筒直径/m	1.25、1.4	1.4、1.6	1.8、2.0	1.4、1.6、1.8	1.60	1.0、1.12、1.25、1.4
截割部		截深/m	0.63	0.63	0.80	0.63	0.6	1.63、1.8
牵引部	主油泵	型号	ZB125－A	ZB125	牵引电机：YBQYS－55，2×55 kW，380 V，0～2440 r/min	ZB125	ZB125	牵引电机：BMBQ－22S，2×22 kW，380 V，1470 r/min
牵引部	主油泵	流量/(L·min^{-1})	155	270		270	275	
牵引部	主油泵	压力/MPa	12.8	16		16	15.0	
牵引部	油马达	型号	BM－E630－K38	ZM125		ZN125	BM－E630	
牵引部	油马达	转速/(r·min^{-1})	106	960		960		
牵引部		牵引速度/(m·min^{-1})	0～5.5	0～7.5	0～13.8	0～5.5	0～6	0～8.2
牵引部		牵引力/kN	250	350	680～410	450	200	350
牵引部		牵引机构	链ϕ26 mm×92 mm	无链（节距125 mm）	无链（齿轮销轨式）	无链（125 mm）	无链	无链（125 mm）
牵引部		调速方式	液压	液压	交流变频	液压	液压	交流变频
电动机		型号	DMB－250S	DMB－200S	截割电机：YBCS3－400(A)，2×400 kW，3300 V，1470 r/min	DMB－200S	DMB－150S(C)	截割电机：DM4Q－150S(A)，2×150 kW，1140 V，1470 r/min
电动机		功率/kW	250	200		2×200	150	
电动机		电压/V	1140	1140		1140	660/1140	
电动机		转速/(r·min^{-1})	1470	1470		1740	1475	
		质量/t	14	28	57	26		20

第六节　采煤机的操作使用与维护

一、采煤机的操作

1. 工作面的检查

司机开车前须对工作面进行全面检查，如顶板状况、硫黄包、夹矸、断层等是否已提前处理完毕；工作轨道是否平直；工作信号装置是否畅通；停止输送机的按钮是否可靠等。

2. 操作前的检查

（1）各操作按钮、旋钮、手把是否灵活可靠，并置于“零位”和“停止”位置。

（2）截割部离合手把是否打到“断开”位置，并插上闭锁插销。

（3）检查截齿是否齐全、锐利和牢固。

（4）各部联接螺栓是否齐全牢固。

（5）牵引链或链条无扭结现象或裂纹，齿条连接销是否牢固，紧链装置及其安全阀是否可靠。

（6）电缆及电缆拖移装置是否完好无损。

（7）水管完好无损，水冷却及喷雾防尘装置是否齐全完好，喷嘴畅通，水压和流量是否符合规定。

（8）各部分油量适宜（符合润滑规定）。

3. 启动采煤机顺序

（1）解除各紧急停止按钮。

（2）打开供采煤机冷却用水的截止阀。

（3）合上断路器控制手把至“接通”位置。

（4）旋一下启动电动机旋柄（按钮）再旋到“停止”位置，等电动机即将停止转动时，合上截割部离合器及破碎机构离合手把。

（5）按规定的截割方向、采高和倾斜度旋动相应的手把（按钮），将挡煤板、滚筒与机身调到要求的位置。

（6）空转试车前，必须发出警告信号或喊话。当确认机组周围无人妨碍采煤机正常工作时，方可启动电动机。空转试车时，检查滚筒旋转方向是否正确，各部动作和声响是否正常。

（7）当初开车或停车时间较长的采煤机再开车时，应在不给水的情况下（电动机断水）打开截割部离合器空转 10 ~ 15 min，使油温升至 40 ℃并按要求排净混入液压系统的空气。

（8）正式开动时，先给输送机发出信号，等输送机启动后，再打开给水截止阀。

（9）采煤机开动时，应先将滚筒转起来，再给牵引速度，牵引速度应由小逐渐加大到整定值。

4. 停止采煤机顺序

（1）将牵引控制旋钮逐渐调到“零位”，电动机恒功率开关回“零位”，停止牵引。

（2）待截割滚筒将浮煤排净时，即可用控制旋钮停止电动机。

（3）关闭喷雾截止阀。

（4）如司机离机或需长时间停机时，须打开左、右截割部离合器；将隔离开关打到零位；关闭供水总截止阀。

5. 紧急情况停车

遇有下列情况之一者应紧急停车：采煤机在工作中负荷太大，电动机发生闷车现象时；附近严重片帮、冒顶时；采煤机内部发生特别异常声响时；电缆拖移装置卡住时；出现人身或其他重大事故时。

6. 操作注意事项

（1）没有经过培训取得上岗证的人员不得开车。

（2）采煤机禁止带负荷启动和频繁启动。

（3）一般情况下不允许用隔离开关或断路器断电停机（紧急情况除外）。

（4）无冷却水或冷却水的压力、流量达不到要求不准开机，无喷雾不准割煤。

（5）截割滚筒上的截齿应无缺损。

（6）严禁采煤机滚筒截割支架顶梁和输送机铲煤板等物体。

（7）采煤机运行时，随时注意电缆的拖移状况，防止损坏电缆。

（8）必须在电动机即将停止时操作截割部离合器。

（9）层倾角大于10°应设防滑装置，大于16°应设液压防滑安全绞车（无链牵引按有关产品说明书执行）。

（10）采煤机在截割过程中要割直、割平并严格控制采高，防止出现工作面弯曲和台阶式的顶板和底板。

（11）牵引部顶部的手动操作手柄或旋钮，只允许在处理事故中使用。

（12）检查滚筒、更换截齿或在滚筒附近工作时，必须打开截割部离合器。

（13）开机前，应注意查看采煤机附近有无人员及可能危害人身安全的隐患，然后发出信号或大声喊话。

（14）注意防止输送机上的异物带动采煤机强行运转。

（15）认真填写运转记录和班检记录。

二、采煤机的维护

为充分发挥采煤机的效能，提高生产效率，除要求采煤机本身应具有先进性能外，还应具有科学合理的操作维护制度和检修技术，以保证采煤机可靠、高效地工作。

采煤机的维护具体体现是严格执行“四检”，即班检、日检、周检（旬检）、月检。

1. 班检

（1）检查和处理采煤机表面情况，保持采煤机各部位清洁，无浮煤、浮矸，无积水和其他杂物。

（2）检查各种信号、压力表、油位指示，保持各信号、压力表、油位正确显示无误。

（3）检查各部位螺栓（机身对口、滑靴、滚筒等易松部位）是否松动、断折，进行必要的紧固、更换。

（4）检查采煤机导向或齿条连接装置连接是否牢固齐全。

（5）检查各部位是否漏油、渗油，保持规定液面，在运行卡中做记录，对渗、漏进行处理。

（6）更换、补充损坏和缺少的截齿，检查齿座损坏情况，齿座齐全完整、无开焊变形，截齿锋利不短缺，连接销齐全牢固。

（7）检查电缆、电缆夹的连接与拖拽情况。电缆应连接可靠、无扭曲挤压，电缆夹板无缺损，并记录电缆破坏情况。

（8）检查操作手把、按钮是否灵活可靠。

（9）检查牵引链、连接环及张紧装置。牵引链应无断裂、扭结、严重咬伤及变形，连接环安装位置正确，张紧装置安全可靠。

（10）检查防滑与制动装置，应达到制动可靠、动作灵活，牵引防滑装置安全可靠。

（11）检查并询问冷却、喷雾、供水情况，水流畅通无泄漏，喷雾效果好，供水压力、流量符合要求。

2. 日检

（1）处理班检中处理不了的问题。

（2）处理电缆、电缆夹板、电缆槽故障，使电缆无扭结、拖拽自如，电缆夹板完好。

（3）处理滑靴、对口连接等处的螺栓。

（4）检查冷却喷雾系统（水压、流量）水管畅通无泄漏，喷嘴畅通无损坏。按冷却图检查水泵流量、压力，牵引部最小流量应符合规定。

（5）检查各部油位和注油点。按润滑油图表要求加注润滑油，油质符合规定，油量适宜。

（6）检查调斜、升降千斤顶等无损坏、泄漏，动作灵活可靠。

（7）检查和处理牵引链、牵引齿条、连接环和张紧装置故障。牵引链无断裂、无扭结、无严重咬伤及变形，连接环安装正确，张紧装置安全可靠。

（8）检查和处理防滑制动器和防滑装置故障，要求其动作可靠、灵活，牵引防滑装置安全可靠。

（9）检查和处理操作手把、按钮故障。

（10）检查和处理过滤器，使其保持正常的过滤效果。

3. 周（旬）检

（1）处理且检处理不了的问题。

（2）检查各部油质和油量。按润滑图表加注油脂，油质符合规定，油量适宜并取油样进行外观检查。

（3）检查、处理滑靴、支撑架、机身之间的连接部位是否紧固可靠。

（4）清洗或更换油、水过滤器，保证过滤效果。

（5）检查电气控制箱，要求防爆面符合规定，接线不松动，控制箱保持干燥，无杂物、油污。

4. 月检

（1）处理周（旬）检处理不了的问题。

（2）处理漏油并取油样检查。按油脂管理细则规定取油样化验和进行外观检查，按规定更换油或清洗油污，处理各连接部位的漏油。

（3）检查滑靴的磨损量，一般不超过 10 mm。

（4）检查和处理牵引链损伤，节距变形；牵引链轮磨损，齿条、齿形变形。按《综采设备质量检修标准》，建议每 45 天强制更换连接环，保证运行安全。

（5）进行电动机绝缘性能测试。

（6）检查电动机密封。

（7）根据电动机特殊要求，对其轴承注入锂基脂。

（8）检查电气箱防爆面的电缆，要求其符合防爆规定。

（9）检查防滑制动闸等防滑装置。

（10）检查滚筒轴承运转情况，连接螺栓紧固情况，滚筒是否有裂纹、开焊、严重磨损。

第七节　采煤机常见故障分析与处理

滚筒采煤机结构复杂，出了故障不易查找，特别是液压系统和电控系统的故障，所以只有掌握正确的分析方法，才能及时准确地找出故障并加以排除。

一、常见故障的判断

1. 判断故障的一般方式

依据实践经验，判断故障常需集听、摸、看、量来综合分析。

听：听取当班司机介绍发生故障前后的运行状态、故障征兆等，必要时可开机听运转声响判断故障的部位。

摸：用手摸可能发生故障点的外壳，根据温度变化情况和振动判断故障的性质；用手摸液压系统有无泄漏，特别是注意主泵配流盘管接头密封处有无泄漏以判断故障点。

看：现场观察采煤机运转时液压系统高低压变化情况，判断液压系统工作是否正常，元件是否完好。

量：通过仪表测量绝缘电阻、压力、流量和温度，判断电气系统情况、油质污染情况、主泵与马达的漏损情况。

分析：根据听、摸、看、量取得的材料进行综合分析，就能准确地找出故障原因。

2. 判断故障的顺序

为准确迅速地查找到故障点，除必须了解故障的现象和发生过程外还应掌握科学合理的顺序，即先部件后元件，先外部后内部。采用排除法，缩小查找范围。

（1）先划清部位：首先判断是机械故障还是电气故障，并确定故障部位。

（2）从部件到元件：确定部件后，再根据故障的现象查找到具体元件，即故障点。

3. 采煤机故障处理的一般步骤和原则

处理采煤机故障时一般可按下列步骤进行：

（1）首先了解故障的现象和发生过程。

（2）分析引起故障的原因。

（3）做好排除故障的准备工作。

在排除故障之前要把工具、备件和材料等准备好，同时把机器周围清理干净。

在查找故障原因时，正确判断是一种十分重要的工作，可以按照听、摸、看、量，按照先简单后复杂、先外部后内部的原则来处理。判断故障要细致准确，切不可盲目更换元件来试探性处理。

处理故障要彻底，更换的元件要合格。元件一定要事先检查，确认合格才能往采煤机上安装。

二、液压控制系统常见故障分析与处理

1. 液压系统产生异常声响

（1）主油路系统缺油。处理方法是查清引起缺油的原因并处理。

（2）液压系统中混有空气。处理方法是查清进入空气的原因，排净系统中的空气。

（3）主油路系统有外泄漏。处理方法是查清泄漏原因及部位。紧固松动的螺栓，更换损坏的密封或其他液压元件。

（4）液压泵或液压马达损坏。处理方法是查清原因，更换液压泵或液压马达。

2. 采煤机牵引速度慢

（1）调速机构调整不正确，达不到规定值，调速时使主泵摆角小。处理方法是调整调速机构到正确位置。

（2）制动器未松开，牵引阻力大。处理方法是接通制动器压力油源、松闸。

3. 采煤机滚筒不能调高或升降动作缓慢

（1）调高泵损坏，或泄漏量太大而流量过小。处理方法是修复或更换损坏的泵。

（2）调高液压缸损坏或活塞杆腔与活塞腔之间串油。处理方法是修复或更换损坏的调高液压缸。

（3）安全阀损坏或压力整定值过低。处理方法是更换损坏的安全阀，或重新整定其动作值。

（4）油管损坏、接头松动、密封失效引起的外泄漏，导致系统供油量不足。处理方法是紧固松动的接头，更换损坏的油管和密封。

（5）液压锁损坏（阀座、弹簧、密封件损坏，顶杆磨损超限等）、阀芯卡死，或控制油路堵塞，打不开回油路。处理方法是修复或更换损坏的液压锁。

（6）油位过低或吸油过滤器严重堵塞，液压泵的压力、流量不足。处理方法是按规定的油位加油；清洗或更换吸油过滤器；必要时换油。

4. 开机后摇臂立即上升或下降

（1）控制按钮失灵。处理方法是更换按钮。

（2）控制阀卡死或磨损。处理方法是更换控制阀。

（3）操作手把松脱。处理方法是紧固或更换操作手把。

5. 滚筒升起后自动下降

（1）液压锁损坏。处理方法是修复或更换液压。

（2）液压缸串油。处理方法是修复或更换液压缸

（3）安全阀损坏。处理方法是更换安全阀。

（4）管路漏油。处理方法是紧固接头，更换损坏的密封件或其他元件。

6. 弧形挡煤板翻转动作失灵

（1）附属液压系统的液压泵损坏，泵无流量或流量不足。处理方法是修复或更换损坏的泵。

（2）油液污染，液压泵吸油过滤器堵塞，泵的流量太小。处理方法是清洗堵塞的过滤器，更换污染的油液。

（3）液压泵安全阀整定值过低或损坏。处理方法是重新调到额定动作值或更换液压泵安全阀。

（4）液压缸保护安全阀动作值太低或安全阀损坏。处理方法是重新整定到额定动作值或更换安全阀。

（5）弧形挡煤板翻转液压缸（或液压马达）漏油或串油。处理方法是更换或修复损坏的液压缸（或液压马达）。

（6）液压系统有外泄漏。处理方法是拧紧松动的接头，更换损坏的密封件、油管、接头等元件，消除泄漏。

三、机械传动系统故障原因和处理

1. 截割部减速器过热

（1）使用的润滑油品种规格不当，油的黏度过高。处理方法是换成规定牌号的润滑油。

（2）油位过高或过低。处理方法是按规定注油量调整油位。

（3）油中水分超限，或油脂变质，使得油膜强度降低。处理方法是换油，并注意按“四检”要求，经常检查油质，发现油不合格及时更换。

（4）齿轮、轴承磨损超限，接触精度低而引起发热。处理方法是更换截割部，或设备大修时，尽可能地选用新的和质量较高的齿轮和轴承。

（5）无冷却水，或冷却水的压力、流量不足。处理方法是无冷却喷雾水不得开机割煤。应按规定对冷却喷雾设施进行检查维护，提高供水质量，确保冷却效果良好。

2. 截割部齿轮、轴承损坏

（1）设备使用时间过长，零件磨损超限，甚至接近或达到疲劳极限。预防措施是在地面检修采煤机时，尽可能将齿轮和轴承更换成新的，并确保检装质量，保证有良好的润滑，减少磨损。

（2）操作不慎，造成滚筒截割输送机铲煤板、液压支架顶梁（或前梁）或铰接顶梁，使截割部齿轮、轴承承受巨大冲击载荷。预防措施是加强支架工、司机的工作责任心，提高操作技术，严格执行操作规程。司机要正确规范地操作采煤机，及时掌握煤层及顶底板情况，尽量避免冲击载荷。

（3）缺油或润滑油不足，齿轮副或轴承副之间出现边界摩擦，引起齿轮轴很快磨损失效。预防措施是各润滑部位按规定加够润滑油脂，并按“四检”要求，及时检查、补充或更换润滑油脂。

3. 采煤机机身振动

（1）遇到工作面有坚硬夹矸或硫化铁夹层时，没有按《煤矿安全规程》要求提前放震动炮处理而用机组强行截割。

（2）采煤机滚筒上的截齿尤其是端面截齿中的正截齿（指向煤壁）短缺、合金刀头脱落、截齿磨钝而未能及时补充、更换，引起机身剧烈振动。截齿短缺及不合格的越多，振动就越厉害。及时补充、更换脱落或不合格的截齿，就可以解决并预防此类故障的发生。

四、电气部分常见故障分析及处理

1. 采煤机不启动

（1）检查自保回路中带水压接点，未供水启动电动机，采煤机不能启动。

（2）检查磁力启动器是否有电，是否在远控位置。如果无问题，把远控开关打在近控状态，启动开关能启动，说明故障不在开关；如果不启动，说明开关有故障，应检查开关。

（3）检查控制回路是否畅通，包括电缆、按钮、连线等。

（4）检查隔离开关接触是否良好，有无损坏。

（5）检查电动机电源有无缺相，启动力矩是否足够。

（6）检查左右急停按钮是否解锁，控制线有无断线，整流二极管是否烧毁。

（7）检查启动按钮有无损坏。

2. 采煤机启动不牵引

（1）检修或更换电磁铁时，把恒功率控制的欠载与超载电磁铁接反。

（2）欠载加速电磁铁因断线或损坏而不工作。

（3）牵引手把过零位后，制动器不松闸。引起这类故障的主要原因有：过零开关损坏，其接点不能闭合；过零继电器不吸合，其接点不闭合；松闸电磁铁因断线或损坏而未吸合。

3. 采煤机启动不能自保

（1）启动时，手把扳在“启动”位置的时间过短。

（2）自保继电器接点接触不良或烧毁。

（3）控制变压器，一、二次熔断器熔断，线路接触不良或断路。

（4）控制变压器烧毁。

（5）电机中的热继电器没有复位。

（6）采用三位转换开关做“启动”“运行”“停止”控制时，其手把在启动位置停留时间过短。

4. 采煤机在运行中用急停按钮停机后，解锁时会自行启动

（1）采用三位转换开关做“启动”“运行”“停止”控制时，其手把没有扳回或没有完全扳回到“停止”位置。

（2）自保继电器不释放，或其接点粘连。

5. 采煤机引起工作面刮板输送机不能启动

（1）采煤机上“运停”按钮未解锁。

（2）采煤机主电缆内控制输送机的心线断线或与地线、屏蔽层短路。

（3）采煤机控制腔内，输送机控制回路整流二极管脱落或击穿。

（4）采煤机上“运停”按钮解锁后，触点不闭合或接触不良。

6. 采煤机电动机温度过高

(1) 冷却水的压力、流量不足或无冷却水。

(2) 截齿短缺或磨钝，未及时补充更换或牵引速度太快，引起截割负荷过大。

(3) 煤的硬度变大或者截割夹矸、黄铁矿等，引起负荷过大。

(4) 电动机断相运行。

(5) 供电电压太低。

采煤机电动机的工作温度一般不得超过 80 ℃，如果超过该温度值时，应立即停机检查，查清并消除引起过热的原因，待电动机冷却下来以后，方可继续工作。

复习思考题

1. 滚筒式采煤机由哪几部分组成？各部分起什么作用？
2. 简述螺旋滚筒的主要结构、参数及其转向和叶片旋向有何要求。
3. 采煤机截割部常用的传动方式及其特点有哪几种？
4. 对采煤机牵引部的基本要求有哪些？采煤机的牵引机构有哪些类型？各有何特点？
5. 说明链牵引的工作原理。紧链器的功用如何？
6. 简述电牵引采煤机的工作原理和优缺点。
7. 牵引部传动装置有哪些类型？各类型特点如何？
8. 采煤机调高的目的是什么？滚筒调高有哪些形式？
9. 说明液压调高系统的工作原理。
10. MG300/700－WD 型采煤机适合于在什么条件下工作？总体结构由哪些部分组成？
11. 简述连续采煤机的基本组成及特点。
12. 刨煤机主要由哪些部件组成，各部件起何作用？
13. 采煤机有哪些主要性能参数？如何选用？
14. 采煤机下井前要进行哪些检查？
15. 采煤机有哪些主要性能参数？如何选用？
16. 采煤机下井前要进行哪些检查？
17. 采煤机下井和运输时要注意哪些问题？
18. 什么是采煤机的“四检”？其内容如何？
19. 处理采煤机常见故障的一般步骤与原则是什么？

第三章　液压支护设备

在回采与掘进工作面中，为了正常生产并保护工作面机器与人员的安全，要对顶板支撑和管理，以防止工作空间内的顶板垮落。

液压支护设备是由液压元件（缸、阀和油管）与其他金属构件组成，并利用高压液体的压力与液体可压缩性极小的特性来支撑工作面顶板，以达到维护作业空间的一种装置。

采煤工作面的液压支护设备主要包括单体液压支柱、滑移顶梁支架和液压支架等三大类。前两种用于普采工作面，液压支架用于综采工作面。

第一节　单体液压支柱与滑移顶梁支架

一、单体液压支柱

单体液压支柱使用广泛，既可用于普通机械化采煤工作面的顶板支护，又可用于综合机械化采煤工作面的端头支护以及工作面各易冒落处的临时支护。单体液压支柱适用于煤层倾角小于25°的缓倾斜煤层工作面。

单体液压支柱按供液方式不同分为外供液式（简称外注式）支柱和内供液式（简称内注式）支柱两大类。内注式是利用其自身所备的手摇泵将柱内贮油腔里的油液吸入泵中加压后再输入到工作腔，使活柱伸出；外注式是利用注液枪将来自泵站的高压液体注入支柱的工作腔，使活柱伸出。前者结构复杂，质量大，支撑升柱速度慢，故使用不如后者普遍。

单体液压支柱呈单根状，和液压支架相比具有轻便、灵活、适应性强和初期投资少等特点，特别是当煤层沿走向断层多、厚度变化大或工作面走向长度短、搬家频繁时使用特点更为突出，但产量、效率、安全状况和机械化程度远不如液压支架。

国产DZ型外注式及NDZ型内注式单体液压支柱的技术特征见表3－1。

表3－1　单体液压支柱的技术特征表

技术特征		DZ06－250/80	DZ12－250/80	DZ18－250/80	DZ22－300/100	DZ25－300/100	NDZ06－250/80	NDZ16－250/80	NDZ20－300/90
支撑高度/mm	最大	630	1200	1800	2240	2500	650±10	1600±20	2000
	最小	450	790	1080	1440	1700	510	1100	1360
行程/mm		180	460	720	800	800	140±10	500±20	640
额定工作阻力/kN		250			300		250		300

表3-1（续）

技术特征	DZ06-250/80	DZ12-250/80	DZ18-250/80	DZ22-300/100	DZ25-300/100	NDZ06-250/80	NDZ16-250/80	NDZ20-300/90
初撑力/kN	75～100					40	70～80	
液压缸内径/mm	80			100		80		90
额定工作压力/MPa	50			38.2		50		47.2
质量/kg	22.15	31.55	40.70	55.00	49.00	22	38	50.5

（一）工作原理

内注式单体液压支柱和外注式单体液压支柱工作原理相似，分升柱初撑、承载溢流、卸载降柱等过程。

1. 升柱初撑

首先将注液枪插入支柱三用阀的注液孔中，然后操作注液枪手把，从乳化液泵站来的高压液体由供液管经注液枪和三用阀中的单向阀进入支柱下腔，活柱升起。当支柱撑紧顶板不再升高时，松开注液枪手把，拔出注液枪。这时支柱内腔的压力为泵站压力，支柱给予顶板的支撑力为初撑力。

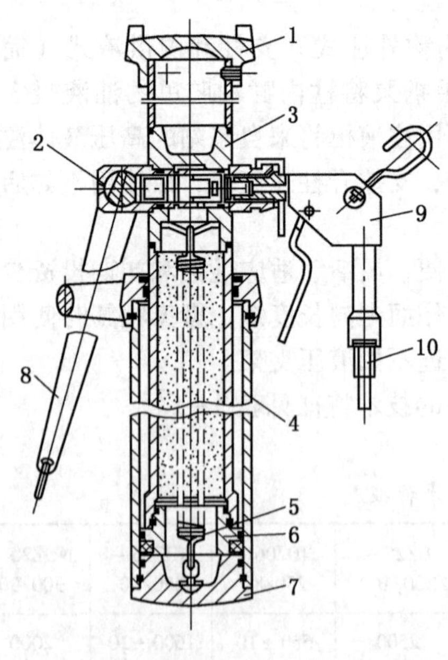

1—顶盖；2—三用阀；3—活柱；4—缸体；5—复位弹簧；6—活塞；7—底座；8—卸载手把；9—注液枪；10—泵站供液管

图3-1　外注式单体液压支柱结构

2. 承载溢流

当顶板压力超过三用阀中安全阀限定的工作阻力时，安全阀打开，液体外溢，支柱内腔压力随之降低，支柱下缩。当支柱所受载荷低于额定工作阻力时，安全阀关闭，腔内液体停止外溢。上述现象在支柱支护过程中重复出现。因此，支柱的载荷始终保持在额定工作阻力左右。

3. 卸载降柱

扳动三用阀的卸载手把，打开卸载阀，柱内的工作液体排出柱外，活柱在自重和复位弹簧的作用下缩回，完成卸载降柱过程。

（二）外注式单体液压支柱

外注式单体液压支柱结构如图3-1所示，主要由顶盖、三用阀、活柱、油缸、复位弹簧、活塞、底座等组成。

顶盖是将矿山压力传递到支柱上的零件。并通过柱爪卡住顶梁，防止顶板来压时将支柱推倒。它通过弹性圆柱销与活柱相连接。密封盖组件上装有O形密封圈及挡圈，实现支柱上部的密封。活柱是支柱上部承载杆件，可将顶板压力以液压形式传递给油缸、底座。其上装有导向环。手把阀体通过连接钢丝与油缸相连，它是支柱搬运、移动的抓手。其上装有防尘圈，避免活柱移动时煤尘进入支柱；还装有Y形密封圈、挡圈。油缸是支柱下部的承载杆件。它通过连接钢丝和底座相连。复位弹簧是在回柱时将活柱复位的拉伸弹簧。其上端挂在密封盖组件下面的挂环上，其下端挂在底座的挂环上。底座将活柱承受的顶板压力传递给底板。底座中装有O形密封圈及挡圈，防止液体从底座和油缸之间泄漏。

三用阀结构如图3-2所示，由单向阀、安全阀和卸载阀组装而成，分别承担支柱的注液升柱、过载保护和卸载降柱功能。单向阀由注液钢球、小弹簧、尼龙阀座和阀体等组成。安全阀为平面密封式，由安全阀针、安全阀垫、阀座、导向套、安全阀弹簧等组成。卸载阀主要由连接螺杆、卸载阀垫、卸载弹簧等组成。卸载时，扳动卸载手把，安全阀套右移，压缩卸载弹簧，使卸载阀垫与右阀体内的台阶脱开，活柱内的高压液体从此间隙中排出，支柱下降。

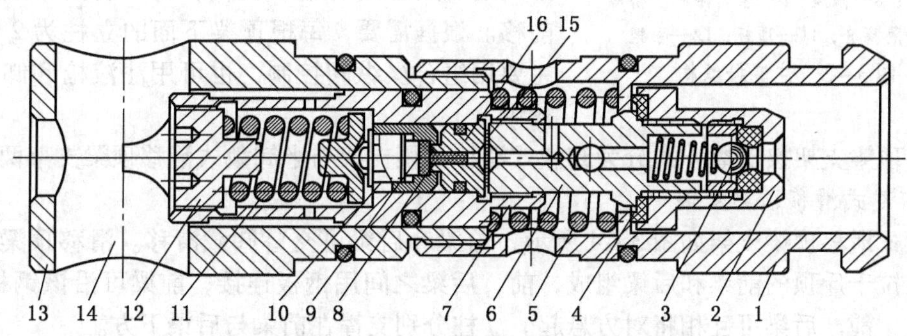

1—右阀体；2—注液阀体；3—钢球；4—卸载阀垫；5—卸载弹簧；6—连接螺杆；7—安全阀套；8—安全阀针；9—安全阀垫；10—导向套；11—安全阀弹簧；12—调压螺钉；13—左阀体；14—卸载手把安装孔；15—过滤网；16—阀座

图3-2 三用阀结构

注液枪（图3-3）是向支柱供液的工具。注液升柱时，将注液管插入三用阀阀体中，并将锁紧套卡在三用阀的形槽中。扳动手把，顶杆右移而打开单向阀，工作液体便经单向阀、注液管进入支柱。注液结束后，松开手把，单向阀关闭，顶杆复位，残存在单向阀和注液管的高压工作液体经顶杆与密封圈和防挤圈之间的间隙泄出柱外，注液枪才能取下。

二、滑移顶梁支架

滑移顶梁支架是介于单体液压支柱与液压支架之间的一种支架。最初用它来代替单体液压支柱和铰接顶梁，以减轻工人搬移支柱和顶梁的劳动，提高架设效率，减少支柱丢失。后来为了简化操作，避免大量乳化液流失，将滑移支架的操作由注液枪控制改为操纵阀集中控制。各种形式滑移顶梁支架的结构基本相似，主要由可滑移的顶梁、悬吊在梁下的液压支柱以及移架机构等组成。

滑移顶梁支架以液压为动力，前后顶梁互为导向而前移。滑移顶梁支架结构简单，重量轻，价格低。但在破碎顶板条件下支护效果差，操作复杂，移架慢，易倒架，损坏率

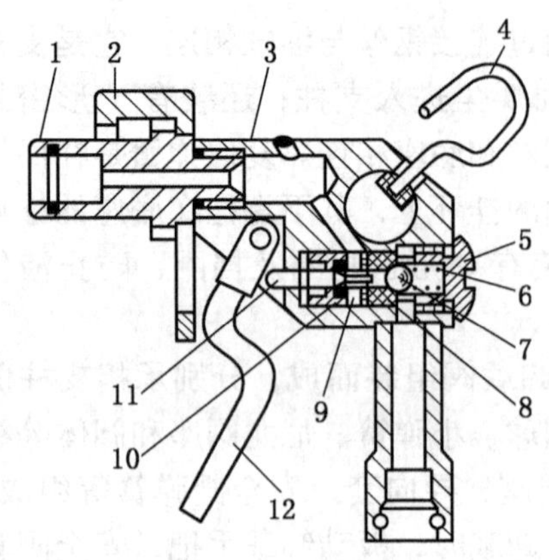

1—注液管；2—锁紧套；3—枪体；
4—挂钩；5—螺钉；6—单向阀复位弹簧；
7—阀芯；8—阀座；9—密封圈和防挤圈；
10—隔离套；11—顶杆；12—手把

图3-3　注液枪结构

高，安全性差。一般适用于缓倾斜、顶板完整和网下开采的薄或中厚煤层，也用于厚煤层网下放顶煤工作面。在端头支护中时有应用。我国多用于中小型煤矿的顶板支护。

滑移顶梁支架按结构特征分为单列滑移顶梁支架和并列滑移顶梁支架两种。单列伸缩滑移顶梁支架由前后两根梁或前、中、后三根梁组成。前、后梁及中、后梁之间均由弹簧钢板连接。前、后梁的伸缩由装在梁体内的移架千斤顶来实现。根据需要，顶梁下面的液压支柱为1~3根，其控制方式可用注液枪和卸载手把操纵，也可用组合操纵阀控制。并列滑移顶梁支架由两列平行顶梁和立柱组成。两个并列的顶梁之间有移架机构，可实现两个顶梁交替前移。根据需要，每根顶梁下面的立柱为2~3根，主要用组合操纵阀控制，也可用注液枪和卸载手把操纵。

滑移顶梁支架按支撑方式分为卸载式滑移顶梁支架与半卸载式滑移顶梁支架两种。

1. 卸载式滑移顶梁支架

卸载式滑移顶梁支架如图3-4所示，前梁和后梁可交替卸载滑移。滑移顶梁由箱体内装有推拉千斤顶的前梁和后梁组成，前、后梁之间用钢板连接，前梁可沿该钢板滑动。通过钢板，前、后梁可互相将对方悬起。立柱分别支撑在前梁与后梁下方。

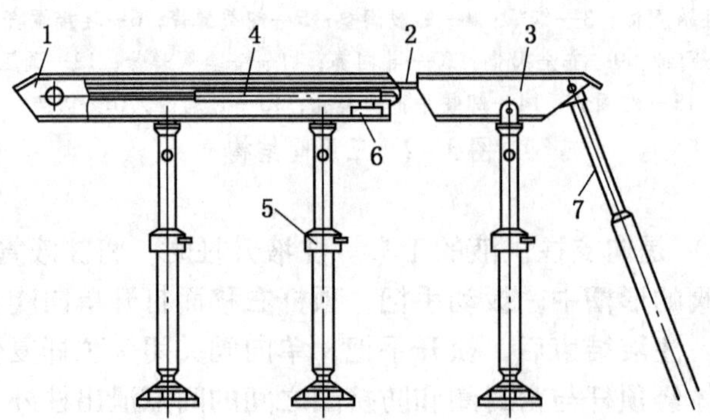

1—前顶梁；2—钢板；3—后顶梁；4—移架千斤顶；5—单体液压支柱；6—双向阀；7—摩擦支柱

图3-4　卸载式滑移顶梁支架

支架的操作过程是：先将前梁卸载，此时后梁仍撑紧顶板并通过钢板将前梁连同其下方支柱悬吊起来，再利用推拉千斤顶将它向前滑移一个步距。待前梁下方支柱选好最佳支撑位置后进行升柱，使前梁撑紧顶板。然后，后梁卸载，在钢板作用下，后梁与下方支柱被悬吊起来并借助推拉千斤顶作用，滑移跟进一个步距。当下方悬吊支柱摆正位置后升柱，后梁撑紧顶板，支架完成一个工作循环。

2. 半卸载式滑移顶梁支架

半卸载式滑移顶梁支架如图 3-5 所示，在主滑移顶梁卸载时，尚有其他支护构件支撑或临时支撑顶板的滑移。半卸载式滑移顶梁支架的顶梁由前梁和后梁组成，在前梁和后梁上均有可滑动副梁，副梁上装有垫板和立柱。顶梁箱体中设有弹簧拉杆和推拉千斤顶。

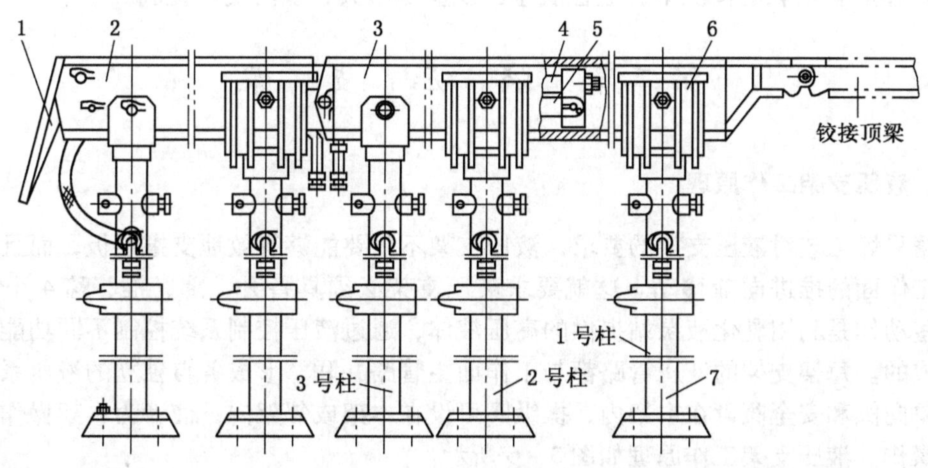

1—挡矸板；2—主后梁；3—主前梁；4—拉杆；5—推拉千斤顶；6—副梁；7—立柱

图 3-5 半卸载式滑移顶梁支架

支架的工作过程是：主前梁卸载，而前梁的副梁仍然支撑顶板，被悬吊的主前梁与立柱向前滑移一个步距。然后，升悬吊立柱，使主前梁支撑顶板。随后将前梁的副梁卸载，向前滑移一个步距后升柱，使副梁撑紧顶板。接着再使主后梁卸载，后梁上的副梁仍然支撑顶板，被悬吊的主后梁与立柱向前滑移跟进一个步距，然后升悬吊立柱使主后梁支撑顶板。最后将后梁的副梁卸载向前滑移一个步距后升柱，使副梁撑紧顶板，支架完成一次工作循环。半卸载式滑移顶梁支架类型较多，动作方式各异，但工作原理相似。

对滑移顶梁支架的基本要求是：

(1) 有足够的支护强度，能有效地管理工作面或端头控顶区的顶板，保证工作面的安全。

(2) 支架的结构应能保证工作面或工作面上、下出口有足够的行人、运料和通风空间。

(3) 支架性能稳定可靠，能适应所在工作面的顶底板条件。

(4) 支架有足够的初撑力，并能做到及时支护，以防止直接顶早期离层。

(5) 移设迅速、方便，可靠。

(6) 制造工艺简单，材料消耗少，成本低。

(7) 维修容易。零部件损坏时，可在工作面更换。

(8) 支架有足够的使用寿命。零部件的强度应能够经受工作面初次来压和周期来压的考验。

(9) 支架能配合采煤机和刮板输送机实现机械化开采。

对滑移顶梁支架的特殊要求是：

（1）单一长壁工作面用滑移顶梁支架，后部应当有挡矸装置，以防窜矸。

（2）放顶煤工作面用滑移顶梁支架，后部应有掩护梁，掩护梁和后柱之间应有足够的空间，以安设放煤用输送机。

（3）在底板松软的情况下，立柱底座面积应足够大，以防支柱扎底。

第二节 液 压 支 架

一、液压支架工作原理

根据采煤工艺对液压支架的要求，液压支架不仅要能够有效地支撑顶板，而且应能随着采煤工作面的推进向前移动。这就要求液压支架必须具备升、降、推、移 4 个基本动作。这些动作是利用乳化液泵站提供的高压液体，通过液压控制系统控制不同功能的液压缸来完成的。每架支架的液压管路都与工作面主管路并联，形成各自独立的液压系统，其中液控单向阀和安全阀设在本架内，操纵阀可设在本架或邻架内，前者为本架操作，后者为邻架操作。液压支架工作原理如图 3－6 所示。

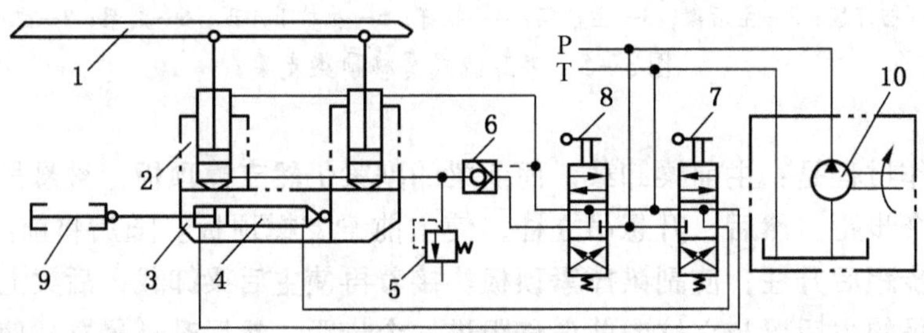

1—顶梁；2—立柱；3—底座；4—推移液压缸；5—安全阀；6—液控单向阀；
7、8—操纵阀；9—输送机；10—乳化液泵

图 3－6 液压支架工作原理

1. 支架升降

支架的升降依靠立柱的伸缩来实现，其工作过程如下：

1）初撑

操纵阀处于升柱位置，由泵站输送来的高压液体，经液控单向阀进入立柱的下腔，同时立柱上腔排液，于是活柱和顶梁升起，支撑顶板。当顶梁接触顶板，立柱下腔的压力达到泵站的额定工作压力后，操纵阀置于中位，液控单向阀关闭，从而立柱下腔的液体被封闭，这就是支架的初撑阶段。此时，支架对顶板产生的支撑力称为初撑力。支架的初撑力为

$$P_c = \frac{\pi}{4} D^2 p_b n \cos\alpha \times 10^3 \qquad (3-1)$$

式中　D——立柱的缸径，m；

P_c——泵站的额定工作压力，MPa；

n——每架支架的立柱数；

α——立柱对顶板垂线的倾斜度。

2）承载

支架达到初撑力后，顶板随着时间的推移缓慢下沉从而使顶板作用于支架的压力不断增大，随着压力的增大，封闭在立柱下腔的液体压力也相应提高，呈现增阻状态。这一过程一直持续到立柱下腔压力达到安全阀开启压力为止，此过程称之为增阻阶段。在增阻阶段由于立柱下腔的液体受压，其体积将减小以及立柱缸体弹性膨胀，支架要下降一段距离，把下降距离称为支架的弹性可缩值，下降的性质称为支架的弹性可缩性。当下腔液体的压力超过安全阀的开启压力时，高压液体经安全阀泄出，立柱下缩，直至立柱下腔的液体压力小于安全阀的开启压力时，安全阀关闭，停止泄液，从而使立柱工作阻力保持恒定，此过程称之为恒阻阶段。此时，支架对顶板的支撑力称为额定工作阻力，它是由支架安全阀的开启压力决定的。支架的额定工作阻力为

$$P=\frac{\pi}{4}D^2 p_a n\cos\alpha\times 10^3 \tag{3-2}$$

式中　p_a——支架安全阀的开启压力，MPa。

3）卸载

当操纵阀处于降架位置时，高压液体进入立柱的上腔，同时打开液控单向阀，立柱下腔排液，于是立柱（支架）卸载下降。

2. 支架推移

液压支架推移动作包括移支架和刮板输送机。根据支架型式的不同，移架和推溜方式不同，但其基本原理一样，都是通过推移液压缸的推、拉来完成的。

1）移架

支架降架后，将操纵阀放到移架位置，从泵站来的高压液经操纵阀进入推移液压缸的活塞杆腔，活塞腔回液。此时，活塞杆受输送机制约不能运动，所以液压缸缸体便带动支架向前移动，实现移架，支架移到预定位置后将操纵阀手把放回零位。

2）推移输送机

需要移输送机时，支架支撑顶板，将操纵阀放到推溜位置，高压液进入推移液压缸活塞腔，活塞杆腔回液，因缸体与支架连接不能运动，所以活塞杆在液压力的作用下伸出，推动输送机向煤壁移动，当输送机移到预定位置后，将操纵阀手把放回零位。

采煤机采煤过后，液压支架依照降架—移架—升架—推溜的次序动作，称为即时支护，其特点是顶板暴露时间短，梁端距较小。适用于各种顶板条件，是目前应用广泛的支护方式。如果液压支架依照推溜—降架—升架的次序动作，称为滞后支护，其特点是支护滞后时间长，梁端距大，支架顶梁较短。可用于稳定、完整的顶板条件。如果液压支架依照次序为采煤机采煤过后，支架伸出伸缩梁—推溜—降架—移架（同时缩回前伸梁）—升架，则称为复合支护，其特点是支护滞后时间短，但增加了反复支撑次数。可用于各种顶板条件，但支架操作次数增加，不能适应高产高效要求。

二、液压支架的组成

根据液压支架各部件的功能和作用，其组成可分为主体结构件、液压缸、控制元部件

和辅助装置

1. 主体结构件

主体结构件是承受和传递顶板压力的支架主要组成部件，包括顶梁、掩护梁和底座、连杆或摆杆。

1）顶梁

顶梁是支架的一个单的或组合的部件，它直接与顶板接触，传递支撑力。支架通过顶梁实现支撑、控制顶板的功能。支架常用顶梁形式有整体顶梁、铰接顶梁和楔形结构顶梁。铰接顶梁的前段称为前梁，后段为主梁，一般简称顶梁。

整体顶梁（图3－7）结构简单，可靠性好；顶梁对顶板载荷的平衡能力较强；前端支撑力较大，可设置全长侧护板，有利于提高顶板覆盖率，改善支护效果，减少架间漏矸。为改善接顶效果和补偿焊接变形，整体顶梁前端（800～1000 mm）一般上翘1°～3°。

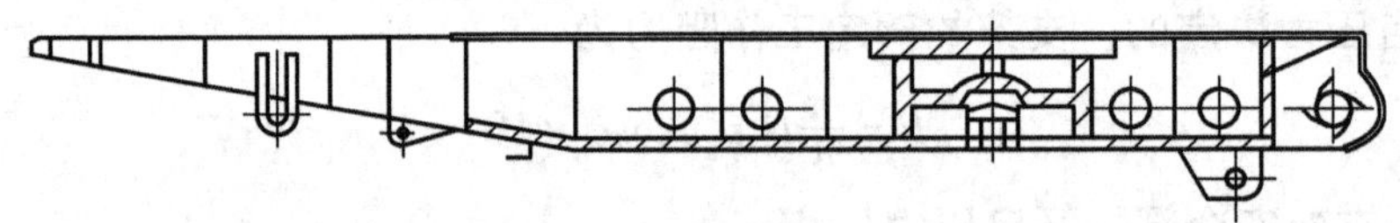

图3－7　整体顶梁

2）掩护梁

掩护梁是支架的一个部件，它全部或部分地吸收和传递支架的支撑力、水平力和扭转力，直接或通过连杆与顶梁和底座连接，掩护工作面与采空区隔离，同时承受冒落矸石的载荷。

掩护梁是掩护式支架和支撑掩护式支架的特征部件之一。当底板不平时，掩护梁还承受扭转载荷。掩护梁一般做成箱形整体结构，也有做成左、右对分结构的。

3）底座

底座是支架的一个单的或组合的部件，它直接与底板接触，把支架的支撑力传递到底板。支架通过底座与推移装置相连，以实现自身前移和推移输送机前移。支架底座常用的形式有整体刚性底座、底分式刚性底座和铰接分体底座，其中铰接分体底座已较少采用。

2. 液压缸

液压缸包括立柱和各类千斤顶，其主要功能是产生液压动力，实现支架的各种动作。

1）立柱

支撑在顶梁（或掩护梁）和底梁之间直接或间接承受顶板载荷、调整支护高度的液压缸称为立柱。立柱两端一般采用球面结合形式分别与顶梁和底座铰接。立柱是液压支架实现支撑和承载的主要部件，它直接影响支架的工作性能。液压支架的发展对立柱的长度、缸径、密封、型式等诸多方向提出了许多新的要求，立柱的主要型式有：单伸缩双作用支柱、单伸缩双作用带机械加长杆立柱、双伸缩双作用立柱和三伸缩双作用立柱。

2）千斤顶

液压支架中除立柱以外的液压缸均称为千斤顶，依其功能分为前梁千斤顶、推移千斤顶、侧推千斤顶、平衡千斤顶、护帮千斤顶和复位千斤顶等。由于前梁千斤顶也承受由铰接前梁传递的部分顶板载荷，所以结构上与立柱基本相同，只是长度和行程较短。平衡千斤顶是掩护式支架独有的，其两端分别与掩护梁和顶梁铰接，主要用于改善顶梁的接顶状况，改变顶梁的载荷分布。当支架设置防倒、防滑装置时，还设有防倒、防滑千斤顶和调架千斤顶。

3. 控制元部件

液压支架的液压系统中所使用的控制元件主要有两大类：压力控制阀和方向控制阀。压力控制阀主要有安全阀，方向控制阀主要有液控单向阀、操纵阀等。

1）安全阀

安全阀是支架液压控制系统中限定液体压力的元件。它的作用是保证液压支架具有可缩性和恒阻性。立柱和千斤顶用的安全阀，可按照立柱和千斤顶的额定工作阻力调整开启压力。当立柱和千斤顶工作腔内的液体压力在外载荷作用下超过额定工作阻力，即超过安全阀的开启压力时，工作腔内的压力液可通过安全阀释放，达到卸压的目的。卸载后工作腔内的液体压力低于开启压力时，安全阀关闭。在此过程中，可使立柱和千斤顶保持恒定的工作阻力，避免立柱、千斤顶过载损坏。

2）液控单向阀

液控单向阀是支架的重要液压元件之一。它的作用是闭锁支柱、千斤顶的某一腔中的液体，使之承受外载产生的增加阻力，使立柱或千斤顶获得额定工作阻力。液控单向阀往往和安全阀组合在一起，组成控制阀。

3）操纵阀

在支架液压控制系统中用来使液压缸换向，实现支架各个动作的换向（分配）阀，习惯上称为操纵阀。操纵阀有转阀和滑阀两种类型。

4. 辅助装置

辅助装置包括推移装置、护帮（或挑梁）装置、伸缩梁（或插板）装置、活动侧护板、防倒防滑装置、喷雾装置等。

1）推移装置

推移装置是用于推工作面输送机和拉移支架的装置，由推移杆、推移液压缸和连接头等主要零部件组成。推移液压缸一端与支架底座相连，另一端通过框架、连接头与刮板输送机相连。推移装置中推移杆是决定推移装置形式和性能的关键部件。推移杆的常用形式有正拉式短推移杆和倒拉式长推移杆两种。

2）侧护板

目前生产的掩护式支架和支撑掩护式支架都有较完善的侧护装置，不仅掩护梁两侧有侧护板，而且主梁或整体顶梁从前排立柱到顶梁后端的两侧也有侧护板。侧护板的作用是：消除相邻支架掩护梁和顶梁之间的架间间隙，防止垮落矸石进入支护空间；作为支架移架过程中的导向板；防止支架降架后倾倒；调整支架的间距。

3）护帮装置

煤壁片帮和梁端冒顶是影响综采效率和工人安全的主要因素，特别是在破碎顶板、松软中厚及厚煤层条件下问题更为严重。护帮板是铰接在支架顶梁前端，用于支撑工作面煤帮，防止支架前部冒落矸石和煤进入工作面空间的装置，其作用是：

（1）护帮。即通过挑梁（护帮板）贴紧煤壁，向煤壁施加一个支撑力，防止片帮。

一旦片帮，也可挡住片帮煤不进入人行道，并防止片帮继续扩大。

（2）作临时前梁。在支架能及时支护的情况下，采煤机过后挑起挑梁可实现超前支护。当煤壁出现片帮时，挑梁可伸入煤壁线以内，临时维护顶板，避免引发冒顶。在支架滞后支护的情况下，利用挑梁可实现及时支护。

（3）在厚煤层分层开采时，采上分层可利用挑梁挂网卷，采下分层可利用挑梁挑网兜。

护帮装置的主要类型有两类，一类是简单铰接式，另一类是四连杆式。

4）防倒防滑装置

防倒防滑装置是利用装设在支架上的防倒、防滑千斤顶在调架时产生一定的推力，以防支架倾倒、下滑，并进行架间调整。

三、液压支架的架型

液压支架按其架型结构及与围岩关系分为支撑式支架、掩护式支架和支撑掩护式支架。根据液压支架在工作面的位置分为基本支架、过渡支架、端头支架和超前支架。按适用采煤方法分为一次采全高支架、放顶煤支架、铺网支架和充填支架。

1. 支撑式支架

支撑式支架是在顶梁和底座之间通过立柱支撑而没有掩护梁的支架。支撑式支架的立柱支撑在顶梁上，没有掩护梁。支撑式支架按结构分有垛式和节式两种。由于节式液压支架稳定性和防护性能差，用得比较少，趋向于淘汰。

垛式支架（图3－8a）底座为箱式，内装复位机构，整体前移。一般有两排或三排立柱，每排立柱有两根。大多数在主底座上布置4根立柱，构成一稳定的支撑垛。复位机构设置在底座箱中，通过橡胶或复位千斤顶扶定立柱缸体，同时允许缸体轴向微量串动。当顶梁受到水平推力时，立柱出现倾斜，复位机构在立柱倾斜力作用下发生变形，使立柱对顶板的水平推力有一定抵抗能力。当降架后，立柱随橡胶或复位千斤顶作用而正位，保证立柱在升架时能以正常状态撑紧顶板。支架前移由推移液压缸实现。

节式支架（图3－8b）由两个以上机械连接的架节构成，并通过架节间互相交替移动实现前移。架节分主架和副架，由千斤顶和导向机构连接。主、副架互为支点依次前移，先行走的为主架，后行走的为副架。支架动作过程为：副架支撑顶板，主架降架，利用移架千斤顶以副架为支点通过导向机构导向将主架前移一个步距；然后主架支撑顶板，副架降架，以主架为支点沿导向方向将副架移进一个步距再支撑顶板，从而完成一个工作循环。

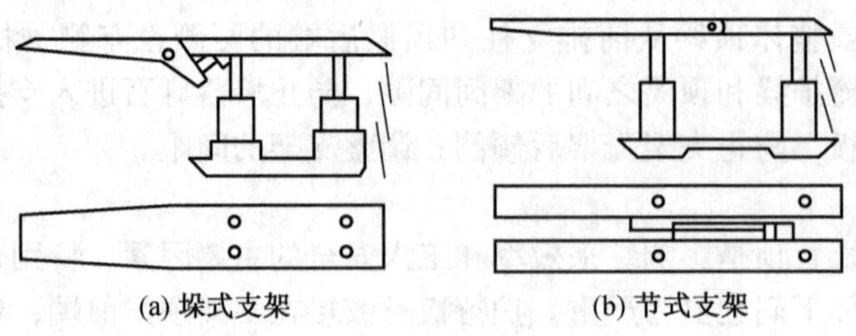

(a) 垛式支架　　(b) 节式支架

图3－8　支撑式支架结构型式

支撑式支架的顶梁较长（其长度多在4 m左右），立柱多（一般4~6根），且垂直支撑；支架后部设复位装置和挡矸装置，以平衡水平推力和防止矸石窜入支架的工作空间内。

支撑式支架的支撑力大，且作用点在支架中后部，故切顶性能好；对顶板重复支撑的次数多，容易把本来完整的顶板压碎；抗水平载荷的能力差，稳定性差；护矸能力差，矸石易窜入工作空间；支架的工作空间和通风断面大。适应于缓倾斜、顶板稳定的薄与中厚煤层。

2. 掩护式支架

掩护式支架是以单排立柱为主要支撑部件并带有掩护梁的液压支架。根据立柱布置和支架结构特点，掩护式支架分为支掩掩护式支架和支顶掩护式支架两种。

支掩掩护式支架（图3－9a）立柱通过掩护梁对顶板进行间接支撑，支架的支撑效率低，顶梁短，控顶矩小；多数在顶梁和掩护梁之间设有平衡千斤顶，少数支架只设机械限位装置；顶梁后部与掩护梁构成的“三角带”易卡进矸石，影响顶梁摆动，故一般在顶梁后端挂有挡板，作业空间狭窄，通风面积小；采用整体刚性底座；支架有插底和不插底两种形式。插底式配用专门的下部带托架的输送机，支架底座前部较长，伸入输送机下部，对底板比压小，是不稳定顶板和软底板工作面的主要架型。不插底式配用通用型输送机，底座前端对底板比压大，使用较少。

支顶掩护式支架（图3－9b）立柱支撑在顶梁上。立柱经过顶梁直接对顶板进行支撑，支撑效率高，顶梁比支掩掩护式支架长，顶梁后端与掩护梁铰接，作业空间和通风断面均大于支掩掩护式支架；顶梁和掩护梁侧面都装有活动侧护板，挡矸性能好；多数支架将平衡千斤顶设在顶梁与掩护梁之间，少数支架将平衡千斤顶设在底座与掩护梁之间；支架底座前端对底板比压较大。顶梁有分式铰接顶梁和整体刚性顶梁，底座有刚性底封式底座、刚性底开式底座和分式底座。

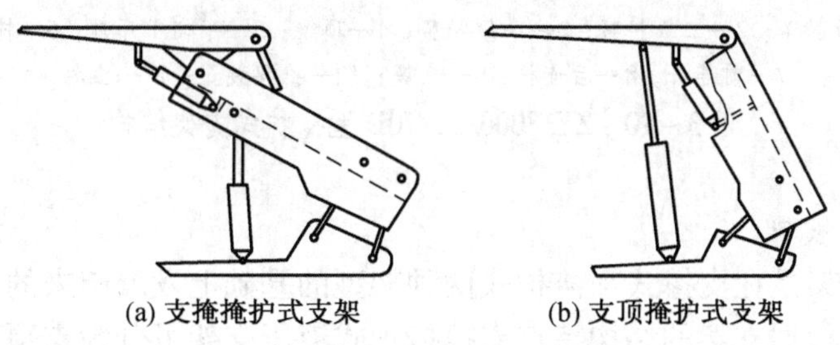

(a) 支掩掩护式支架　　(b) 支顶掩护式支架

图3－9　掩护式支架结构型式

掩护式支架有一个较宽的掩护梁以挡住采空区的矸石进入作业空间，其掩护梁的上端与顶梁铰接，下端通过前后连杆与底座连接。底座，前、后连杆和掩护梁形成四连杆机构，以保持稳定的梁端距和承受水平推力。立柱的支撑力间接作用于顶梁或直接作用于顶梁上。掩护式支架的立柱较少，且为倾斜布置，以增加支架的调高范围，支架的两侧有活动侧护板，可以把架间密封。通常顶梁较短，一般为3.0 mm左右。

掩护式支架的支撑力较小，切顶性能差，但由于顶梁短，支撑力集中在靠近煤壁的顶板上，所以支护强度较大且均匀，掩护性好，能承受较大的水平推力，对顶板反复支撑的次数少，能带压移架。但由于顶梁短，立柱倾斜布置，故作业空间和通风断面小。

掩护式支架适用于不稳定和中等稳定的直接顶为主，也可用于稳定顶板，插底掩护式支架比较适用于不稳定顶板；以来压不明显的基本顶为主，也可用于基本顶来压强烈的顶板；插底式支架适用于松软底板，一般支顶支掩式支架也能较好地适用松软底板。

ZY18000/32/70D 型掩护式支架是 2010 年国产的大采高液压支架。该支架为两柱掩护式支架，整体顶梁含内伸缩梁、三级护帮机构，双侧活动侧护板，单平衡千斤顶，全开裆底座，整体长推杆，并带有抬底和调底机构。其型号意义为：Z——支架；Y——掩护式；18000——工作阻力 18000 kN；32——最小高度 32 dm；70——最大高度 70 dm；D——电液控制。

ZY18000/32/70D 型掩护式支架的主要结构如图 3－10 所示。

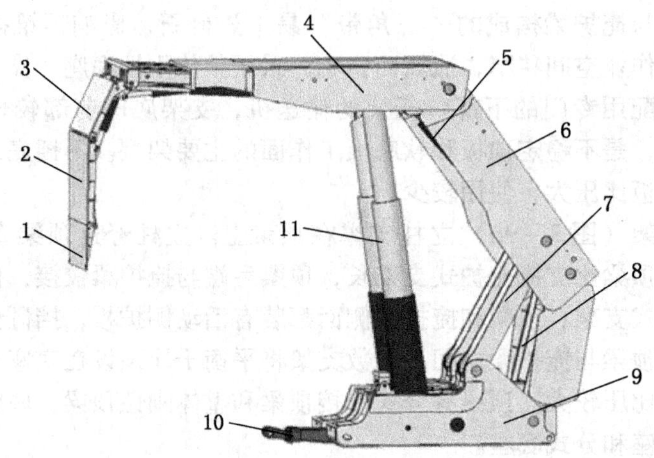

1—三级护帮；2—二级护帮；3—一级护帮；4—顶梁；5—平衡千斤顶；6—掩护梁；
7—前连杆；8—后连杆；9—底座；10—推移装置；11—立柱

图 3－10 ZY18000/32/70D 型掩护式支架结构

3. 支撑掩护式支架

支撑掩护式支架是在支撑式和掩护式两种架型的基础上发展起来的，兼有这两种架型的主要技术特征。根据支架的结构特点支撑掩护式液压支架可分为支顶支撑掩护式和支顶支掩支撑掩护式两种。

支顶支撑掩护式支架（图 3－11）的两排立柱都支撑在顶梁上，按其立柱布置及架体结构型式的不同分为一般型、V 型、X 型、单摆杆型和短尾型等（图 3－12）。

支顶支掩支撑掩护式支架（图 3－13）的前排立柱支撑顶梁，后排立柱支撑掩护梁。支架结构单一，前排立柱向前倾，后排立柱向后倾且工作阻力多小于前排，工作中有时承受拉力，故活柱腔也用液压闭锁控制，柱头与柱底用直通销轴连接于掩护梁与底座之间（与千斤顶的连接方式相同）。顶梁与底座较支顶支撑掩护式的短，结构较紧凑，整体刚性好，支撑合力更靠近顶梁后部。底座前端比压小，便于移架和更适用于较软的底板。

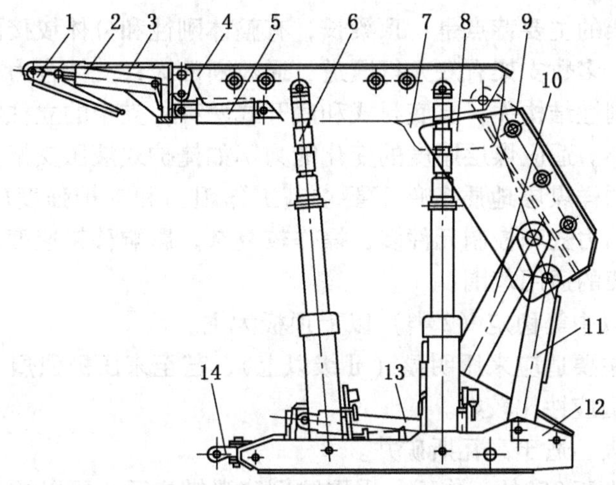

1—护帮板；2—护帮千斤顶；3—前梁；4—顶梁；5—前梁千斤顶；6—立柱；7—顶梁侧护板；8—掩护梁侧护板；9—掩护梁；10—前连杆；11—后连杆；12—底座；13—推移液压缸；14—推杆

图 3-11　支顶支撑掩护式支架结构

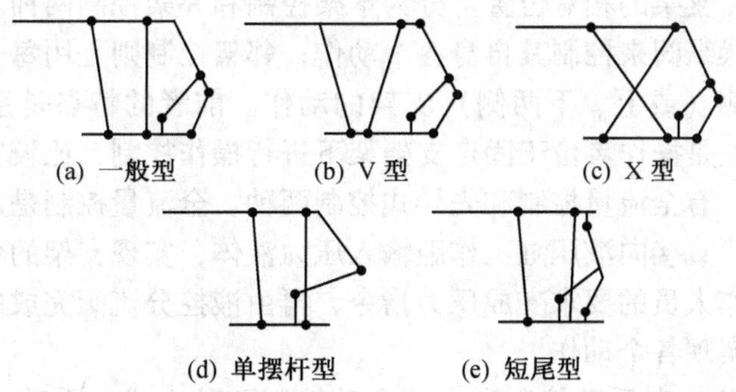

图 3-12　支顶支撑掩护式支架外形结构示意图

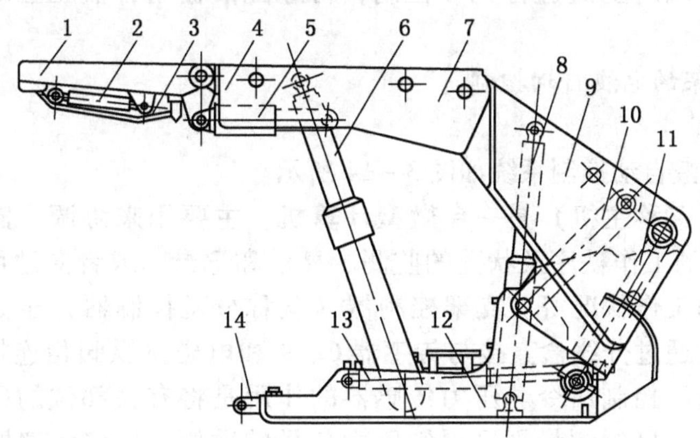

1—前梁；2—护帮千斤顶；3—护帮板；4—顶梁；5—前梁千斤顶；6—前立柱；7—顶梁侧护板；8—后立柱；9—掩护梁；10—前连杆；11—后连杆；12—底座；13—推移液压缸；14—推杆

图 3-13　支顶支掩支撑掩护式支架结构

支撑掩护式支架的主要特点是：顶梁长，有整体刚性和分体铰接两种；有些顶梁带外伸或内伸的伸缩梁。多数支架有双人行通道，通风断面大；支撑合力在顶梁后部，切顶能力强；底座为整体刚性结构件，有底封式和底开式两种；支架的立柱倾斜度小，支撑效率高，但调高范围较小。适应煤层厚度的变化能力不如掩护式液压支架；工作中前后排立柱受载经常不均，在同样煤层地质条件下要求其工作阻力和支护强度应高于掩护式液压支架；液压系统中的动力缸和控制元件多，操作较复杂，影响移架速度。

支撑掩护式支架的适用范围：

（1）直接顶。以中等稳定（2类）以上顶板为主。

（2）基本顶。主要适应来压明显（Ⅱ级以上），甚至来压极强烈（Ⅳ级）的基本顶。

（3）对底板的适应性比较好。

（4）通风断面大，适于高瓦斯矿井。

（5）一般用于大于25°的工作面。采取防倒防滑措施后，可以扩大适用范围。

四、液压支架的控制

（一）控制方式

按操纵阀与所控支架的相对位置可分为本架控制和邻架控制两种。本架控制就是用每一支架上所装备的操纵阀来控制其自身各个动作；邻架控制则是用每一支架上的操纵阀去控制与其相邻的下侧（或上、下两侧）支架的动作。前者的特点是系统的管路简单，安装容易；后者的特点是操作者位于固定支架架下进行操作控制，比较安全。

按控制原理分，有全流量控制和先导式控制两种。全流量控制是用全流量操纵阀，根据操作人员的要求，直接向液压缸工作腔输入压力液体，实现支架的各个动作；先导控制是通过先导阀将操作人员的要求变成压力指令，再由液控分流阀完成向液压缸工作腔供给压力液体的任务，实现各个动作。

按机械化程度分，有手动控制和电液自动控制两种方式。手动式是依靠操作人员直接操作操纵阀向相应的液压缸供液来完成支架的各动作；电液自动控制则是采用由微机控制的电液先导阀对主阀进行先导控制，再经配液板向各液压缸配液，实现要求的支架动作。

（二）液压支架的电液自动控制

1. 系统的组成

液压支架的电液自动控制系统如图3-14所示。

中央控制器（又称主机）是一台微型计算机，主要用来协调、控制全工作面支架（或分机控制器）的工作秩序及状况的监测、显示和记录，或者向地面传输某些数据以及支架、采煤机的工作状况等。支架控制器（又称分机控制器）也是一台微机，每架支架配备1台。它通过分线盒直接与传感器6、9和电磁操纵阀相连接，操作人员通过分机控制器发出各种控制命令。压力传感器的作用是将有关部位的压力信号转换为电信号，再通过对电信号的测量则可得知压力信号的数值。位移传感器的功能是将有关部件的位移量转换为电量参数，它分有直线位移传感器和角位移传感器两类。前者用于推溜、拉架、采高等位置的测量；后者用于对前梁及护帮板的伸出、收回状态的测量。

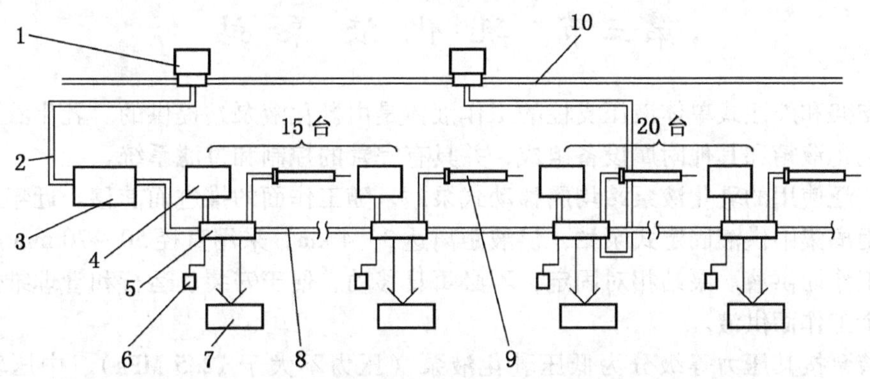

1—电源；2—控制器供电电缆；3—中央控制器；4—支架控制器；5—分线盒；
6—压力传感器；7—电磁操纵阀；8—过架电缆；9—位移传感器；10—输电线

图 3-14　液压支架电液自动控制系统构成示意图

2. 系统工作原理

如图 3-15 所示，对单台支架而言，当中央控制器或支架控制器发出控制命令（即给出电信号）时，相应的电磁操纵阀打开，向所连接的液压缸供液，使得油缸动作，其工作状况由压力传感器和位移传感器提供给控制器，控制器再根据传感器提供的信号来决定电液阀的工作与否。

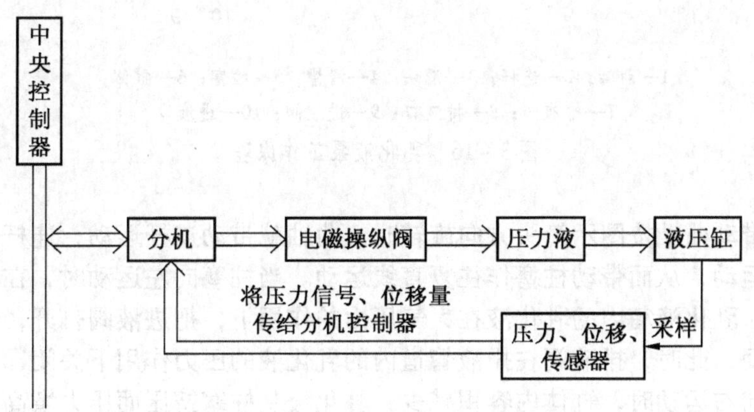

图 3-15　电液自动控制系统工作原理方框图

就整个系统而言，所有各台支架控制器与中央控制器连成一个计算机网，通过该网，每台支架控制器与中央控制器形成一个有机的整体，选定其中每一台控制器作为控制台，都可以向任何一架支架发出控制命令，并能够将被控支架的工作状况正常与否反馈到发出命令的控制器上。需指出的是，一个系统所装支架控制器的多少，在设计系统时已经确定，不能随意增加。

第三节　乳化液泵站

液压支架和外注式单体液压支柱的工作液体是由乳化液泵站提供的。乳化液泵站由乳化液泵、乳化液箱和其他附属设备组成，并具有完善的控制和过滤系统。

目前广泛使用的乳化液泵站均属移动式泵站，随工作面的推进而前移。近年来国外出现一种远距离集中供液固定式泵站，供液距离达 3 ~ 4 km，采用直径 50 ~ 70 mm 的厚壁无缝钢管向工作面供液。泵站相对固定，不必每日移动，便于安装、运行和管理维修，并可同时向两个工作面供液。

乳化液泵按其压力等级分为低压乳化液泵（压力不大于 12.5 MPa）、中压乳化液泵（压力为 12.5 ~ 25 MPa）和高压乳化液泵（压力大于 25 MPa）。

一、乳化液泵工作原理

乳化液泵一般为卧式三柱塞或五柱塞往复泵，它是将曲轴的转动经过连杆——滑块机构而使柱塞作往复直线运动。工作原理如图 3 - 16 所示。

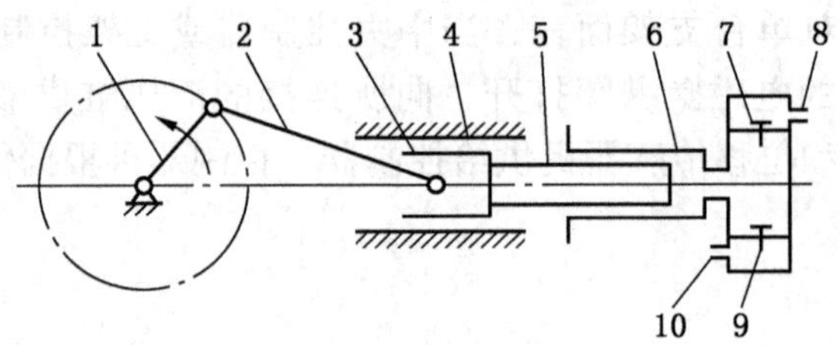

1—曲轴；2—连杆；3—滑块；4—滑槽；5—柱塞；6—缸体；
7—排液阀；8—排液口；9—进液阀；10—进液口

图 3 - 16　乳化液泵工作原理

当电动机带动曲轴按图示箭头方向旋转时，曲轴就带动连杆运动，连杆带动滑块沿滑槽作往复直线运动，从而带动柱塞作往复直线运动。当柱塞向左运动时，在柱塞右端的缸体内形成真空，乳化液箱内的乳化液在大气压力的作用下，把进液阀打开，进入缸体并充满柱塞腔的空间，此时，排液阀在排液管道内的乳化液的压力作用下关闭，从而完成吸液过程。当柱塞向右运动时，缸体内容积减少，乳化液受柱塞挤压而压力增高，从而使吸液阀关闭，排液阀打开，乳化液被排出缸体，经主进液管而输送到工作面支架，完成排液过程。这样，柱塞每往复运动一次，就吸排液一次，柱塞不断运动，就不断进行吸排油液。由此可知，一个柱塞在吸液过程中不能排液，所以单柱塞泵的排液量是很不均匀的。为了使排液比较均匀，一般将泵做成三柱塞泵或五柱塞泵。即使如此，乳化液泵所排液量还是不均匀的，致使压力有所波动。

二、BRW80/34.3 型乳化液泵

国产乳化液泵使用较为广泛的是 BRW80/34.3 型乳化液泵。该泵的额定压力为 34.3 MPa，流量为 80 L/min。该泵为卧式三柱塞往复泵。图 3 - 17 所示为该泵的结构图。

泵可以分为箱体和泵头两部分。箱体内有一对减速齿轮、曲轴、连杆、滑块等。泵头内有柱塞、钢套、进排液阀等。电动机经齿轮减速箱传动曲轴，曲轴有三曲拐，互成120°。两端由双列向心球面滚子轴承支撑。连杆的大端为剖分式结构，内装钢背高锡铝合金轴瓦，具有良好的承载、抗疲劳和耐磨性能。连杆小端内装钢套，与滑块用销轴铰接。滑块与滑道孔之间由活塞环密封，以防止曲轴箱润滑油外漏。

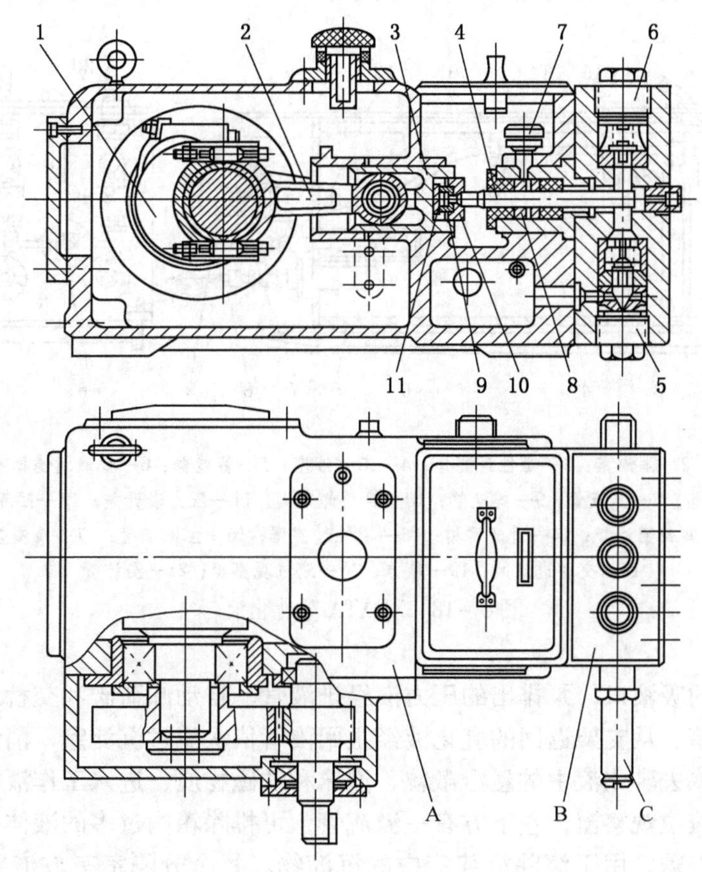

1—曲轴；2—连杆；3—滑块；4—柱塞；5—吸液阀；6—排液阀；7—注油杯；8—导向套；9—半环；10—螺母；11—承压块；A—传动箱；B—泵头体；C—安全阀

图3-17　BRW80/34.3型乳化液泵结构

传动箱内采用飞溅润滑。在连杆大端的轴瓦盖上有两个油孔，当曲轴顺时针旋转（不允许反转）时，浸入油中的下孔将油带起后从上孔排出，从而使曲轴颈与轴瓦间得到润滑。3个滑道孔上方是小油池，通过小孔漏油去润滑滑道、连杆与滑块铰接面。

柱塞孔右端装有排气螺塞。吸、排液阀为菌形锥阀，阀芯和阀座的材料为9Cr18，柱塞的材料为38CrMoAlA，表面氮化，硬度高且耐磨，芯部调质。柱塞左端通过两个半环和压紧螺母与滑块连接，并压在承压块上。这种连接方式更换柱塞方便。承压块受压变形后可翻转使用。

箱体与泵头体用缸体连接，内装导向套支撑并引导柱塞。柱塞与缸体上设有多道V

形密封圈。当密封圈磨损后，可旋转外边的压紧螺母将密封压紧。通过注油杯可向密封圈与柱塞间加润滑脂。

三、XRXTA 型乳化液箱

乳化液箱是储存、回收、过滤和沉淀乳化液的设备。XRXTA 型乳化液箱与 BRW80/34.3 型乳化液泵配套，其结构如图 3－18 所示。

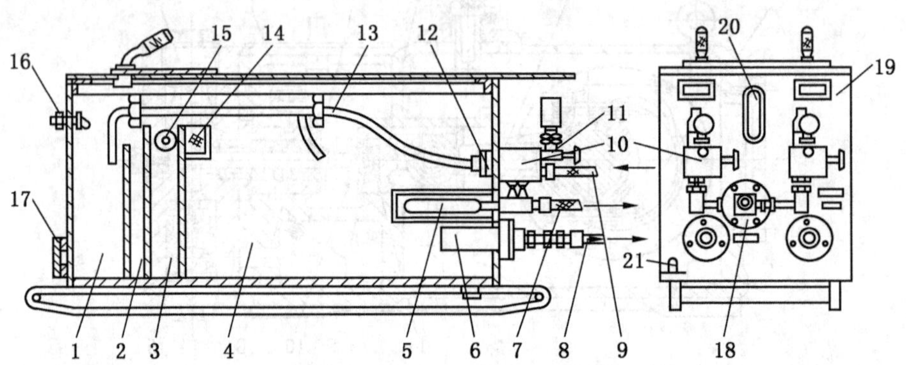

1—沉淀室；2—消泡室；3—磁性过滤室；4—工作液室；5—蓄能器；6—吸液过滤器和断路器；7—主供液箱；8—吸液管；9—排液管；10—自动卸荷阀；11—压力表开关；12—回液断路器；13—卸载回液管；14—过滤网槽；15—磁性过滤器；16—主回液管；17—清渣盖；18—交替进液阀；19—箱体；20—液位观察窗；21—溢流管

图 3－18　XRXTA 型乳化液箱

吸液管接泵的吸液口，泵排出的压力液经排液管、自动卸荷阀和交替双进液阀到通往工作面的主供液箱。从支架返回的乳化液经主回液管依次流过沉淀室、消泡室、磁性过滤室、过滤网槽，除去乳化液中的悬浮微粒、泡沫和铁磁物质，进入工作液室。

箱体侧面有液位观察窗，左下方有一溢流管，可排除箱内过多的液体。在箱体另一端的下部，设有清渣盖，用于清除沉淀室中的沉淀物。每个分隔室有放液塞。更换乳化液时，拧开放液塞放尽箱内乳化液。后端板左上角有一个回液接头，工作时总是与总回液管相接。吸液断路器、交替双进液阀、高压过滤器安装在面板上。卸荷阀安装在乳化液泵出口处，在其后端部安装了连通断路器。配液阀是乳化液与中性水溶液的混合装置，安装在乳化油室和盖板上，可与供水接头配合使用。

四、泵站液压系统

泵站液压系统应满足如下要求：

（1）当支架动作时，系统能即时供给高压液体；当支架不动作时，泵仍照常运转，但自动卸载；当支架动作受阻、工作液体压力升高超过允许值时，能限压保护。为此，泵站系统中必须装设自动卸载装置。

（2）要设手动卸载阀，以实现泵的空载启动。

（3）系统中要装单向阀，以防止停泵时液体倒流。

（4）为能在拆除支架或检修支架管路时泄出管路中的液体，应加手动泄液阀。

（5）应设有缓冲减震的蓄能器。

国产乳化液泵站主要有 BRW40、BRW80 以及 BRW200 系列，其构成原理基本相同。BRW80/34.3 型泵站液压系统如图 3－19 所示。

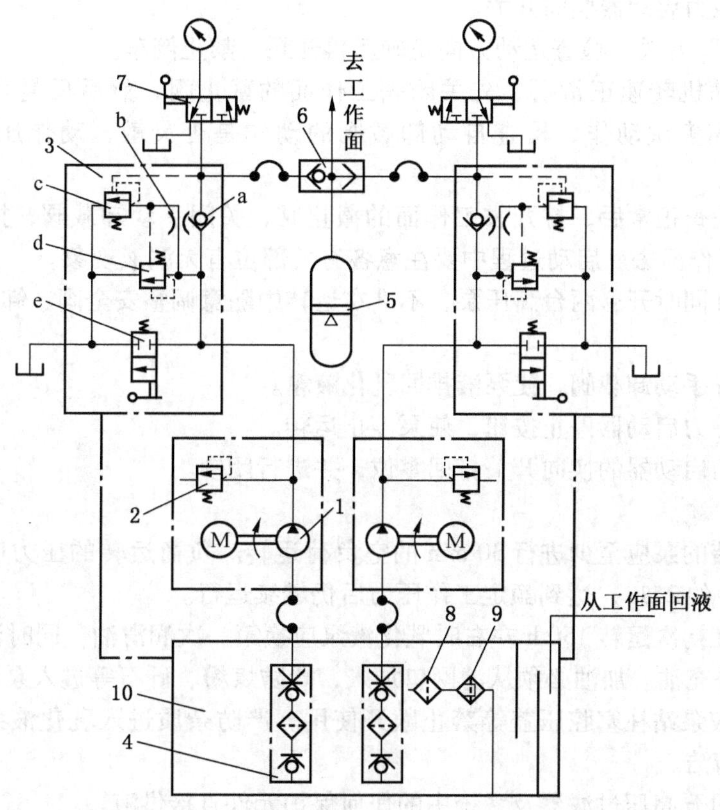

1—液压泵；2—安全阀；3—卸载阀组；4—吸液断路器；5—蓄能器；6—交替双进液阀；7—压力表开关；8—过滤器；9—磁性过滤器；10—乳化液箱；a—单向阀；b—节流阀；c—先导阀；d—自动卸载阀；e—手动卸载阀

图 3－19 BRW80/34.3 型泵站液压系统

其工作过程是：启动前先打开手动卸载阀 e，使泵空载启动，这时泵排出的乳化液经手动卸载阀直接回乳化液箱；启动后，关闭手动卸载阀，从泵排出的高压乳化液经单向阀 a 向工作面供液；当工作面不用液或用液量很小时，系统压力上升，直至打开先导阀 c 和自动卸载阀 d，实现自动卸载。当系统过载，安全阀开启溢流，实现过载保护。交替双进液阀的作用是保证任一台泵工作都能通过一条管路向工作面供液。

五、乳化液泵站的使用维护及故障处理

（一）泵站的使用维护

1. 开泵

（1）泵站必须由经专门培训的熟悉泵站的性能、结构和原理的泵站司机操作。

（2）开泵前应对乳化液泵站的各部件、乳化液泵润滑油油位、吸液断路器是否接通，过滤器是否堵塞等进行认真检查。

（3）打开泵的吸液截止阀以及回液管在乳化液箱上的截止阀。

（4）打开手动卸载阀，使泵在空载下启动。

（5）闭合磁力启动器换向开关。

（6）“点动”开关，检查运动方向正确后再开泵，禁止倒车。

（7）当电动机转速正常后，先关闭去工作面的截止阀，然后反复开、关手动卸载阀使自动卸载阀多次动作，检查自动卸载阀的动作是否灵敏，动作压力是否符合要求。

（8）上述检查正常后，打开去工作面的截止阀，关闭手动卸载阀，把泵输出的高压乳化液输送到工作面去。启动过程中要注意各有关部位有无漏液现象。

（9）不允许同时开启两台高压泵，不准在运转中随意调整安全阀、卸载阀。

2. 停泵

（1）先打开手动卸载阀，使泵液排回乳化液箱。

（2）按动磁力启动器停止按钮，使泵停止运转。

（3）将磁力启动器的换向开关打回零位，并进行闭锁。

3. 维护

（1）新安装的泵应至少进行 30 min 的空负荷运转。负荷运转的压力应逐次升高，每次升高额定压力的25%，达到额定工作压力后仍继续运行。

（2）泵站在初次运转 150 h 左右时乳化液泵应换第一次润滑油，同时清洗油池。正常运行中，适时补充油。加油必须从滤网口加入，严防煤粉、矸石等进入泵体内。

（3）乳化液泵站柱塞腔压盖等禁止敞开使用。严防杂质进入乳化液泵站。泵站的工作环境应保持清洁。

（4）不准甩开高压过滤器及系统中的任何保护元件直接供液。

（5）乳化液泵站在工作中应注意机器运转声音、压力表的指针、卸载阀的工作状态是否正常。

（6）检查机器温度，最高不得超过 50 ℃。

（7）检查乳化液温度，最高不得超过 40 ℃。

（二）泵站常见故障及处理方法（表 3-2）

表 3-2　泵站常见故障及处理方法

故　障	产　生　原　因	处 理 方 法
泵压突然升高	1. 泵用安全阀失灵 2. 卸荷阀中先导阀或主阀不打开 3. 系统有故障	1. 修复安全阀 2. 检查修复 3. 检查原因并排除
支架停止供液时，卸荷阀动作频繁	1. 支架输液管渗漏 2. 卸荷阀内单向阀密封损坏 3. 卸荷阀内顶杆中的 O 形密封圈损坏 4. 蓄能器压力过高	1. 更接管道 2. 修理或更换 3. 更换密封圈 4. 放气

表3-2（续）

故　障	产　生　原　因	处理方法
润精油油温升高，发热异常	1. 润滑油不足或过多，太脏或油质选取不符合要求，黏度低 2. 曲拐与轴瓦受压面不良或配合间隙太小 3. 两半联轴器间隙距离过小 4. 超负荷运行时间过长	1. 油质油量应符合要求 2. 更换、调整间隙 3. 检查原因、调整、排除 4. 调整负荷
运转噪声大，撞击声严重	1. 曲轴曲拐与轴瓦磨损严重，间隙过大 2. 连杆螺钉松动 3. 泵内有杂物 4. 齿轮加工精度低或齿面损坏 5. 柱塞端部与承压块间隙加大 6. 泵体上轴承精度差 7. 联轴器安装不对中心 8. 连杆衬套与滑块磨损严重 9. 吸液不足	1. 更换或调整间隙 2. 拧紧 3. 清洗 4. 修复或更换 5. 更换 6. 更换 7. 调整 8. 更换 9. 检查吸液系统
泵启动后无流量或流量不足，压力脉动大，管路抖动厉害	1. 泵内空气未放尽（包括吸液管路系统的吸气部位） 2. 柱塞密封损坏严重 3. 进排液阀密封不好，泄漏严重或动作不灵活 4. 进排液阀弹簧断裂 5. 吸液过滤器堵塞 6. 吸液软管过长 7. 乳化液箱液位过低 8. 蓄能器无压力或压力过高 9. 卸荷阀动作频繁 10. 卸荷阀漏液严重	1. 放气 2. 检查，更换 3. 更换，修复 4. 更换 5. 清洗 6. 调整 7. 加乳化液 8. 充气或放气 9. 检查排除，恢复正常 10. 检查排除，恢复正常
有流量无压力，或压力不足	1. 卸荷阀、手动卸荷阀或压力阀密封不良 2. 先导阀密封不良 3. 卸荷阀调压弹簧断裂或疲劳失效 4. 主阀密封不良 5. 压力表开关未打开或阀座变形、堵塞 6. 排液管道开裂	1. 修复或更换 2. 修复或更换 3. 更换 4. 修复或更换 5. 打开、更换 6. 更换
柱塞密封处损坏漏液严重	1. 密封圈损坏 2. 柱塞表面有严重划伤、拉毛	1. 更换 2. 注意正确加工及装配

第四节　液压支架的选用

一、液压支架的架型选择

1. 影响架型选择的因素

（1）煤层厚度。厚度超过2.5 m、顶板有水平推力时，应选用抗水平推力强的掩护式或支撑掩护式支架，一般不宜采用支撑式支架；厚度在2.5～2.8 m（软煤取下限，硬煤取上限）以上时，支架应带护帮装置；当厚度变化较大时，支架应选用调高范围较大的双伸缩立柱或带机械加长杆的单伸缩立柱；若为假顶分层开采，应选用掩护式支架。

（2）煤层倾角。当倾角大于10°～15°（支撑式支架取下限，掩护式和支撑掩护式支架取上限）时，应选带有防滑装置的支架；当倾角大于 18°时，应选用同时带有防滑、防倒和调架装置的支架。

（3）底板强度。应使支架底座对底板的比压小于底板的许用比压。

（4）地质构造。对于断层十分发育、煤层厚度变化过大、顶板的允许暴露面积小于 5～8 m^2、允许暴露时间在 20 min 以下的工作面，暂不宜使用液压支架。

（5）瓦斯含量。对瓦斯涌出量大的工作面，若顶板条件允许，应优先选用通风断面大的支撑式或支撑掩护式支架。

（6）设备成本。在顶板条件允许的条件下，应优先选用价格便宜的支架。一般，支撑式支架最便宜，支撑掩护式支架最贵。

2. 液压支架架型的选择依据

前已述及，液压支架架型的选择就是要使液压支架的结构和性能与工作面的顶、底板条件和地质条件相适应。具体可根据表 3－3 进行选择。

表 3－3　适应不同类级顶板的架型和支护强度

<table>
<tr><td colspan="3">基本顶级别</td><td colspan="3">Ⅰ</td><td colspan="3">Ⅱ</td><td colspan="4">Ⅲ</td><td colspan="2">Ⅳ</td></tr>
<tr><td colspan="3">直接顶类别</td><td>1</td><td>2</td><td>3</td><td>1</td><td>2</td><td>3</td><td>1</td><td>2</td><td>3</td><td>4</td><td colspan="2">4</td></tr>
<tr><td colspan="3" rowspan="2">架型</td><td rowspan="2">掩护式</td><td rowspan="2">掩护式</td><td rowspan="2">支撑式</td><td rowspan="2">掩护式</td><td rowspan="2">支掩式 掩护式</td><td rowspan="2">支撑式</td><td rowspan="2">支掩式</td><td rowspan="2">支掩式</td><td rowspan="2">支撑式 支掩式</td><td rowspan="2">支撑式 支掩式</td><td colspan="2">采高小于 2.5 m 时用支撑式</td></tr>
<tr><td colspan="2">采高大于 2.5 m 时用支撑掩护式</td></tr>
<tr><td rowspan="4">支护强度/MPa</td><td rowspan="4">采高/m</td><td>1</td><td colspan="3">0.3</td><td colspan="3">1.3×0.3</td><td colspan="4">1.6×0.3</td><td>>2×0.3</td><td rowspan="4">应结合深孔爆破、软化顶板等措施处理采空区</td></tr>
<tr><td>2</td><td colspan="3">0.35(0.25)</td><td colspan="3">1.3×0.35(0.25)</td><td colspan="4">1.6×0.35</td><td>>2×0.35</td></tr>
<tr><td>3</td><td colspan="3">0.45(0.35)</td><td colspan="3">1.3×0.45(0.35)</td><td colspan="4">1.6×0.45</td><td>>2×0.45</td></tr>
<tr><td>4</td><td colspan="3">0.55(0.45)</td><td colspan="3">1.3×0.55(0.45)</td><td colspan="4">1.6×0.55</td><td>>2×0.55</td></tr>
</table>

注：1. 括号内的数字是掩护式支架的支护强度。设计和选用支架，允许有 ±5% 的波动；

2. 1.3、1.6 和 2 分别为Ⅱ、Ⅲ、Ⅳ级基本顶比Ⅰ级基本顶的增压倍数，Ⅳ级基本顶由于地质条件变化大，只给出了最小值 2，具体数值应根据实际顶板情况确定；

3. 表中的采高是指最大采高，具体采高下的支护强度可用插值法计算。

二、液压支架参数的确定

1. 支护强度和工作阻力

支护强度取决于顶板性质和煤层厚度，根据表 3－3 可以确定支护强度的大小。除此，支护强度也可根据下列公式估算：

$$q = KH\gamma \times 10^{-5} \tag{3-3}$$

式中 K——作用于支架上的顶板岩石系数，一般取 5～8。顶板条件好、周期来压不明显时取下限，否则取上限；

H——采高，m；

γ——顶板岩石密度，一般取 2.3×10^3 kg/m^3。

放顶煤支架的支护强度一般取 0.5～0.7 MPa。

支架工作阻力 P 应满足顶板支护强度的要求，即支架工作阻力由支护强度和支护面积所决定。

$$P = qF \times 10^3 \tag{3-4}$$

$$F = (L + C)(B + K_1) = (L + C)A \tag{3-5}$$

式中　F——支架的支护面积，m^2；

L——支架顶梁长度，m；

C——梁端距，m；

B——支架顶梁宽度，m；

K_1——架间距，m；

A——支架中心距，m。

对于支撑式支架，支架立柱的总工作阻力等于支架工作阻力。对于掩护式和支撑掩护式支架，由于受到立柱倾角的影响，支架工作阻力小于支架立柱的总工作阻力。工作阻力与支架立柱的总工作阻力的比值，称为支架的支撑效率 η。所以支架立柱的总工作阻力 $P_{总}$ 为

$$P_{总} = \frac{P}{\eta} \tag{3-6}$$

支撑式支架取 $\eta = 100\%$，支掩护式和支撑掩护式支架取 $\eta = 80\%$ 左右。

2. 初撑力

初撑力的大小是相对于支架的工作阻力而言，并与顶板的性质有关。较大的初撑力可以使支架较快地达到工作阻力，防止顶板过早的离层，增加顶板的稳定性。对于不稳定和中等稳定顶板，为了维护机道上方的顶扳，应取较高的初撑力，约为工作阻力的 80%；对于稳定顶板，初撑力不易过大，一般不低于工作阻力的 60%，对于周期来压强烈的顶板，为了避免大面积垮落对工作面的动载威胁，应取较高的初撑力，约为工作阻力的 75%。

3. 移架力和推溜力

移架力与支架结构、吨位、支撑高度、顶板状况是否带压移架等因素有关。一般薄煤层支架的移架力为 100 ~ 150 kN；中厚煤层支架为 150 ~ 300 kN；厚煤层支架为 300 ~ 400 kN。

推溜力一般为 100 ~ 150 kN。

4. 支架调高范围及支架的伸缩比

支架最大结构高度：

$$H_{max} = M_{max} + S_1 \tag{3-7}$$

支架最小结构高度：

$$H_{min} = M_{min} - S_2 \tag{3-8}$$

式中　M_{max}、M_{min}——煤层最大、最小采高，m；

S_1——伪顶冒落的最大厚度，一般取 0.2 ~ 0.3 m；

S_2——顶板周期来压时的最大下沉量、移架时支架的下降量和顶梁上、底座下的浮矸、浮煤厚度之和，一般取 0.25 ~ 0.35 m。

确定支架的最低高度时还应考虑到井下的允许运输高度。

支架的伸缩比为

$$K_S = \frac{H_{max}}{H_{min}} \tag{3-9}$$

K_S 反映了支架对煤层厚度变化的适应能力，其值越大，说明支架适应煤层厚度变化的能力越强。采用单伸缩立柱，K_S 值一般为 1.6 左右。若进一步提高伸缩比，需采用带机械加长杆的立柱或双伸缩立柱，其 K_S 值一般为 2.5 左右。薄煤层支架的 K_S 值可达 3。

5. 顶梁尺寸和覆盖率

顶梁的长度和宽度取决于支架的类型，它影响支架与顶板的接触性能、控顶距、移架速度和稳定性，一般在保证一定的工作空间和管理布置设备的前提下，应尽量减小顶梁长度，以缩小控顶距和支架的重量。对于支撑式和支撑掩护式支架，由于立柱为双排布置，支撑力较大，故这类支架的顶梁较长，当采用滞后支护时，顶梁全长为 2.5 m 左右；当采用及时支护时，顶梁全长为 3.0 ~ 4.0 m。对于掩护式支架，由于一般用于破碎顶板，应尽量减少支架对顶板的重复支撑次数，加之立柱多为单排布置，故顶梁长度较小，通常为 1.5 ~ 2.5 m，最大选 3 m 左右。顶梁的宽度应根据支架间距和架型来定。我国规定支架标准中心距为 1.5 m。掩护式和支撑掩护式支架包括侧护板在内的顶梁宽度为 1.4 ~ 1.6 m（下限为侧护板收缩时的运输宽度，1.5 m 为支架的正常宽度，1.6 m 为调架时侧护板伸出后的最大宽度）。垛式支架的架间距一般为 0.1 ~ 0.2 m。

支架顶梁对支护面积的覆盖率为

$$\delta = \frac{BL}{(L+C)(B+K_1)} \times 100\% \tag{3-10}$$

覆盖率应符合顶板性质的要求，一般不稳定顶板不小于 85% ~95%；中等稳定顶板不小于 75% ~85%；稳定顶板为 60% ~70%。

6. 底座的宽度

支架底座宽度一般为 1.1 ~ 1.2 m。为提高横向稳定性和减小对底板比压，厚煤层支架可加大到 1.3 m 左右，放顶煤支架为 1.3 ~ 1.4 m。底座中间安装推移装置的槽子宽度，与推移装置的结构和千斤顶缸径有关，一般为 300 ~ 380 mm。部分液压支架的技术特征见表 3 – 4。

表 3 – 4 液压支架的技术特征

液压支架型号		高度/m	宽度/m	初撑力/kN	工作阻力/kN	支护强度/MPa	对地比压/MPa	适应坡度/(°)	质量/t
支撑式	ZD1600/7/13.2	0.7 ~ 1.32	0.9	570	1600	0.372	1.2	<10	2.40
	ZD2400/13/22.4	1.3 ~ 2.245	1.5	616	2400	0.5217	2.03	<10	4.18
	ZD4800/21.5/32	2.15 ~ 3.2	1.5	1888	4800	0.72	2.55	<10	8.39
掩护式	ZY2000/06/15	0.6 ~ 1.5	1.42 ~ 1.59	1088 ~ 1343	1344 ~ 1656	0.283 ~ 0.345	0.88 ~ 1.1	<15	5.2
	ZY3200/13/32	1.3 ~ 3.2	1.43 ~ 1.6	2098 ~ 2187	2815 ~ 2942	0.57 ~ 0.59	2.51	≤35	8.7
	ZY3200/17/35	1.7 ~ 3.5	1.4 ~ 1.6	2410	3010	0.59 ~ 0.65	1.24 ~ 1.36	≤25	11.09
	ZY3600/25/50	2.5 ~ 5.0	1.43 ~ 1.6	3092	3600	0.61	1.31 ~ 2.35	<25	19.76

表3-4（续）

液压支架型号		高度/m	宽度/m	初撑力/kN	工作阻力/kN	支护强度/MPa	对地比压/MPa	适应坡度/(°)	质量/t
支撑掩护式	ZYY6400/24/47	2.4~4.7	1.43~1.59	5680	6400	0.9	1.37	<20	23.12
	ZZ2800/07/18	0.7~1.8	1.4~1.6	2000~2148	2177~2779	0.45~0.57	1.58	≤25	6.676
	ZZ5600/22/35	2.2~3.5	1.43~1.6	4020	5600	0.91~0.99	2.5	<12	13.3
	ZZ7200/20.5/32	2.05~3.2	1.42	5320	7200	1.08	4.35	≤15	15
放顶支架	ZFS2800/14/28	1.4~2.8	1.43~1.6	1960	2746	0.5~0.52	1.16~1.3	<15	8.8
	ZFD3600/21/28	2.1~2.8	1.46~1.58	2970	3600	0.92	0.5~0.7	<15	14.1
铺网支架	ZYP3200/14.5/32	1.7~3.5	1.43~1.6	2597	3136	0.62	1.14	≤15	13.81
	ZZP5500/18.5/42	1.85~4.2	1.43~1.6	4365	5500	0.89	2.16	≤15	14.92
端头支架	ZT4410/18/34.5	1.8~3.45	2.5	3773	4416	0.209~0.329	0.44	<25	32.1
	ZT9000/18/38	1.8~3.8		7070	9000	0.51	0.68	<25	25

第五节　液压支架的安装、使用维护及故障处理

一、液压支架的下井和安装

1. 液压支架下井安装前的准备工作（有轨运输车运输）

（1）液压支架下井安装前，应设置专门的调度指挥机构，建立和培训安装队伍，制定详细的安装计划，包括拆装搬运的方案、程序、人员分配、完成工期及技术措施等。

（2）检查液压支架运送轨道的铺设质量、各井巷的断面尺寸、架线高度、巷道坡度、转弯方向、转弯半径等，以便设备运送时顺利通行。必要时应做模型车试行，以减少运送过程中的掉道、卡车、翻车等事故发生。

（3）新型支架下井前，必须在地面进行试组装，并和采煤机、刮板输送机联合运转。检查支架的零部件是否完整无缺，支架的立柱、千斤顶、阀件是否动作灵活、可靠，有无渗漏现象等；验证支架与刮板输送机、采煤机的配合是否得当，以便采取相应的措施。

（4）准备好运送车辆、设备、安装工具等。

（5）检查工作面的安装条件，宽度不够要扩大，高度不够应挑顶或挖底，并清扫底板。

2. 液压支架的装车和井下运送

（1）液压支架下井一般应整体运输，当顶梁较长时可将前梁分开运输。首先将支架降到最低位置，拆下前梁千斤顶，将支架主进、回液管的两端插入本架断路阀的接口内，使架内管路系统成为封闭状态。凡需要拆开运送的零、部件应将其装箱编号运送，以防丢

失或混乱。

（2）液压支架装车时应轻吊轻放，然后捆紧系牢，不得使软管或其他零部件露出架体外，以防运送过程中损坏。

（3）液压支架运送过程中应设专人监视。在倾斜巷道和弯道搬运时应注意安全，防止出现跑车、掉道、卡车等运送事故。

（4）运送过程中，不得以支架上各种液压缸的活塞杆、阀件以及软管等作为牵引部位，不得将溜槽、工具等相互紧靠，以防碰坏这些部件。

3. 液压支架的工作面安装

液压支架一般从工作面回风巷运入工作面。在工作面回风巷与工作面连接处应根据支架结构及安装要求适当扩大其巷道断面，以利于支架转向。当采用分体运输需在连接处安装前梁时，还需适当挑顶以便安装起重设备。液压支架送入工作面的方法有3种，即利用刮板输送机运送液压支架、利用绞车在底板上拖移液压支架和利用平板车和绞车运送液压支架。

1）利用刮板输送机运送液压支架

在工作面先安装好刮板输送机，此时输送机先不安装挡煤板、铲煤板和机尾传动装置。在输送机溜槽上设置滑板，把液压支架用起重设备移放在滑板上，开动刮板输送机带动滑板至安装地点；再用小绞车将液压支架在滑板上转向，拉至安装处调整好位置，并与刮板输送机连接；然后，接上主进液管和主回液管，升起支架支撑顶板。第一架支架至此安装完毕。按此方法继续安装其他支架。待支架全部运送安装完毕后，再逐步装好刮板输送机挡煤板、铲煤板、机尾传动装置等。这种运送方法简单，运送的支架高度较低，转向和运送速度较快。但由于刮板输送机运行时的振动而使运送平稳性差，在倾斜工作面不能使用。

2）利用绞车在底板上拖移液压支架

在工作面上、下出口处，各设置1台慢速绞车。用起重设备将支架吊起后放到底板上并转向（当底板较硬时可直接用绞车拖拽；当底板较软时可在底板上铺设轨道，轨道上设置导向滑板）；用绞车将液压支架拖至安装地点；再用两台绞车进行转向，调整好位置；接通液压管路，将液压支架升起支撑顶板。这种运送方法简单，运送支架高度低、运送平稳，适用于各种工作面的运送，但运送设备较多，操作较复杂，运送速度慢。

3）利用平板车和绞车运送液压支架

在工作面回风巷与工作面连接处设轨道转盘，并在工作面铺设轨道。装有液压支架的平板车被拉入转盘后在其上进行转向，使其对准工作面轨道，利用绞车拉入工作面安装地点；然后通过两台绞车卸车并调好支架位置，接好液压管路，升起支架支撑顶板。这种运送方法适应性广，支架在工作面回风巷与工作面连接处转向时不需起吊，所用设备少，运送平稳，但运送高度较高，操作较难，并且要求工作面宽度大，以便平板车退出。

二、液压支架的使用与操作

为了保证综采工作面的稳产、高产，延长支架的使用寿命，必须由经过培训的专职支架工操作液压支架。

（一）操作前的准备

操作液压支架前，应先检查管路系统和支架各部件的动作是否有阻碍，要清除顶、底板的障碍物。注意管件不要被矸石挤压或卡住，管接头要用U形销插牢，不得漏液。

开始操作支架时，应提醒周围工作人员注意或让其离开，以免发生事故，并要观察顶板情况，发现问题及时处理。

（二）操作方式与顺序

综采工作面采用立即支护和滞后支护两种方式，根据两种不同的支护方式，操作顺序为先移架、后推溜或先推溜、后移架。目前大多数综采工作面采用先移架、后推溜的立即支护方式。

1. 移架

在顶板条件较好的情况下，移架工作在滞后采煤机后滚筒约1.5 m处进行，一般不超过3～5 m。当顶板较破碎时，移架工作则应在采煤机前滚筒切割下顶煤后立即进行，以便及时支护新暴露的顶板，减少空顶时间，防止发生顶板抽条和局部冒顶。此时，应特别注意与采煤机司机密切联系和配合，以免发生挤人、顶板落石和割前梁等事故。

移架的方式与步骤主要根据支架结构来确定，其次是根据工作面的顶板状况和生产条件来确定。一般情况下，液压支架的移架过程分为降架、移架和升架3个动作。为尽量缩短移架时间，降架时，支架顶梁稍离开顶板就应立即将操纵阀扳到移架位置使支架前移；支架移到新的支撑位置时，应憋压一下，以保证支架有足够的移动步距，并调整支架位置，使之与刮板输送机垂直且架体平稳。然后，操作操纵阀，支架升起支撑顶板。升架时，注意顶梁与顶板的接触状况，尽量保证全面接触，防止点接触破坏顶板。当顶板凸凹不平时应先塞顶后升架，以免顶梁接顶状况不好，导致局部受力过大而损坏。支架升起支撑顶板后，也应憋压一下，以保证支架的支撑力达到初撑力。

移架过程中，如发现顶板卡住顶梁，不要强行移架，将操纵阀手把扳到降架位置，顶梁下降后再移架。

根据顶板情况和支架所用的操纵阀结构可采用下列方法移架：

（1）如果顶板平整，较坚硬，支架操纵阀有降移位置，可操作支架边降边移；降移动作完成后，再进行升柱动作。这种方法降移时间短，顶板下沉量少，有利于顶板控制，但要求拉架力较大。如果有带压移架系统，操作就更方便，控顶也更有效。

（2）如果顶板坚硬、完整，顶底板起伏不平时，可选择先降架再移架的方式。顶梁脱离顶板一定距离，拉架省力，但移架时间长。

2. 推移输送机

液压支架移过8～9架后，距采煤机后滚筒10～15 m时，可进行推移输送机。推移输送机可根据工作面的具体情况，采用逐架推移输送机、间隔推移输送机或几架支架同时推移输送机等方式。为使刮板输送机保持平直，推溜时应注意随时调整推溜步距，使刮板输送机除推溜段有弯曲外，其他部分保证平直，以利于采煤机正常工作，减小刮板输送机运行阻力，避免卡链、掉链事故的发生。推移输送机过程中如出现卡输送机现象应及时停止推移输送机，待查出原因，处理完毕后再进行推移输送机；不许强行推移输送机，以免损坏中部槽或推移装置，影响工作面正常生产。

（三）液压支架使用中的注意事项

（1）操作过程中，当支架的前柱和后柱做单独升降时，前、后柱之间的高度差应小于400 mm。应注意观察支架各部分的动作状况是否良好，如管路有无出现死弯、别卡、挤压及破损等；相邻支架间有无卡架及相碰现象；各部分连接销轴有无拉弯、脱出现象；推移千斤顶是否与底座别卡；液压系统有无漏液以及支架动作是否平稳，发现问题应及时处理，以免发生事故。

操作完毕，必须将操作手把放到停止位置，以免发生误动作。

（2）支架前移时，应清除掉入架内、架前的浮煤和碎矸，以免影响移架。如果遇到底板出现台阶时，应积极采取措施，使台阶的坡度减缓。若底板松软，支架底座下陷到刮板输送机溜槽水平面以下时，要用木楔垫好底座，或用抬架机构调正底座。

（3）移架过程中，为避免空顶面积过大，造成顶板冒落，相邻支架不得同时移架。但是当支架移设速度跟不上采煤机前进的速度时，可根据顶板与生产情况，在保证设备正常运转的条件下，进行隔架或分段移架。但分段不宜过多，因为同时动作的支架数过多会造成泵站压力过低而影响支架的动作质量。

（4）移架时要注意清理顶梁上面的浮煤和矸石，保证支架顶梁与顶板有良好的接触，保持支架的实际支撑能力，有利于控制顶板。发现支架有受力不好或歪斜现象，应及时处理。

（5）移架完毕支架重新支撑顶板时，要注意梁端距是否符合要求。如果梁端距太小，采煤机滚筒割煤时很容易切割前梁；如果梁瑞距太大，不能有效地控制顶板，尤其当顶板比较破碎时，控制顶板更为困难，这就对梁端距提出更高的要求。

（6）操作液压支架手把时，不要突然打开和关闭，以防液压冲击损坏系统元件或降低系统中液压元件的使用寿命。要定期检查各安全阀的动作压力是否准确，保证支架有足够的支撑力。

（7）支架正常支撑顶板时，若顶板出现冒落空洞，使支架失去支护能力，则需及时用坑木或板皮塞顶，使支架顶梁能较好地支撑顶板。

（8）液压支架使用的乳化液，应根据不同水质选用适宜牌号的乳化油，并按5%的乳化油与95%的中性水配制乳化液后使用。同时应对所有水质进行必要的测定，不符合要求的要进行处理，合格后才能使用，以防腐蚀液压元件。使用过程中，应经常对乳化液进行化验，检查其浓度及性能，把浓度控制在3%～5%之内。支架液压系统中，必须设有乳化液过滤装置。过滤器应根据工作面支架使用条件，定期进行更换与清洗，以免脏物堆积造成阻塞。尤其在液压支架运行初期，更应注意经常更换与清洗过滤器。

（9）液压支架进行液压系统故障处理时，应先关进、回液断路阀，切断本架液压系统与主回路之间连接通路。然后将系统中的高压液体释放，再进行故障处理。故障处理完毕后，再将断路阀打开，恢复供液。如果主管路发生故障需要处理时，必须与泵站司机取得联系，停泵后才可进行。

当刮板输送机出现故障，需要用液压支架前梁起吊中部槽时，必须将该架及左、右邻架影响的几个支架推移千斤顶与刮板输送机连接销脱开，以免在起吊过程中将千斤顶的活塞杆别弯（垛式支架还应该将本架与邻架防倒千斤顶脱开），起吊完毕后将推移装置和防倒装置连接好。

(10）液压支架使用过程中，要随时注意采高的变化，防止支架被“压死”，即活柱完全被压缩没有行程，支架无法降柱，也不能前移。使用中要及早采取措施，进行强制放顶或加强无立柱空间的维护。一旦出现“压死”支架情况，有以下3种处理方法：

一是增加液压支架立柱下腔的液体压力，利用1根辅助千斤顶（推移千斤顶或备用的立柱）与被“压死”的立柱液路串联，作为被“压死”的立柱的增压缸，增大进入该立柱下腔的液压力，进行反复增压，使顶板稍有松动。当立柱有小量行程时，就可拉架前移。

二是爆破挑顶。在用上述方法仍不能移架时，在顶板条件允许的情况下，可采用放小炮挑顶的办法来处理。放炮要分次进行，每次装药量不宜过大。只要能使顶板松动，立柱稍微升起，就可拉架前移。

三是爆破拉底。顶板条件不好，不适宜挑顶时，可采用拉底的办法。需在底座前的底板处打浅炮眼，装小药量进行爆破，将崩碎的底板岩石块掏出，底座下降，当立柱有小量行程时，就可拉架前移。顶板破碎时可在支架两侧架设临时抬棚。

(11）如果工作面出现较硬夹石层、断层或有火层岩侵入而必须爆破时，应对爆破区内受影响的支架的各种液压缸、阀件、软管及照明设备等零部件采取可靠的保护措施，认真检查后，才可爆破。爆破后应认真检查崩架情况。

(12）工作面内运送材料、器材、工具时，应防止擦伤、碰坏立柱和千斤顶的活塞杆表面，以及各阀件与管路接头等零件。

三、液压支架的维护与管理

（一）液压支架完好条件

(1）支架的零部件齐全、完好、连接可靠合理。

(2）立柱和各种千斤顶的活柱、活塞杆与缸体动作可靠、无损坏、无严重变形、密封良好。

(3）承载结构件无影响正常使用的严重变形，焊缝无影响支架安全使用的裂纹。

(4）各种阀密封良好，不窜液、漏液，动作灵活可靠。安全阀的压力符合规定数值，过滤器完好无缺，操作时无异常声音。

(5）软管与接头完整无缺、无漏液、排列整齐、连接正确、不受挤压，U形销完整无缺。

(6）泵站供液压力符合要求，所用液体符合标准。

（二）支架维护和检查项目

1. 日常维护和检查

(1）检查各种连接销、轮是否齐全，有无损坏，发现严重变形或丢失的应及时更换或补齐。

(2）检查液压系统有无漏液、窜液现象，有漏液的地方应处理或更换部件。

(3）检查各运动部分是否灵活，有无卡阻现象，如有应及时处理。

(4）检查所有软管有无卡扭、堵塞、压埋和损坏，如有要及时处理或更换。

(5）检查立柱和前梁有无自动下降现象，如有应寻找原因并及时处理。

(6）检查立柱和千斤顶，如有弯曲变形和严重擦伤要及时处理，影响伸缩时要更换。

(7) 支架动作缓慢时，应检查原因，及时更换堵塞的过滤器。

2. 周检

(1) 包括日检全部内容。

(2) 检查顶梁与前梁的连接销轴及耳座，如发现有裂缝或损坏，应及时更换。

(3) 检查顶梁与掩护梁、掩护梁与前后连杆的焊缝是否有裂缝，如有应及时更换。

(4) 检查各受力构件是否有严重的塑性变形及局部损坏，发现要及时更换。

(5) 检查阀件的连接螺钉，如松动应及时拧紧。

(6) 检查立柱复位橡胶盒的紧固螺栓，如松动应及时拧紧。

3. 工作面搬家时的检修

(1) 包括周检的全部内容，如有损坏应全部更换。

(2) 检查承载结构件有无变形、开焊现象，如有应进行整修。

(3) 每半年对安全阀进行一次性能试验。

(4) 断路阀、过滤器等液压元件全部升井清洗。

(三) 维护与管理注意事项

(1) 支架在工作面进行部件拆装更换时，应注意顶板冒落，做好人身和设备的防护工作。更换立柱、前梁千斤顶及各种控制阀多元件时，要先用临时支柱撑住顶梁后再进行。

(2) 支架上的液压部件及管路系统有压力的情况下，不得进行修理与更换，必须在卸载后进行。拆卸时严防污物进入。

(3) 支架拆装和检修过程中，必须使用合适的工具，禁止硬打乱敲，尤其是各种液压缸的活塞杆表面、导向套、各种阀件的阀芯与密封面、管接头以及连接螺纹等，防止损伤，避免增加检修困难。对拆装的液压元件要标上记号，量取必要的尺寸，并分别放在适当的地方。拆下的小零件，如垫圈、开口销及密封圈等，应装入工具袋内，防止丢失。

(4) 支架上使用的各种液压缸和阀件等液压元件，一般不允许在井下拆装，如发现问题不能继续使用时，必须整件更换，送井上进行修理。各种液压缸在井下拆装、搬运过程中，应先收缩至最低位置，并将缸体内液体放出，以免在搬运过程中损伤活塞杆表面。

(5) 备换的各种软管、立柱、千斤顶与各种阀件的进出液口，必须用合适的堵头保护，在存放与搬运过程中注意堵头脱落。

(6) 支架检修后应做好检修记录，包括检修内容，材料和备件消耗，所需工时，质量检查情况和参加检修人员等，以便积累资料，分析情况，为今后维修创造条件。检修后的支架还应进行整架动作性能试验。

(7) 支架的存放与配件贮备要有计划，设专人负责保管，加强防尘、防锈、防冻措施。支架和配件的存放应尽量放在库房内，对存放在地面露天的待检修或暂不下井的支架，应集中在固定地方进行保管，并将支架各液压缸、阀件内的乳化液全部放掉，必要时注入防冻液，以防液压元件冻裂。

(8) 软管在贮存中应盘卷或平直捆扎，盘卷弯曲半径不得小于200～500 mm。橡胶件和尼纶件应避免阳光直射、雨雪浸淋，存放温度应保持在－15～＋40 ℃，存放相对湿度应在50%～80%之间，严禁与酸碱油类及有机溶剂等物质接触，远离发热装置1 m以外。

四、液压支架常见故障及处理方法（表3-5）

表3-5　液压支架常见故障、产生原因及处理方法

故障现象	产生原因	处理方法
管路系统无压力液，操作无动作	1. 检修后，断路阀没有打开 2. 软管堵死，或被砸伤破裂漏液 3. 软管接头脱落或扣压不紧，接头密封损坏漏液 4. 进液侧过滤器被堵塞，液路不通 5. 操作阀内密封损坏，高低压腔窜液	1. 打开断路阀 2. 清理软管，损坏的更换 3. 接牢管接头，更换密封件 4. 清洗或更换过滤器 5. 更换操作阀
推移千斤顶无动作或动作迟缓	1. 活塞密封损坏，高低压腔窜液 2. 活塞杆弯曲变形或焊接处断裂 3. 控制阀、液控单向阀的密封不严，卡住或密封损坏 4. 进液管压力低，阻力大，或回液管堵塞 5. 千斤顶与支架连接销或连接块折断	1. 更换密封件 2. 矫直或更换活塞杆，补焊断裂处 3. 维修或更换密封件 4. 清理管路、过滤油液 5. 更换连接销或连接块
邻架移架时，本架不供液的推移千斤顶随之动作	推溜回路的液控单向阀密封不严	更换密封件
操纵阀手把处于停止位置时，阀内有嗞嗞声，或油缸有缓慢动作	1. 阀座等密封不好 2. 密封圈或弹簧损坏 3. 阀内有脏物卡住	1. 更换密封零件 2. 更换密封圈或弹簧 3. 先动作冲洗几次无效时，再更换清洗
支架初撑力达不到要求	1. 泵压低 2. 操作时间短，未达到泵压即停止供液	1. 调节泵压，排出管道堵塞 2. 操作时充足液
支架工作阻力达不到要求	1. 安全阀调压低，未达到工作压力就开启 2. 安全阀失灵 3. 管路渗漏液	1. 调定安全阀的整定压力 2. 更换安全阀 3. 检修更换损坏管路
操纵阀阀体外渗液	1. 接头与片阀间密封件损坏 2. 连接片阀的螺栓、螺母松动 3. 端面密封不好，手把端套处渗漏	1. 更换密封阀 2. 拧紧螺母 3. 更换密封
操纵阀手把不灵，不能自锁	1. 手把处碎矸、煤粉过多 2. 压块或手把凸轮磨损 3. 手把摆角小于80°	1. 及时清理手把处杂物，并采取防护措施 2. 更换压块或手把 3. 摆足角度
U型卡折断	1. U型卡质量不合格 2. 装卸时敲击折断 3. U型卡规格不对	1. 更换质量合格U型卡 2. 装卸时防止撞击 3. 更换U型卡
液压支架自动下降	1. 安全阀泄液或调定值低 2. 单向阀不能闭锁 3. 立柱至阀连接板一段泄漏 4. 立柱内泄漏	1. 更换安全阀或调至规定值 2. 更换单向阀 3. 检修更换泄漏管 4. 其他原因排除后仍降柱，则要更换立柱
乳化液外泄	1. 密封件损坏或尺寸不合适 2. 沟槽有缺陷 3. 接头焊缝有裂纹	1. 更换密封件 2. 处理缺陷沟槽 3. 补焊接头

表3-5（续）

故障现象	产生原因	处理方法
液压支架不升或升速慢	1. 截止阀未打开或未全开 2. 泵压低，流量小 3. 立柱外泄或内窜液 4. 系统堵塞 5. 立柱变形	1. 完全打开截止阀 2. 检查泵压和管路 3. 更换立柱 4. 清洗、排除堵塞 5. 更换立柱
液压支架不降或降速慢	1. 截止阀未打开或开程不够 2. 液控单向阀打不开 3. 操纵阀动作不灵 4. 顶梁或其他部件有卡阻 5. 管路泄漏堵塞	1. 完全打开截止阀 2. 检查压力是否过低，管路有无堵塞 3. 清理手把处堵塞物或更换操纵阀 4. 排除卡阻物并调架 5. 处理泄漏处及堵塞或更换管路
低于额定压力，安全阀开启	1. 未按要求调定工作压力 2. 弹簧疲劳 3. 密封件有油污	1. 重新调定工作压力 2. 更换弹簧 3. 清洗并更换密封件
超过额定压力，安全阀不开启	1. 弹簧力过大 2. 阀座、弹簧座、弹簧变形卡死 3. 杂物堵塞，阀芯不能移动，过滤器堵死 4. 调动了调压螺钉，使阀实际超调	1. 更换弹簧 2. 检修、更换损坏件 3. 清洗、更换堵塞件 4. 重新调动安全阀至规定值

复习思考题

1. 试述液压支护设备的用途和种类。
2. 单体液压支柱的使用条件是什么？它们是怎样工作的？
3. 外注式单体液压支柱由哪几部分组成？三用阀包括哪几个阀？各阀有何作用？
4. 滑移顶梁支架的移架原理如何？
5. 什么是支架的初撑力、额定工作阻力？它们与哪些因素有关？如何计算？
6. 支撑式、掩护式、支撑掩护式支架在结构和性能上各有哪些特点？
7. 液压支架的电液自动控制的基本原理是什么？
8. 乳化液泵站的作用是什么？由哪几部分组成？
9. 液压支架选型的主要依据和应考虑的因素有哪些？
10. 液压支架送入工作面的方法有哪几种？
11. 使用液压支架时应注意哪些事项？液压支架的完好标准是什么？

第四章　掘 进 机 械

掘进是井工采煤的先行作业。保持采掘比例协调，是矿井持续高产、稳产的必要条件。机械化采煤加快了采煤工作面的推进速度。这就要求加快巷道掘进速度，以提供足够的准采煤量，保证生产接续。

目前，煤矿巷道掘进有钻爆法和综掘法两种方法。钻爆法主要用在硬岩（$f>7$）巷道掘进，综掘法适合于煤及半煤岩（$f<6\sim7$）巷道掘进。钻爆法首先需要按作业规程要求在工作面进行钻凿有规律的炮眼，然后在炮眼中装上炸药进行爆破，最后用装载机械或人力将爆破下来的煤、岩装入运输设备运出工作面，并对新暴露的围岩进行支护。钻爆法是巷道掘进的传统技术，在我国煤矿巷道掘进中仍占相当大的比重，钻孔机械和装载机是主要的机械设备，它不受煤、岩石的限制，但掘进速度较低。综掘法采用部分断面掘进机或全断面掘进机来掘进巷道，它没有钻眼爆破工序，直接靠掘进机上的刀具破落工作面上的煤、岩，形成所需形状的巷道，并同时将破落的煤、岩装入矿车或运输机械运走，实现落、装、运一体化。因此这种综掘法要比钻爆法机械化程度高，生产率高，大大加快了巷道的掘进速度，是目前一种先进的掘进工艺。

第一节　钻 孔 机 械

凿岩机适宜在中等坚硬和坚硬的岩石上钻凿炮眼，应用十分广泛，除用于煤矿的岩巷掘进外，也是金属矿、铁路、公路、建筑和水利工程中的重要凿岩工具。

凿岩机的类型很多，按照其安装和推进方式的不同，可分为手持式、气腿式、伸缩式和导轨式几种。

手持式凿岩机重量一般小于 25 kg，手持作业，适于钻较浅的小炮眼，钻孔直径不超过 40 mm，孔深不超过 3 m。

气腿式凿岩机带有起支撑及推进作用的气腿，重量小于 30 kg，钻孔深度 2 ~ 5 m，钻孔直径 34 ~ 42 mm，为矿山广泛使用。

伸缩式凿岩机的气腿与凿岩机主体刚性固定成一条直线，适于打 60° ~ 90° 的向上炮眼，可用于打锚杆孔和挑顶炮眼，故又称为向上式凿岩机。

导轨式凿岩机重量一般 30 ~ 100 kg，一般装在凿岩台车或架柱导轨上使用，以便改善作业条件，减轻劳动强度和提高凿岩效率。其钻孔深度为 5 ~ 20 m，钻孔直径可达 75 mm。

按凿岩机所用动力的不同，可分为风动凿岩机、液压凿岩机、电动凿岩机和内燃凿岩机。风动凿岩机使用压缩空气为动力，结构简单，使用安全可靠，在矿山中应用最多。液压凿岩机是 20 世纪 70 年代出现的凿岩设备，它使用高压液体作为动力，其优点是动力消耗少，能量利用率高，凿岩速度快，所以发展很快。但机重较大，一般均与液压钻车配套使用，技术要求和维护费用较高。电动凿岩机用电作动力，效率较高，可省去压气设备，

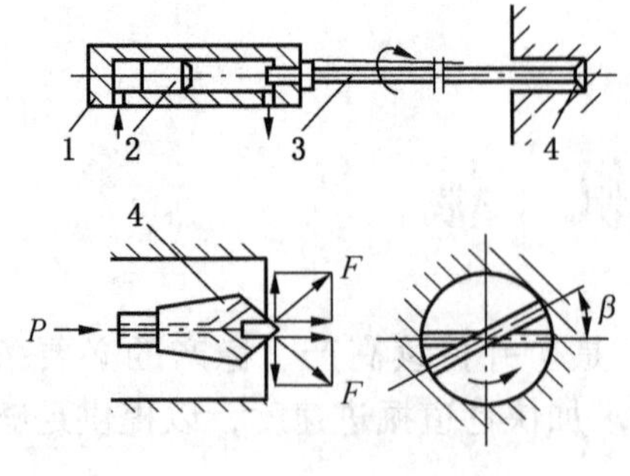

1—凿岩机缸体；2—活塞；
3—钎杆；4—钎头

图4－1　凿岩机工作原理示意图

使动力单一化，有省电、节油、减少设备投资和降低凿岩成本的明显效果，但凿岩速度较低，可靠性较差，目前多用于地方小煤矿。内燃凿岩机多用于野外作业，在煤矿应用时废气净化和防爆问题较难解决。

凿岩机是利用冲击破碎岩石的原理进行工作的。在工作时，凿岩机需完成两个基本动作，即击钎和转钎。如图4－1所示，当凿岩机缸体内的活塞冲击钎杆的尾端时，由于钎头呈尖楔状，在冲击力的作用下，钎头凿入岩石一定深度形成一道凹槽，凹槽处岩石被压碎。为了形成圆形的炮眼，每冲击一次后，活塞回程时，还需使钎杆回转一定的角度β，然后活塞再次冲击钎尾，形成新的凹槽，凹槽之间的扇形岩块将由钎头上产生的水平分力剪切破碎掉。活塞不断地冲击钎尾，即可在岩石上形成一定深度的炮眼。此外，为保证钎杆持续有效地凿岩，还必须给凿岩机施加适当的轴向推力，并将钻孔中的岩屑及时地排出。

一、风动凿岩机

（一）构造

国产各种风动凿岩机构造原理基本相同。不论哪种凿岩机，要能顺利地打成炮眼，必须具备冲击配气机构、转钎机构、排粉机构、推进机构、操纵机构和润滑机构。几种国产风动凿岩机的技术特征见表4－1。

表4－1　国产风动凿岩机的技术特征

技术特征	手持式	气腿式			向上式	导轨式
	10－30	YT－23（7655）	YTP－26	YT－28	YSP－45	YG－90
质量/kg	28	23	26.5	28	45	90
全长/mm		628	680	690	1020	883
使用气压/MPa	0.5	0.5	0.5	0.5	0.5	0.5～0.7
气缸直径/mm	65	70	95	75	95	125
活塞行程/mm	60	60	50	70	47	62
耗气量/($m^3 \cdot min^{-1}$)	2.2	<3.2	<3	3.5	<5	11
使用水压/MPa	0.2～0.3	0.2～0.3	0.3～0.5	0.2～0.3	0.2～0.3	0.4～0.6
炮眼直径/mm	34～42	34～42	36～45		35～42	50～80
炮眼深度/m	4	5	5	5	6	30
钎尾尺寸/mm	B25.4×108	B22.2×108	B22.2×108 B25.4×108	B22.2×108	B22.2×108	ϕ38×97

表4-1（续）

<table>
<tr><th rowspan="2">技术特征</th><th>手持式</th><th colspan="3">气腿式</th><th>向上式</th><th>导轨式</th></tr>
<tr><th>10-30</th><th>YT-23
（7655）</th><th>YTP-26</th><th>YT-28</th><th>YSP-45</th><th>YG-90</th></tr>
<tr><td>气腿型号</td><td>72-12
72-13</td><td>FT-160</td><td>FT-170
专用气腿</td><td>FT-160</td><td>轴向气腿</td><td>专用</td></tr>
<tr><td>注油器型号</td><td></td><td>FY-200A</td><td>FY-700
（落地式）</td><td>FY-200A</td><td>FY-500A
（落地式）</td><td>专用</td></tr>
<tr><td>配气阀型式</td><td>环状活阀</td><td>环状被动阀</td><td>无阀</td><td>碗状控制阀</td><td>环状被动阀</td><td>无阀</td></tr>
</table>

注：1. 型号编制法：Y—手持式；YT—气腿式；YS—向上式；YG—导轨式；YTP—气腿式高频。

2. B—中空六角钎钢；ϕ—中空圆钎钢。

3. 风、水管内径按说明书选用。

图4-2是国产YT-23型气腿凿岩机的外形结构。该机主机由柄体、气缸及机头组成，用两根螺栓将它们与手柄连成一体。钎子插在机头的钎尾套内，并借钎卡支持。自动注油器连在压气管上，使润滑油混合在压缩空气中成雾状，带入凿岩机内润滑各运动副。冲洗炮眼用的压力水由水管从凿岩机尾部送入，经插在机器内的水针直至钎子的中心孔。气腿支撑凿岩机并给以推进力。凿岩机的操作手把及气腿伸缩手把集中在柄体上，操作较为方便。其他凿岩机的构造与YT-23型的构造基本相似，主要区别在于有些凿岩机采用不同的配气及转钎机构型式。

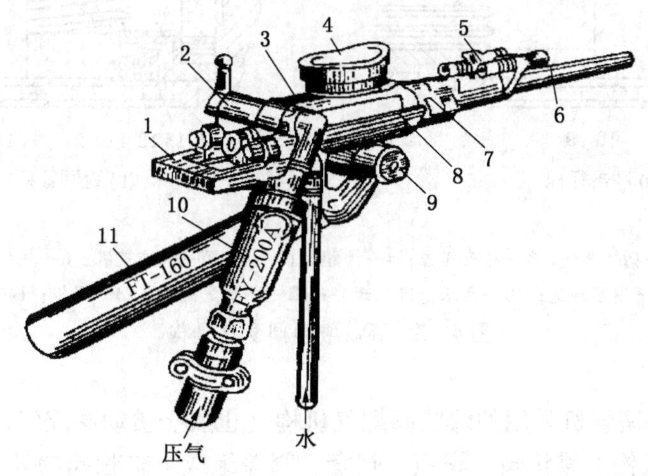

1—手柄；2—柄体；3—气缸；4—消音罩；5—钎子；6—钎卡；7—机头；
8—连接螺栓；9—气腿连接轴；10—自动注油器；11—气腿

图4-2 YT-23型气腿凿岩机的外形结构

（二）结构原理

1. 冲击配气机构

冲击配气机构是气动凿岩机的关键部件。配气机构的作用是将由操纵阀输入的压气依次输送到气缸的后腔和前腔中，推动活塞作往复运动，从而获得活塞对钎尾的连续冲击动作。配气机构的制造质量和结构性能的优劣，将直接影响到凿岩机的工作效率和使用寿命。现代凿岩机采用被动阀、控制阀和无阀等三种配气机构。

1）被动阀冲击配气机构

YT－23 型凿岩机采用环状被动阀配气机构，其原理如图 4－3 所示。环状配气阀装在阀柜中，并用阀套限制其行程。冲击行程开始时（图 4－3a），环状阀和冲击活塞均在极左位置，从柄体操纵阀气孔来的压气，经气路 2、3、4、5 进入气缸左腔，而气缸右腔经排气孔与大气相通。故活塞在压气的压力作用下迅速向右运动，当其右端面关闭排气孔后，气缸右腔内的气体被压缩，经孔道和阀柜上的径向孔，作用在环状阀的左面。当活塞左端打开排气孔时，活塞后腔压力突然下降，使环状阀右移，如图 4－3b 所示。此时冲击活塞已冲击钎尾，压气经孔和孔道进入气缸右腔，推动活塞作返回行程。返回行程中，活塞先关闭排气孔，气缸左腔形成气垫，当活塞右端面打开排气孔时，环状阀在左腔气垫压力作用下移至极左位置，于是又开始了下一次冲击行程。上述配气机构是利用冲击活塞在临近行程终点时，压缩活塞压力推动配气阀换位的，故称为用气垫压力前腔（气缸右腔）或后腔孔（左腔）内的气体，形成气垫，用气垫推动配气阀换位的，故称为被动阀配气机构。

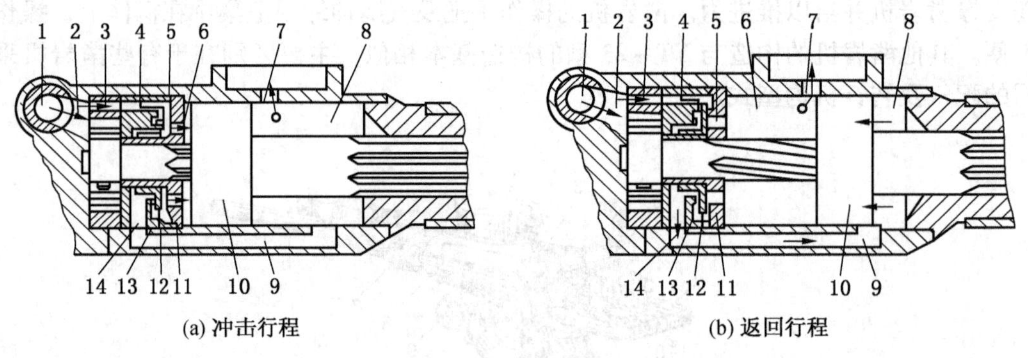

(a) 冲击行程　　(b) 返回行程

1—操纵阀气孔；2—柄体气道；3—棘轮气道；4—阀柜轴向气孔；5—阀套气孔；6—气缸左腔；7—排气孔；8—气缸右腔；9—返程气道；10—活塞；11—阀套；12—环状配气阀；13—阀柜；14—阀柜径向气孔

图 4－3　环状被动阀配气机构

YT－25 型气腿凿岩机采用的蝶状阀配气机构（也属于被动阀配气机构，如图 4－4 所示），蝶状阀配气机构由蝶状阀、阀柜、阀套、阀盖组成。蝶状阀的外缘比中央薄，两侧呈 10°左右的锥度，它套在阀套上，其间有一定间隙，使其可在阀套上作小角度摆动。蝶状阀配气机构的工作原理与环状阀配气机构基本相同。不同的是它利用蝶状阀的摆动而运动，借其侧面不断打开和关闭气路，从而使活塞作往复运动。

2）控制阀冲击配气机构

这种冲击配气机构依靠活塞往返运动时，在打开排气孔前，使压气经专门的控制气路推动配气阀换位。YT－26 型气腿凿岩机所采用的是碗状控制阀配气机构，其配气原理如图 4－5 所示。活塞冲击行程开始时（图 4－5a），活塞及碗状控制阀均处在极左位置，压

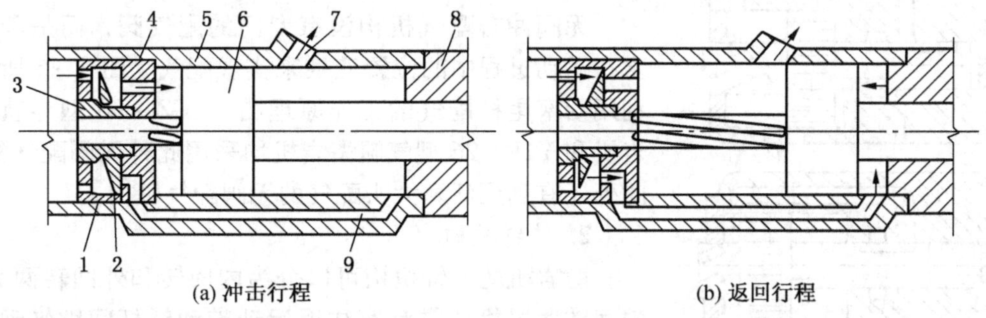

(a) 冲击行程　　(b) 返回行程

1—蝶状阀；2—阀柜；3—阀套；4—阀盖；5—气缸；6—活塞；7—排气口；8—导向套；9—回程气道

图 4－4　蝶状阀配气机构

气由箭头所示气路进入气缸左腔，推动活塞向右移动。当越过孔时。一部分压气经孔道进入阀室作用于阀的左端面，推阀右移，阀室的废气经孔道溢入大气。当活塞越过排气口后，使气缸左腔与大气相通，靠惯性力冲击钎尾，完成冲击动作。活塞返回行程开始时（图 4－5b），活塞及碗状阀均处于极右位置，压气由箭头所示气路进入气缸右腔，推动活塞作返回运动。当活塞越过孔时，一部分压气经孔进入阀室作用于阀的右端面，推阀左移，阀室的废气经孔道溢入大气，当活塞越过排气口后，使气缸右腔与大气相通，返回行程结束，开始下一个冲击行程。

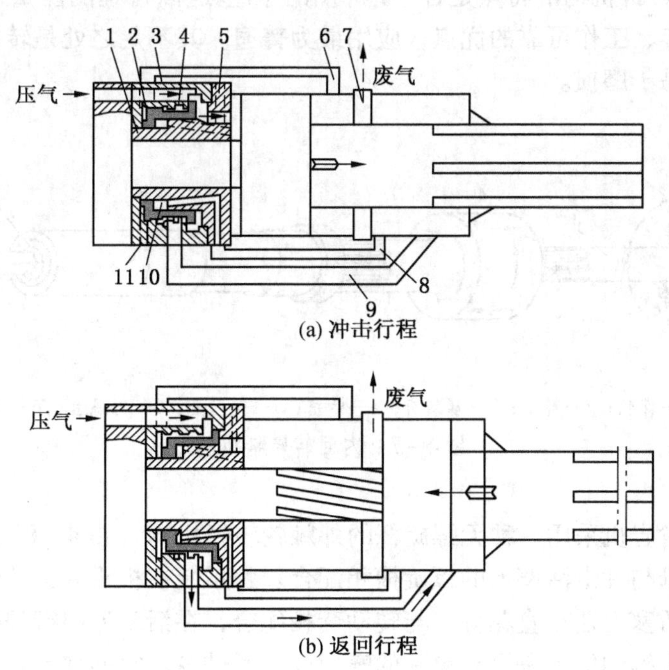

(a) 冲击行程

(b) 返回行程

1—阀套；2、10—阀室；3—阀柜；4—控制阀；5、11—通大气的小孔；6、8、9—气孔；7—排气孔

图 4－5　碗状控制阀冲击配气机构配气原理

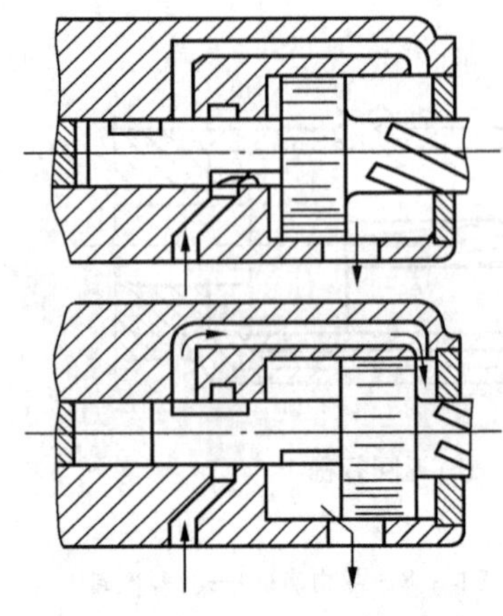

图4-6　无阀冲击配气机构

3）无阀冲击配气机构

无阀冲击配气机构没有专门的配气阀，而是利用活塞在运动过程中的位置变换来实现配气。图4-6所示为利用活塞尾杆配气的工作原理图，YGZ-90型导轨式凿岩机和YTP-26型气腿凿岩机均采用此种无阀配气机构。此外还有利用活塞大头配气的无阀配气机构。

2. 转钎机构

凿岩机的转钎机构可以分为内回转和外回转两大类。内回转凿岩机依靠活塞往返运动带动钎杆间歇转动，转速不可调节。YT-23型凿岩机采用由螺旋杆和内棘轮组成的内回转转钎机构（图4-7）。棘轮用定位销固定在气缸与柄体之间，螺旋杆插入活塞尾部的螺母中，其头部装有4个棘爪。这些棘爪在弹簧（图中未画出）作用下顶紧在棘轮内齿上，使螺旋杆只能朝一个方向转动。当活塞处于冲击行程时，棘轮不能阻止螺旋杆转动，在活塞尾端螺母的作用下，螺旋杆被带动沿图中虚线箭头方向转动一定的角度。当活塞返回行程时，棘轮阻止螺旋杆转动，迫使活塞一边后退一边沿图中实线箭头方向转动。由于活塞杆的直花键与转动套5的花键孔相配合，而转动套右端固定有安装钎子的钎尾套，六方形断面的钎尾插在其中，因此，冲击活塞每次冲击钎尾后，在返回行程中带动钎子转过一定的角度，转角的大小取决于螺旋杆的导程与活塞行程，一般为10°~15°。这种内回转转钎机构的特点是合理地利用了活塞返回行程的能量来转动钎子，具有零件少、结构紧凑、工作可靠的优点，应用最为普遍。其不足之处是转钎扭矩受到一定限制，棘爪等零件易于磨损。

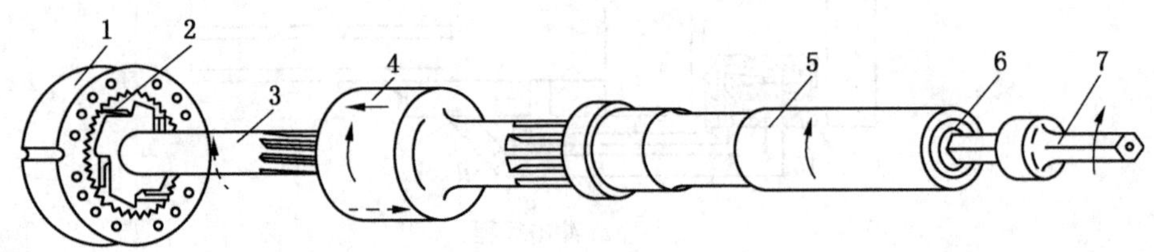

1—棘轮；2—棘爪；3—螺旋杆；4—活塞；5—转动套；6—钎尾套；7—钎子

图4-7　内回转转钎机构

YTP-26型凿岩机采用一种无螺旋杆的外棘轮转钎机构（图4-8）。外棘轮装在机头中，其内装有螺母与冲击活塞上的螺旋槽相配合。棘爪装在机头内，并借助弹簧将它顶在外棘轮齿槽内。活塞上还有直花键，与转动套相配合，在活塞返回行程时，即可带动钎子旋转。这种转钎机构的优点是没有单独的螺旋杆，零件少。它的缺点是螺旋槽与花键槽均开在活塞杆上，削弱了活塞杆的强度。

在重型导轨式凿岩机上还采用一种带螺旋杆的双向外棘轮转钎机构，可以正反转，以便装拆钎子。

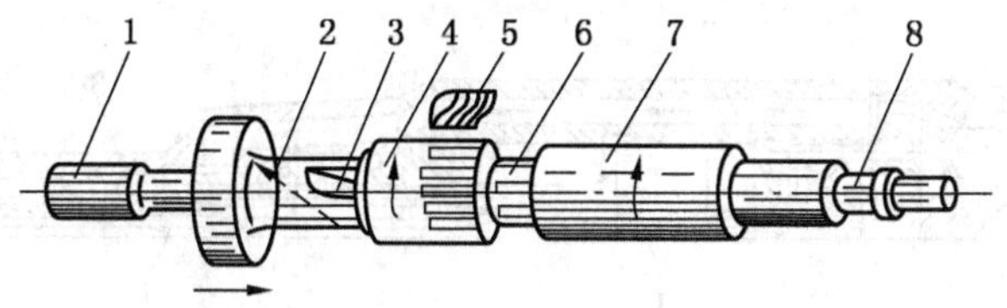

1—配气圆杆；2—活塞；3—活塞螺旋槽；4—棘轮；5—棘爪；6—活塞花键；7—转动套；8—钎子

图 4-8　无螺旋杆外棘轮转钎机构

外回转转钎机构是由单独的风动马达经减速后直接带动钎子旋转，其回转是连续的，转速可以调节，且与冲击机构互相独立。这种转钎机构扭矩大，不易夹钎，可以反转，便于接长和拆卸用螺纹连接的长钎杆，因此一般用于大功率深孔凿岩机（如 YGZ-90 型凿岩机等）。

3. 排粉机构

为了消除排出的岩粉对人体造成的危害，我国规定钻眼工作必须采用湿式排粉方式。现代生产的凿岩机都配有轴向供水系统，并都采用风水联动系统，如图 4-9 所示。

当凿岩机开动时，通到柄体气室气道 2（图 4-9）中的压缩空气除进入气缸推动活塞往复运动外，还有一部分压缩空气经柄体端部大螺母上的气道 2 进入注水阀右端面，克服弹簧的阻力，推阀左移，开启水路。水经柄体上的给水接头和水道 7 进入水针。水针插入钎子的中心孔内，水经由钎子中心孔进入钻眼的眼底。注入的水有一定的压力，与岩粉形成浆液后从钎杆与钻眼壁之间的间隙排出孔外。

当凿岩机停止工作时，柄体气室无压缩空气，弹簧推动注水阀右移，关闭水道，停止供水。

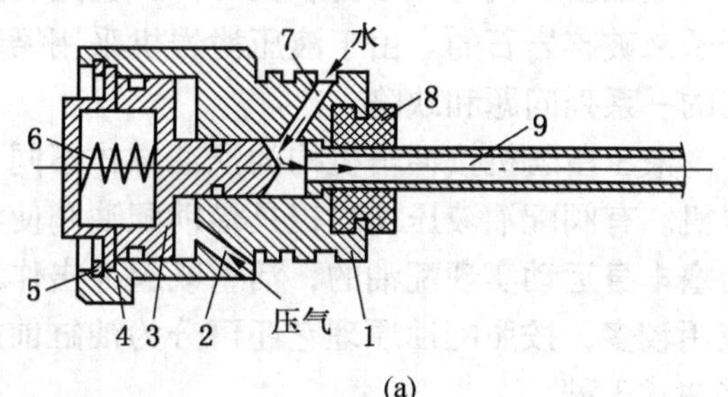

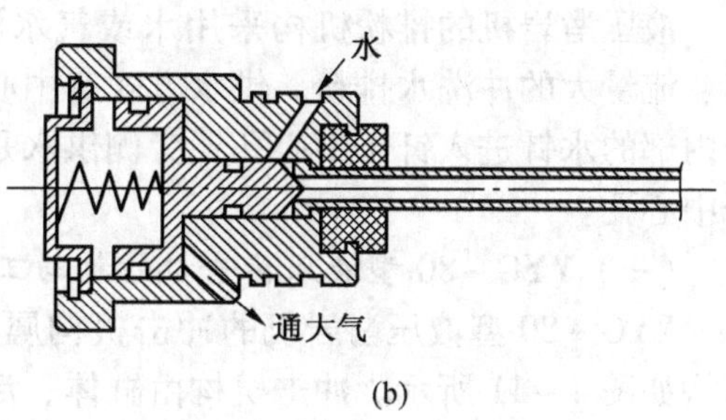

1—大螺母；2—气道；3—注水阀；4—压盖；5—密封圈；6—弹簧；7—水道；8—密封胶圈；9—水针

图 4-9　风水联动注水机构

大多数凿岩机除有注水排粉系统外，还有强力吹扫炮眼的系统，如图 4-10 所示。当将手把扳到强吹位置时，凿岩机停止运转也停止供水。这时压缩空气直接经缸体上的气道和机头壳体上的气孔进入钎子中心孔，经过钎子中心到达眼底，强力吹出岩粉。

4. 润滑机构

为使凿岩机正常工作，减少机件的磨损，延长机件寿命，凿岩机必须有良好的润滑。现代凿岩机均采用独立的自动注油器实现润滑。注油器有悬挂式和落地式两种。悬挂式注油器悬挂在风管弯头处，容量较小；落地式注油器放在离凿岩机不远的进风管中部，容量

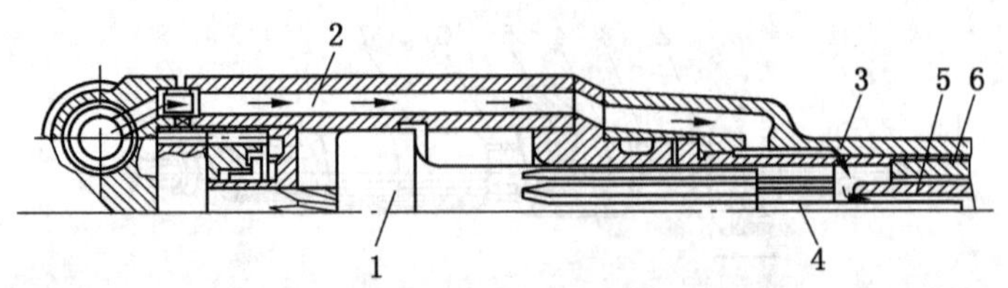

1—活塞；2—气道；3—气孔；4—水针；5—钎尾；6—六方套

图 4－10　凿岩机强力吹扫系统

较大。这两种注油器的构造原理基本相同。

二、液压凿岩机

液压凿岩机与风动凿岩机一样，也是利用压力差作用推动活塞在缸体内往复运动冲击钎子来破碎岩石的。由于液压凿岩机采用循环的高压油作动力，因此能克服风动凿岩机存在的一系列问题和缺陷。

液压凿岩机按冲击机构的配油方式不同可分为有阀配油液压凿岩机和无阀配油液压凿岩机。有阀配油液压凿岩机是借助配油阀使油流换向实现配油；无阀配油液压凿岩机是借活塞本身运动实现配油的，活塞既起冲击作用，又起配油作用。目前有阀配油液压凿岩机应用较多，按照配油原理它还可分为油缸前后腔交替进、回油式，前腔常进油式和后腔常进油式 3 种。

液压凿岩机的排粉机构采用水或气水混合排粉，但为了提高凿岩速度，多采用压力高、流量大的冲洗水排粉。供水方式有中心供水和旁侧供水两种。中心供水是将水通过机器内部的水针进入钎子中心孔；旁侧供水是将水通过设在机器前面的水套，从旁侧进入钎子中心孔。

（一）YYG－80 型液压凿岩机结构与工作原理

YYG－80 型液压凿岩机的冲击机构属于前后腔交替进、回油式，采用滑阀配油，其结构如图 4－11 所示。冲击机构由缸体、活塞和滑阀等组成。缸体做成一个整体，滑阀与活塞的轴线互相平行，在缸孔中，前后各有一个铜套支撑活塞运动，并导入液压油。滑阀的作用是自动改变油液流入活塞前、后腔的方向，使活塞往复运动，打击冲击杆的尾部，从而将冲击能量传给钎子。

YYG－80 型液压凿岩机的转钎机构由摆线转子油马达、减速齿轮及冲击杆等组成。齿轮中压装有花键套，与冲击杆上的花键相配合，钎尾插入冲击杆前端的六方孔内。因此，当油马达带动齿轮转动时。冲击杆和钎子都将跟着一起转动。在油马达的液压回路中装有节流阀，可以调节油马达的转速。排粉机构采用旁侧进水方式，压力水经过水套进入钎子中心孔内。

YYG－80 型液压凿岩机冲击配油机构的工作原理如图 4－12 所示。图 4－12a 为活塞冲程开始时的情况。活塞与滑阀阀芯均处于左端位置，压力油经进油管 P 进入滑阀 H 腔后，经 a 孔进入活塞左端 A 腔，使活塞向右（前）运动，活塞右端 M 腔内的油液经孔 e、滑阀 K 腔、Q 腔流入回油箱。此时两端 E 腔、F 腔均通油箱，阀芯保持不动。当活塞运动

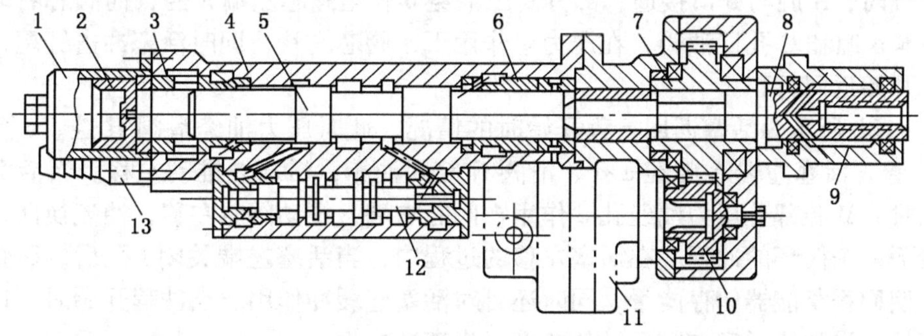

1—回程蓄能器壳体；2—活塞；3、6—铜套；4—缸体；5—活塞；7—齿轮；
8—冲击杆；9—水套；10—齿轮；11—油马达；12—滑阀；13—进油管

图4-11　YYG-80型液压凿岩机结构

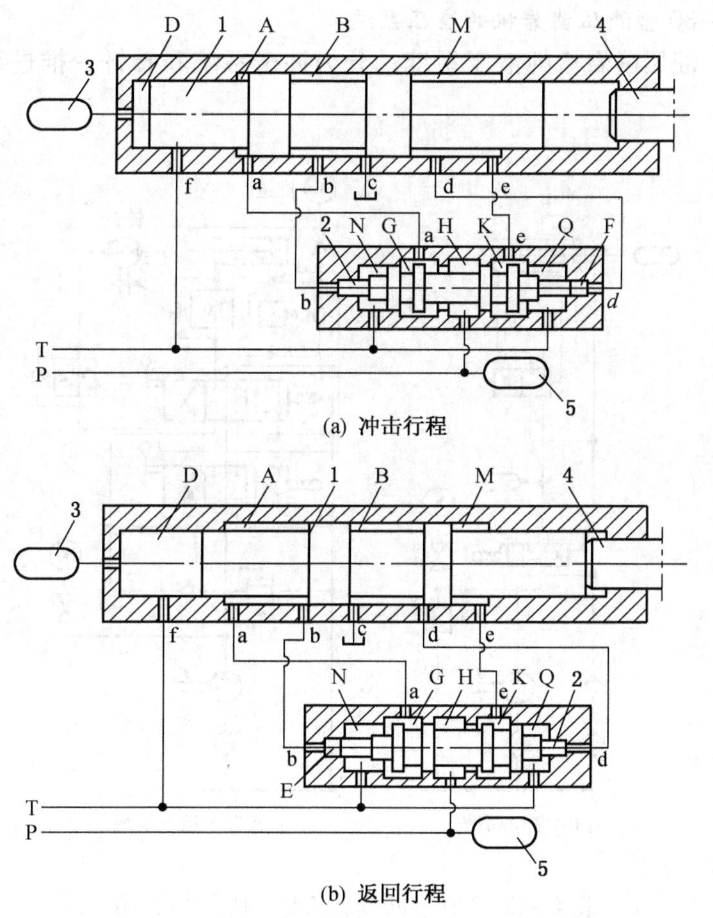

1—活塞；2—滑阀；3—回程蓄能器；4—钎尾；5—主油路蓄能器

图4-12　YYG-80型液压凿岩机冲击配油机构工作原理

到一定位置时，A 腔与 b 口接通，部分高压油经 b 孔至阀芯左端 E 腔，而阀芯右端 F 腔经孔 d、缸体 B 腔和 C 孔回油箱，在压力差作用下，阀芯右移，同时活塞冲击钎尾，完成冲击行程，开始返回行程。

图 4－12b 所示为活塞返回行程开始时的情况，此时压力油经滑阀 H 腔、e 孔进入活塞右端 M 腔，活塞左端 A 腔经 a 孔、滑阀 N 腔回油箱，活塞被推动左移。当活塞移动到打开 d 孔时，M 腔部分压力油经孔 d 作用在阀芯右端，推动阀芯左移，油流换向，回程结束并开始下一个循环的冲程。在活塞左移的过程中，当活塞左端关闭 f 孔后，D 腔内油液被压缩，使回程蓄能器储存能量，同时还可对活塞起缓冲作用。当冲程开始时，该蓄能器就释放能量，以加快活塞向前运动的速度，提高冲击力。

在 YYG－80 型液压凿岩机上还装有一个主油路蓄能器，其作用是积蓄和补偿液流，减少油泵供油量，从而提高效率，并减少液压冲击。

YYG－80 型液压凿岩机的冲击机构采用独立的液压系统，由一台齿轮泵供油，而转钎机构则与配套的液压钻车的液压系统合并使用。

（二）YYG－80 型液压凿岩机的液压系统

YYG－80 型液压凿岩机的液压系统，分为冲击系统和转钎－推进系统两部分，如图 4－13 所示。

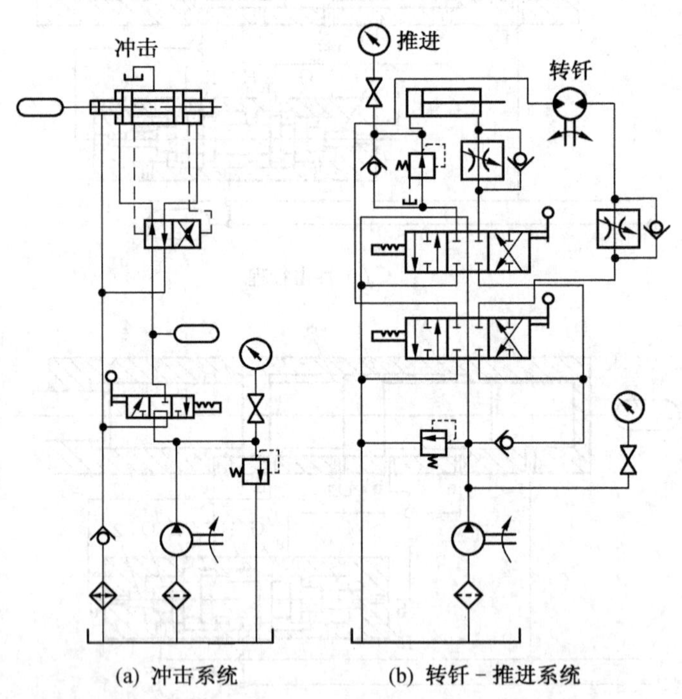

图 4－13　YYG－80 型液压凿岩机的液压系统

冲击系统是独立的系统，由一台 CB－H90C 型齿轮泵供油。转钎—推进系统可以和配套的推进凿岩台车的液压系统合并，因凿岩机和台车不同时工作，由一台 YBC45/80 型齿轮油泵供油。凿岩机在工作过程中，因为冲击液压系统内油温很高，有可能达到 90 ℃，所以必须在油箱内设置冷却器。

目前国内外液压凿岩机的结构类型虽多，但主要区别在于冲击机构换向方式不同，而转钎机构大多采用齿轮油马达，再经一级或二级齿轮减速，带动钎子回转。

液压凿岩机的冲击机构按配油方式可分为有阀和无阀两种，按阀的结构可分为套筒阀和滑阀两种；按液压油控制方式可分为前后腔交替进回油、前腔常进油和后腔常进油3种。YYG－80型液压凿岩机属于滑阀式、前后腔交替进回油类型。

国内外一些液压凿岩机的主要技术特征见表4－2。

表4－2　国内外一些液压凿岩机的主要技术特征

技术特征	YYG－80型（中国）	COP1038 HD型（瑞典）	AD102型（瑞典）	RPH－200型（法国）	H－45型（法国）	HH4025型（联邦德国）	HARD型（美国）	HL438L型（芬兰）
质量/kg	80	142	132	90	123	150	215	112
冲击频率/Hz	50	42～60	54	33～67	52～55	67	155	58
冲击功/J	120	250～350	230	100～200	150～221	255	92	265
最大扭矩/(N·m)	150	415	265	200～300	500	224	190	163
转速/$(r \cdot min^{-1})$	0～500	0～300	0～230	0～250	130～200	0～280	0～255	0～300
钻孔直径/mm	42～45	45～51		27～41	32～45			51～89
冲击油压/MPa	12	23～25	13.5	20	10～13	15～18	18.3	7.5～16
冲击流量/$(L \cdot min^{-1})$	120	90	120	50	90	100～130	83	95
回转油压/MPa	7	9～11	13.5	10	9.5～11.5	10	7.0	15
回转流量/$(L \cdot min^{-1})$	45	70	33	40～70	45	30～40	47	30

三、凿岩台车

凿岩台车是随着采矿工业的不断发展而出现的一种凿岩作业设备。它将一台或几台凿岩机连同推进器一起安装在特制的钻臂或台架上，并配以行走机构，使凿岩作业实现机械化。当用钻爆法掘进较大断面岩石巷道时，使用凿岩台车可以大大提高凿岩效率，减轻劳动强度，改善劳动条件，还可以与装载机、转载机和运输设备配套，组成岩巷掘进机械化作业线。随着凿岩技术的不断发展，一批新型高效能的中型、重型凿岩机相继问世，凿岩台车为应用这些凿岩机准备了技术条件和可能性。特别是液压凿岩机，由于其机型重，推力大，凿岩速度快，没有相应的凿岩台车就不能发挥其效能。而凿岩台车也只有配备高效能的凿岩机才能发挥其优越性。

目前煤矿中使用的均为钻臂式平巷凿岩台车。按照凿岩台车钻臂的数目，亦即安装凿岩机的台数不同，可分为单机、双机、三机和多机凿岩台车，一般以双机和三机凿岩台车为多。按照钻臂调位方式不同，可分为直角坐标调位方式和极坐标调位方式两种。按照行走装置的不同，凿岩台车亦可分为轨轮式、轮胎式和履带式三种。国内外几种凿岩台车的技术特征见表4－3。

表4-3 凿岩台车的技术特征

技术特征		CGJ-2型（中国）	CGJ-3型（中国）	CTJ-3型（中国）	TH-430型（瑞典）	CTH10-2F型（法国）
配用凿岩机		YT24、YGP28	YG35、YGP28	YGZ70	COP1038HD	RPH200、RHR40
适用巷道断面/m^2		3.6~9.0	4.0~10.8	9.0~20.0（3.0×3.0~4.0×5.0）	10.0~32.0	4.0~15.7
驱动方式及功率/kW		风动	风动/电动机	风动	电动机2×45	电动机46
质量/t		2.0	5.5	8.0	20.0	8.0
钻臂	数目	2	3	3	2	2
	运动方式	直角坐标	极坐标	极坐标	极坐标	直角坐标
	平动方式	四速杆	液压自动	液压自动	液压自动	
推进与补偿	推进方式	风马达丝杠	油缸钢丝绳	风马达丝杠	油缸钢丝绳	油缸钢丝绳
	推进行程/m	1.8	2.5	2.5	3.3	
	推进力/kN	2.0	5.0	7.0	12.5	
	补偿方式	油缸	油缸	油缸	油缸	油缸
	补偿行程/m	1.2	1.2	1.025	1.6	1.5
行走机构	方式	轨轮	轨轮	轮胎	履带	履带
	速度/($km \cdot h^{-1}$)	6~8		0~3		3
	驱动方式	直流电机3.5kW	油马达5kW	风马达15HP	油马达	油马达

国产CTJ-3型三机轮胎式凿岩台车如图4-14所示，它的主要组成部分为推进器、两个侧边钻臂和一个中间钻臂、轮胎行走机构，以及附属的液压系统、压气和供水系统等。

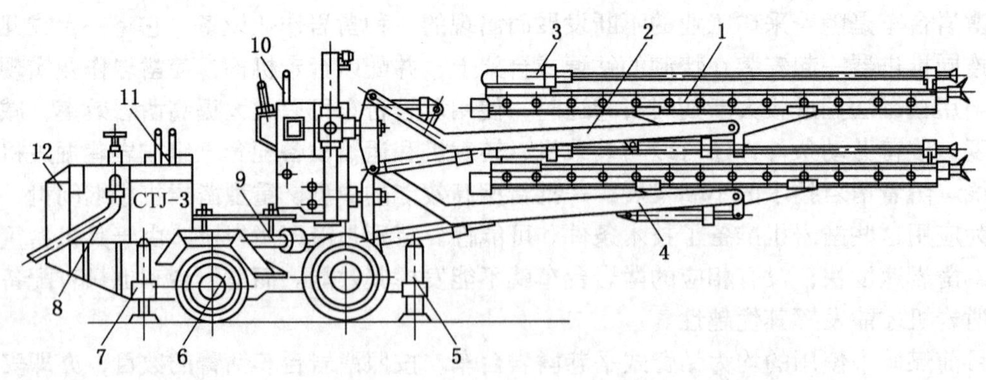

1—推进器；2—侧边钻臂；3—YGZ-70外回转凿岩机；4—中间钻臂；5—前支撑油缸；6—轮胎行走机构；7—后支撑油缸；8—进风管；9—摆动机构；10—操纵台；11—司机座；12—配重

图4-14 CTJ-3型三机轮胎式掘进凿岩台车

1. 推进器

推进器是导轨式凿岩机的轨道，并给凿岩机以工作所需要的轴向推力。如图 4－15 所示，CTJ－3 型凿岩台车分别在两个侧边钻臂和中间钻臂的前端安装由活塞式风动马达驱动的螺旋推进器，其结构如图 4－15 所示。

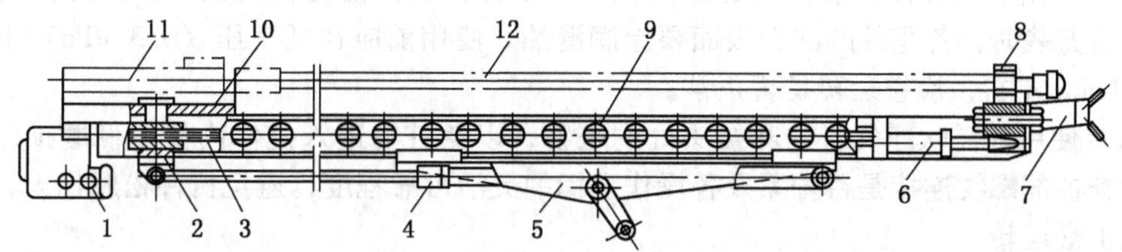

1—风动马达；2—螺母；3—丝杆；4—补偿油缸；5—托盘；6—扶钎油缸；7—顶尖；8—扶钎器；9—导轨；10—凿岩机底座；11—凿岩机；12—钎子

图 4－15　CTJ－3 型三机轮胎式掘进凿岩台车推进器结构

推进器导轨下面设有补偿油缸，其缸体与导轨托盘铰接，活塞杆与导轨铰接。伸缩补偿油缸就可以调节推进器导轨在导轨托盘上的位置，使导轨前端的顶尖顶紧岩壁，以减少凿岩机工作过程中钻臂的振动，增加推进器的工作稳定性。凿岩机底座与导轨间、导轨与导轨托盘间均有尼龙 1010 滑垫，以减少移动阻力和磨损。在导轨前端还装有剪式扶钎器，当凿岩机开始钻炮孔时，用扶针器夹持钎子的前端，以免钎子在岩面上滑动；钎子钻进一定深度后，松开扶钎器以减少阻力。扶钎器的两块卡爪平时由弹簧张开，扶钎时由扶钎油缸将其活塞杆上的锥形头插入两块卡爪之间，使其剪刀口合拢。

2. 钻臂

钻臂是凿岩台车的主要部件，它的作用是支撑推进器和凿岩机，并可调整推进器的方位，使之可在全工作面范围内进行凿岩。CTJ－3 型凿岩台车的两个侧钻臂和中间钻臂结构基本相同，其工作原理如图 4－16 所示。

钻臂架的前端与推进器导轨的托盘铰接，利用俯仰角油缸可以调整导轨的倾角，故凿岩机钻出的炮眼倾角可以调整。利用钻臂油缸可以调整钻臂架的位置，亦即调整凿岩机位置的高低，钻凿不同高度的炮眼。钻臂架的后端与钻臂座铰接，钻臂座安装在回转机构的水平出轴上，此轴为一齿轮轴，在回转机构中的齿条油缸带动下，可使钻臂座连同钻臂架一起绕此轴线在 360°范围内回转，因此，由回转机构改变凿岩机的回转角度，钻臂油缸改变凿岩机的回转半径，就可以确定炮眼位置，使凿岩机能在一定圆周范围内钻凿不同位置的炮眼。钻臂的此种调位方式称为极坐标调位方式，其主要优点是在炮孔定位时操作程序少，定位时间短，但对操作技术要求较高。

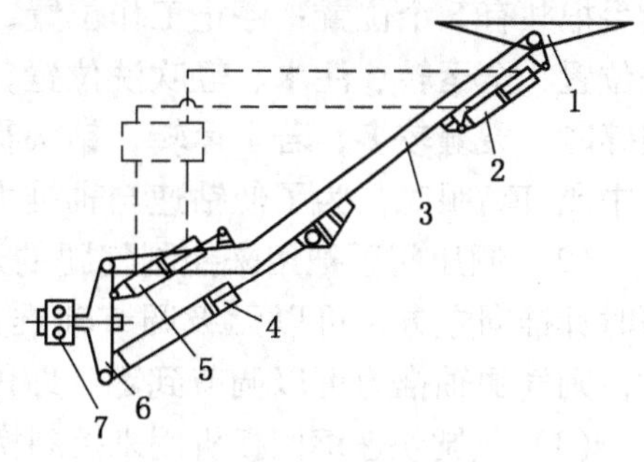

1—推进器托盘；2—俯仰角油缸；3—钻臂架；4—钻臂油缸；5—引导油缸；6—钻臂座；7—回转机构

图 4－16　CTJ－3 型凿岩台车钻臂

四、凿岩机使用与故障处理

（一）凿岩机使用与维护

1. 使用注意事项

（1）新凿岩机在使用前，须拆卸清洗内部零件，除掉凿岩机在出厂时所涂的防锈油质。重新安装时，各零件的配合表面要涂润滑油。使用前应在低气压（0.3 MPa）下开车运转 20 min 左右，检查运转是否正常。

（2）使用前需吹净气管内和接头处的脏物，以免脏物进入机体内使零件磨损，同时细心检查各部螺纹连接是否拧紧及各操作手柄的灵活可靠程度，避免机件松脱伤人，保证凿岩机正常运转。

（3）供气管路气压应保持在 0.5 ~ 0.6 MPa 范围内，若气压过高则零件易损坏；气压过低则凿岩机效率下降，甚至影响正常使用。

（4）凿岩机开动前注油器内应装满润滑油，并调好油阀。工作过程中应每隔 1 h 向注油器内注油 1 次，不得无润滑油作业。

（5）凿岩机开动时应先开小车，在气腿顶力缓慢加大的同时逐渐开全车凿岩。不得在气腿推力最大时骤然开全车运转，更不应长时间开全车空运转，以免零件擦伤和损坏。在拔钎时，应以开半车为宜。

（6）钻完孔后，应先拆掉水管进行轻运转，吹净凿岩机内部残存水滴，以防内部零件锈蚀。

（7）湿式中心注水凿岩机，严禁打干眼，更不许拆掉水针作业，防止运转不正常及损坏阀套。

（8）经常拆装的凿岩机，在凿岩时应注意及时拧紧螺栓，以免损坏内部零件。

（9）已经用过的凿岩机，需要长期存放时，应拆卸清洗、涂油封存，并且不应该存放在潮湿处。

2. 凿岩机操纵机构的操作

为了便于操作，凿岩机的操纵机构（除注油器的油量调节外）全集中于柄体。

（1）操纵阀手把是控制机器的总开关，又是气水联动、强力吹洗的控制机构。操纵阀手把共有 5 个位置：停止工作位置，轻运转、注水、轻吹洗位置，中运转、注水、轻吹洗位置，全运转、注水、轻吹洗位置，强力吹洗炮眼、机器停止工作、停水位置。当岩石破碎时，裂缝较多，若全运转，钻头很快地钻进裂缝里将会卡住钎子。因此，在较软的岩石中或打高眼时，为了使钻速与轴推力相适应而采用中运转。

（2）调压阀手把用来控制气腿的运动速度和调节气腿的轴推力。调压阀手把从右方顺时针推向左方，可以无级调节轴推力由零到最大值；反之，手把从左方逆时针推向右方，则气腿轴推力可以调节到零，即停止气腿的伸缩。

（3）气腿快速缩回扳机用来控制换向阀的换向使气腿快速缩回。凿岩机在工作过程中，气腿的一次推进行程尚不能满足凿深要求，需挪动气腿在地面上的支撑点位置时，只需勾动扳机压动换向阀到气腿缩回位置，则气腿便可快速缩回，而不需关闭操纵阀和调压阀。

3. 润滑油的选择

润滑对机械的使用性能和使用寿命有很大影响，但鉴于目前对凿岩机润滑的专题研究成果不多，因而尚未能对凿岩机用油作出理想的选择。选用润滑油的原则是现场温度高时用黏度较大的油，温度低时，黏度应小一些。大气温度在 10 ~ 30 ℃时选用 HJ40 机械油；大气温度在 -10 ~ 10 ℃时选用 HJ20 机械油； -10 ~ 30 ℃时选用冷冻机油。

（二）凿岩台车使用与操作

1. 使用注意事项

（1）凿岩台车司机必须经过专业培训持证上岗，专人操作。

（2）开机前要发出信号，确保机器周围的危险区内无人，方可开机。

（3）在作业期间或者当机器接通电源后，严禁人员在凿岩台车前面及钻臂的移动范围内停留。

（4）在改变凿岩机的作业方位时，要事先提醒在工作范围内的所有人员注意安全。

（5）一旦发生危急情况，必须用紧急停止开关立即切断电源。

（6）在未关闭电源之前，司机不得擅自离开机器。

（7）机器较长时间停用，必须断开隔离开关。

（8）在检修作业期间，必须防止机器误动作等危险情况发生。

（9）电气设备的检验、维修必须由专职电工进行，必须确保电气设备不失爆。

（10）不允许在有危险的地带对机器进行维修。

2. 操作注意事项

（1）首先启动液压系统的电动机，提醒附近人员撤离危险区。

（2）开始钻凿时，应使钎头慢速靠近岩壁，当达到一定截深后，才能根据负荷情况和机器的振动情况加大给进速度。

（3）当需要调速时，要注意速度变化的平稳性，以防止产生冲击。

（三）凿岩机常见故障与处理

凿岩机常见故障及处理方法见表 4-4。

表 4-4　凿岩机常见故障及处理方法

故障现象	产生原因	表现形式及处理
凿岩速度降低	工作气压低	1. 核算压气管路是否超过额定负荷，如果超过额定负荷，则应适当减少同时工作的凿岩机台数，或者适当减少其他耗气作业 2. 消除管路漏耗而造成压力降低的因素，检查和拆换漏气管路及接头 3. 避免管路阻尼造成压力降低的因素，输气胶管长度应控制在 10 ~ 15 m 之间，检查和拆换过小的气路管径和气门开关
	润滑不良	1. 注油器缺油，应装满 2. 注油器油路小孔堵塞应清洗，用压气吹进小孔 3. 润滑油太脏，黏度太大，应按规定更换
	气腿力不足，伸缩不灵，机器后坐力大	1. 气腿密封磨损或松脱，根据情况更换或重新装配 2. 架体与外管螺纹连接不紧，造成上下腔串气，应旋紧架体 3. 密封圈损坏或丢失，应及时检查及更换 4. 扳机磨损，压缩换向阀时行程不够，气腿不易缩回，应及时更换扳机

表4-4（续）

故障现象	产生原因	表现形式及处理
凿岩速度降低	水路不畅，机头端部流水	1. 水针折断，及时更换 2. 钎杆中心孔不通或太小，更换钎杆 3. 水针孔径不合规定（一般3 mm）造成水压降低，应更换水针 4. 水压高于气压，造成压力水向机内倒流，破坏正常润滑，应及时降低水压
	主要零件已达失效标准	1. 气缸活塞间隙大于0.08 mm 2. 导向套与活塞间隙大于0.1 mm 3. 阀与阀柜主要圆周间隙大于0.05 mm 4. 螺旋母牙宽磨损大于2.5 mm 5. 螺旋棒牙宽磨损大于2.5 mm 6. 钎套六方对边磨损至2.5 mm 7. 转动套花键牙磨损大于2.5 mm。其他如棘轮、插爪塔形弹簧等也应注意其磨损情况，在显著影响性能时给予更换
水针折断	活塞小头端部严重打堆	更换活塞
	钎尾和钎套配合间隙大	钎套内六方对边尺寸磨损至2.5 mm就失效，应及时更换，否则不仅易折断水针，而且也容易损坏活塞和钎杆
	水针太长	修理水针长度
	钎尾中心孔不正	按要求修整钎尾
气水联动失灵	水压过高	采取降压措施
	气水路堵塞	排除气、水路小孔内的堵塞物
	注水阀弹簧疲劳失效	更换弹簧
	漏气、漏水、密封圈失效	更换密封件
	注水阀体内零件锈蚀	清洗除锈

另外，凿岩机在钻眼作业时如出现以下故障，应及时进行处理。

1. 夹钎杆

（1）钻眼时，凿岩机左右摇摆，气腿忽升忽降，操作不稳，造成炮眼不直。这时，需改进操作技术，保证钻眼平直。

（2）炮眼打在岩层节理、裂隙中，被松动岩石块卡住。预防和处理办法是：定眼位时避开裂缝；有松动的岩石要处理后再开眼；在裂隙发育的岩石中，采用十字形钎头。

（3）钎杆质量不好，不直或太长，钻眼时变形。克服这种情况，应注意凿眼深度超过1.8～2.0 m时，采用钎杆组，并保证钎杆平直。

（4）岩粉排除不畅，钎杆被岩粉堵塞。注意炮眼排粉情况，排粉不畅时，要加强排粉。

2. 断钎杆

（1）钎杆使用过久造成疲劳损坏。钻眼时使用旧钎杆应避免断钎伤人。

（2）钎杆质量不合格（如锻钎时热处理质量不佳）。应加强质量验收管理。

（3）钻眼操作不稳，气腿升降过猛。应改进操作技术，加强职工操作技能培训。

3. 掉钎杆

(1) 钎头与钎杆连接处加工不符合要求，接触不严。应严格检查钎头与钎杆连接尺寸。

(2) 钎头与钎杆连接处断裂。使用前注意钎杆连接处尺寸及外观，卸钎头时不能用大锤敲打。

4. 不排粉

钎头出水孔或钎杆中心孔堵塞。使用前注意检查，保证畅通。

第二节　装　载　机

装载机按其工作机构的形式可分为耙斗装载机、铲斗装载机及爪式装载机，按其行走方式可分为轨轮式装载机、履带式装载机及轮胎式装载机，按其传动方式可分为机械传动式装载机、机械—液压传动式装载机及全液压传动式装载机。

一、耙斗装载机

耙斗装载机是用耙斗作装载机构的装载机，适用于矿山平巷和倾角30°以下斜井巷道掘进装岩，其装载能力一般为15～200 m^3/h。

耙斗装载机可使装岩与凿岩工序平行作业，爆破后先把迎头的岩石迅速扒出，即能进行凿岩作业；与此同时，可将尾轮悬挂在左、右帮上进行装岩作业，缩短了掘进循环的时间。

目前我国耙斗装载机的生产已形成系列，几种煤矿用的耙斗装载机技术特征见表4－5。

表4－5　耙斗装载机的技术特征

技术特征			P－15B型	P－30B型（ZYP－17B）	ZYP－5.5型	MP－15B型	ZP－50B型（NZ－0.5）
生产率/($m^3 \cdot h^{-1}$)			15	35～50	12	15	40～60
耙斗容积/m^3			0.15	0.30	0.10	0.15	0.50
绞车	型式		行星齿轮传动双卷筒			圆锥摩擦轮	
绞车	牵引力/N	装载 返回	640～1010 504～785	1350～1950 968～1392	456～564	950～1370	1500～2150
绞车	牵引速度/($m \cdot s^{-1}$)	装载 返回	0.9～1.4 1.2～1.9	0.85～1.22 1.18～1.70	0.853	1.0～1.6	0.95～1.35
绞车	钢丝绳直径/mm		9.9	12.5～14	10.5～12.5	12.5	12.5
台车	轨距/mm 轴距/mm		600 700	600，900 930	600	600 700	600，900 1100
电动机	型号 功率/kW		JB－12－4 11	DZ_3B－17 17	5.5	Dt_3B－17 11	$BJQQ_2$－71－$4D_2$ 22
外形尺寸(长×宽×高)/(mm×mm×mm)			4700×1040×1750	6600×2045×1950	2065×915×1570	7100×2045×1915	9314×2045×2250
质量/t			3.2	4.5	1.7	4.0	5.0

（一）组成和工作过程

各种型号的耙斗装载机结构虽有不同，但其工作原理基本相同。现以 P－30B 型耙斗装载机为例，介绍耙斗装载机的组成和工作过程。

如图 4－17 所示，耙斗装载机主要由耙斗、绞车、台车和料槽等组成。机器依靠人力或其他牵引机械的作用在轨道上移动。牵引钢丝绳分为两段，均从绞车卷筒中引出，绕过托轮、头轮后，工作钢丝绳与耙斗前端连接，返回钢丝绳经尾轮与耙斗后端连接。当绞车启动后，通过操纵机构可使耙斗往复运动。在耙装行程中，耙斗靠自重插入岩堆，然后沿着簸箕口、进料槽、中间槽到卸料槽，将矿石从卸料槽的卸料口卸入矿车或其他转载设备，然后耙斗返回工作面料堆，又开始新的耙装过程。

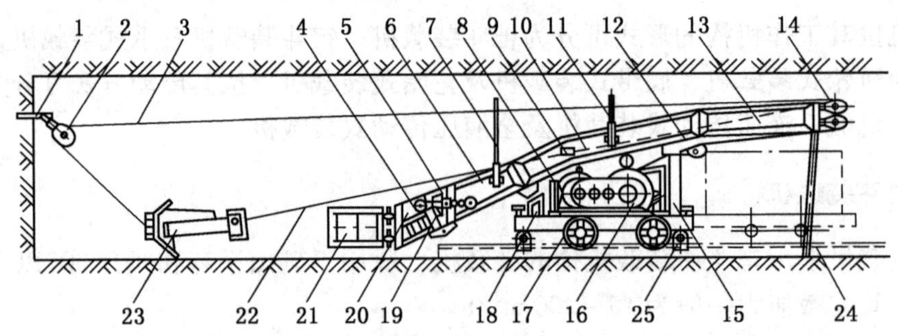

1—固定楔；2—尾轮；3—返回钢丝绳；4—簸箕口；5—升降螺杆；6—连接槽；7、11—钎杆；8—操纵机构；9—按钮；10—中间槽；12—托轮；13—卸料槽；14—头轮；15—支柱；16—绞车；17—台车；18—支架；19—护板；20—进料槽；21—簸箕挡板；22—工作钢丝绳；23—耙斗；24—撑脚；25—卡轨器

图 4－17　P－30B 型耙斗装载机

台车是耙装机的机架，装有轨轮，在轨道上行走，绞车、操纵机构和电气设备等都在台车上面、机槽之下。耙斗装载机工作时，用卡轨器把台车固定在轨道上。随着工作面的推进，耙装机需靠人力或绞车牵引向前移动。台车的固定地点应在轨道的端头，不使轨道伸到簸箕口外，使簸箕口能够贴着底板，防止簸箕口绊住耙斗和簸箕口下面漏进岩碴。

簸箕口两侧的挡板起引导耙斗进入溜槽的作用。挡板与簸箕口用销子铰接，以便拆装。头轮前装有缓冲弹簧，以缓冲耙斗卸载时的碰撞。耙斗宽度应比机槽宽度小些，一般每边有 50 mm 的间隙。挡板张开角度一般小于 30°，太大会影响对耙斗的导向。

（二）主要部件

1. 耙斗

耙斗是用绞车牵引往复运动，直接扒取松散煤岩的斗状构件，其性能的好坏直接影响耙斗装载机的工作效率。

耙斗主要由斗齿和斗体组成。斗体用钢板焊接而成，斗齿与斗体铆接。斗齿有平齿和梳齿之分，多使用平齿。斗齿材料为 ZGMn13，磨损后可更换。尾帮后侧经牵引链和钢丝绳接头连接，拉板前侧与钢丝绳接头连接，绞车上工作钢丝绳和返回钢丝绳分别固定在接头上。

耙斗依靠自重插入料堆，重力越大越容易插入，但重力过大消耗功率增加，容易刮入底板，增加牵引阻力。耙斗重量一般根据岩石的坚硬度、齿刃宽度（耙斗宽度）及岩石块度大小决定，以耙斗的单位宽度重量表示。耙装硬岩和大块物料时一般为 5 ~6 kg/cm，耙装软岩和松散物料时为 3 ~4 kg/cm。

2. 绞车

耙斗装载机的绞车是牵引耙斗运动的装置，能使耙斗往复运行，迅速换向，并适应冲击负荷较大的工况，一般均为双滚筒结构。按结构形式可分为行星轮式、圆锥摩擦轮式和内涨摩擦轮式 3 种。P－30B 型耙斗装载机是采用行星齿轮传动的双卷筒式绞车，其传动系统如图 4－18 所示。它有两个卷筒，可以分别操纵。电动机经减速器传动两套行星轮系的中心轮，两卷筒以轴承支撑在轴上，各与其行星齿轮传动的系杆连接在一起。每个行星轮系的内齿圈外有带式制动闸。耙斗装载机工作时，电动机和中心轮始终转动，而工作卷筒和回程卷筒是否转动则视制动闸是否闸住相应的内齿圈而定。内齿圈的制动闸放松，中心轮经行星轮带动内齿圈空转，而系杆和卷筒不转动。当内齿圈被抱死时，迫使系杆和卷筒转动，其转动方向和中心轮转动方向相同。若要某个卷筒卷绳时，则将相应的内齿圈抱死。

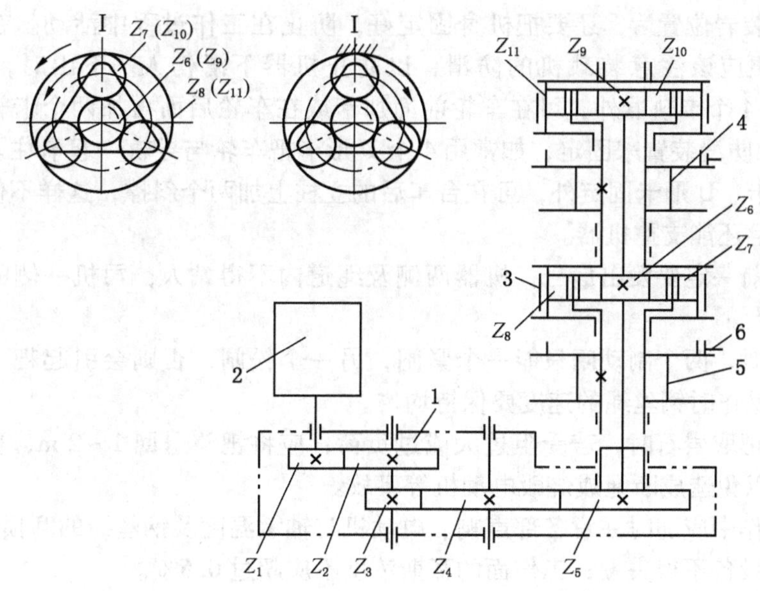

1—减速器；2—电动机；3—带闸；4—回程卷筒；5—工作卷筒；6—辅助刹车

图 4－18　绞车传动系统

耙斗返回阻力很小，可加快速度返回，故回程卷筒的转速大于工作卷筒的转速。为防止两卷筒在工作时由于卷筒转动惯性不能及时停车而产生钢丝绳乱绳现象，引起卡绳事故，在每一卷筒上装有一辅助闸。当两个操作手把都放松时，电动机空转，耙斗不动，如此可以避免频繁启动电动机。

3. 台车

台车由台车架、车轮、弹簧碰头组成。它是耙斗装载机的机架和行走部分，并承载着耙斗装载机的全部重量。在台车上安有绞车、操纵机构以及支撑中间槽的支架和支柱。台车前、后部挂有4套卡轨器，用以耙斗装载机工作时固定台车。

4. 料槽

料槽是耙装的岩渣所经过的通道，它由进料槽、中间槽和卸料槽等组成。中间槽安装在台车的支架和支柱上，而进料槽和卸料槽分别与中间槽用螺栓连接。簸箕口与两侧的挡板用销连接，与连接槽之间通过钩环连接。

挡板的作用是引导耙斗进入料槽，又可防止岩渣向两侧散失。簸箕口靠自重紧贴底板。进料槽的中部安装有升降装置，用于调节簸箕口的高低。中间槽有两个弯曲部分，装有可拆卸的耐磨弧形板。卸料槽在靠近端部的位置开有卸料口。卸料槽的尾部装有滑轮组，钢丝绳从卷筒引出，绕过滑轮组后分别接在耙斗的前部和后部，以便往返牵引耙斗。在卸料槽的后部还安装有弹簧碰头，用以减轻耙斗卸载时的冲击。

（三）耙斗装载机的使用及故障处理

1. 使用耙斗装载机注意事项

（1）悬挂钢丝绳的尾轮一定要固定好，打楔眼时要有一定的偏角。安装固定楔处的岩石要坚硬，以防止由于固定楔不牢靠，在工作过程中拉脱伤人。

（2）选好装岩位置后，还要把机身固定好，防止在工作过程中活动。在上、下山使用装载机时，更应该注意装载机的防滑，以防止机器下滑伤人。下山时，若坡度小于10°，除原有的4个卡轨器外，可在车轮前面加卡或在车轮后面再加两个卡轨器；坡度大于10°，须另加防滑装置来固定，如常用4个U形卡把车轮与导轨一起卡住。上山时．除用卡轨器、道卡、U形卡固定外，可在台车后的立柱上加两个斜撑，这样不仅能起到安全防滑作用，而且还能支撑机器。

（3）开车前一定要发出信号，机器两侧及绳道内不得站人，司机一侧的护栏应完好可靠，以免伤人。

（4）操作时，两个制动闸只能一个紧闸，另一个松闸，否则会引起耙斗跳起，甚至拉断钢丝绳。操作时钢丝绳的速度要保持均匀。

（5）耙斗耙取岩石时，若受阻过大或过负荷，应将耙斗退回1~2 m，重新耙取，不得强行牵引，以免造成断绳或烧毁电动机等事故。

（6）在工作中应随时注意各部声响、电动机与轴承温度及钢丝绳的磨损情况。

（7）电气设备不得失爆；工作面的瓦斯浓度不应超过0.5%。

（8）在无矿车或箕斗时，不能将岩石堆放到溜槽上。

（9）爆破前应将耙斗拉到机器前端，以免埋住。爆破后检查隔爆装置、电缆和溜槽后再进行工作。

（10）在拐弯巷道工作时，要设专人指挥，尤其是在弯道超过10 m时，要设两个专人用信号指挥，一个在作业面，另一个在拐弯处。

（11）严禁在有煤与瓦斯突出的工作面使用耙斗装载机。

2. 耙斗装载机操作步骤

（1）爆破后先在掘进工作面打好上部炮眼，在眼内打好固定楔，挂好尾轮，然后开始耙岩。

（2）压紧牵引卷筒操作手把，牵引卷筒将牵引耙斗耙取岩石，并到卸料口卸入矿车。

（3）压紧牵引返回卷筒手把，返回卷筒将牵引耙斗返回工作面。依次重复耙岩动作。

（4）司机可利用调车时间，将岩石耙至簸箕口前，也可使少量岩石耙到机槽上，待空车到达后，司机连续操作装车，提高装载效率。

（5）耙取巷道两侧岩石时，只需移动尾轮即可。

（6）机器在弯道中使用时，采用分段耙的方法，先将工作面岩石耙到转弯处，然后移动尾轮位置，把转弯处岩石耙装到矿车内。

3. 耙斗装载机常见故障与处理

耙斗装载机常见故障与处理方法见表4－6。

表4－6　耙斗装载机常见故障与处理方法

故障现象	产生原因	处理方法
钢丝绳拉断或脱出	1. 钢丝绳磨损严重而断裂 2. 钢丝绳夹未夹牢，钢丝绳脱出	1. 截去严重磨损部分或更换新绳 2. 夹牢钢丝绳夹
卷筒上钢丝绳乱	1. 电动机反转 2. 辅助制动闸未闸紧	1. 整理钢丝绳 2. 改变电动机的转向 3. 调整辅助制动闸弹簧
固定楔被拉出	1. 固定楔未打紧 2. 楔眼未带偏角	1. 打紧固定楔 2. 钻楔眼时应带偏角
电动机声音异常，转速低，甚至停转	耙斗被卡住，电动机过负荷	停止耙运，倒退耙斗后再耙运
绞车的制动轮过度发热	1. 连续运转时间过长 2. 闸带太松，制动时未能制动紧 3. 闸轮与闸带间有油渍	1. 采用间歇工作 2. 调整闸带的调节螺栓 3. 停止工作，清理油渍，更换闸带
制动时操作手柄操作费力	1. 操作系统的转轴或连杆受阻 2. 闸带调节螺栓太松	1. 清理障碍物 2. 拧紧调节螺栓
导向轮或尾轮的绳槽磨穿	1. 未经常加润滑油转动不灵 2. 轴承严重磨损而未更换 3. 安装歪斜	更换新绳
簸箕口升降不灵活	1. 升降装置的螺杆积灰，旋转困难 2. 操作升降装置时两边用力不均	1. 清理积灰，并注油 2. 两边同时操作

二、铲斗装载机

铲斗装载机利用铲斗来铲取和装卸物料，按装卸方式分为前装式铲斗装载机、后卸式铲斗装载机、底卸式铲斗装载机和侧卸式铲斗装载机。前装式铲斗装载机和底卸式铲斗装载机多用于地面和露天开采的物料装卸，后卸式铲斗装载机和侧卸式铲斗装载机主要用于巷道掘进时的物料装载，且后卸式铲斗装载机已逐渐被侧卸式铲斗装载机所取代。

几种国产铲斗装载机技术特征见表4－7。

表4－7 铲斗装载机的技术特征

技术特征		ZCZ－30型	ZCY－30型	ZLC－60型	ZMC－45型
生产率/($m^3 \cdot h^{-1}$)		40～60	45～55	90	40
铲斗容积/m^3		0.30	0.30	0.60	0.45
行走速度/($m \cdot s^{-1}$)		1.02	0.8	0.80	0.417
结构特征		铲斗后翻 直接卸载	铲斗后翻 带转载机	铲斗侧卸 履带行走	铲斗侧卸 履带行走
电动机	台数×功率(kW)	1×15	1×14	1×17	1×30、1×3
外形尺寸(长×宽×高)/(mm×mm×mm)		2660×1455×1400	8500×1700×1600	4210×1800×2110	4150×1348×2046
质量/t		5.0	9.1	7.5	4.5

国产铲斗装载机型号较多，下面以ZMC－45型全液压侧卸式铲斗装载机为例来介绍。

(一) 组成和作业功能

如图4－19所示，ZMC－45型全液压侧卸式铲斗装载机是以电动机为动力源，由液压马达驱动履带行走，液压油缸驱动铲斗进行装载的侧卸式装载设备。它由工作机构、液压装置、履带行走部、行走减速器、机架、电气系统等6大部分组成。

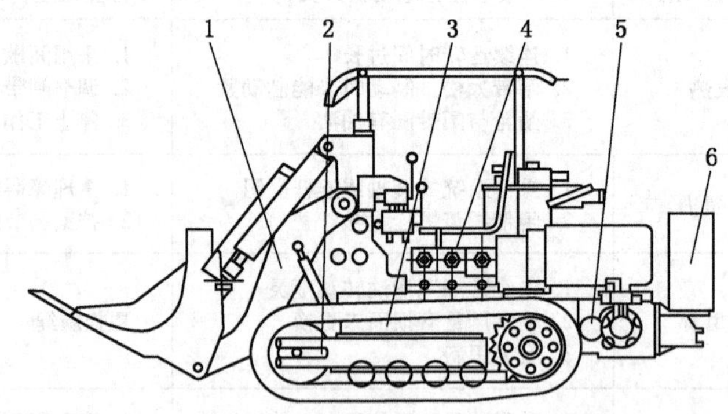

1—工作机构；2—履带行走部；3—机架；4—液压装置；5—行走减速器；6—电气系统

图4－19 ZMC－45型全液压侧卸式铲斗装载机

ZMC－45型全液压侧卸式铲斗装载机主要用于煤、半煤岩巷，也可用于小断面全岩巷物料的装载。具有插入力大、机动性好、全断面作业、安全性好的特点，除完成装载作业外，还可以为其他液压设备提供动力、举升重物、充当顶板支护时的工作平台，完成工作面短距离运输物料、卧底、清帮等作业，可以一机多用。ZMC－45型全液压侧卸式铲斗装载机的作业功能如图 4 - 20 所示。

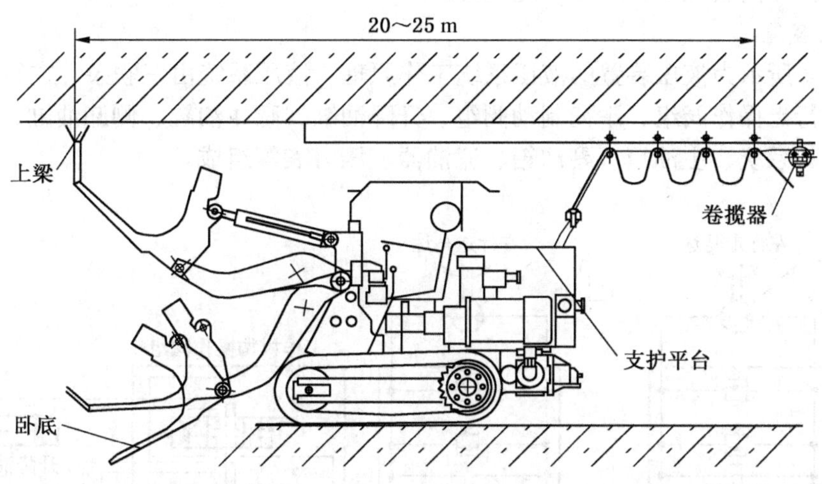

图 4 - 20　ZMC - 45 型全液压侧卸式铲斗装载机作业功能

（二）主要部件

1. 工作机构

工作机构由铲斗、铲斗座、铲斗臂、侧卸油缸、拉斗油缸以及举铲油缸组成，如图 4 - 21 所示。

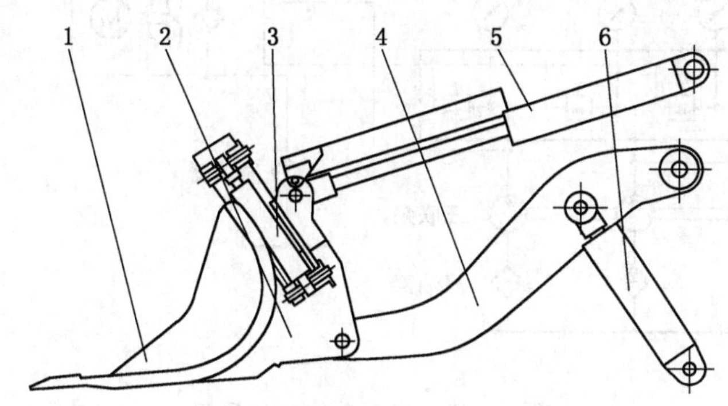

1—铲斗；2—铲斗座；3—侧卸油缸；4—铲斗臂；5—拉斗油缸；6—举铲油缸

图 4 - 21　工作机构

当拉斗油缸活塞杆收缩、铲斗翻转后就会使拉斗油缸、铲斗与铲斗臂、支架间形成平行机构，此时举升，铲斗不致有前倾或后仰。操作侧卸油缸可使铲斗向一侧倾斜，达到卸载的目的。

铲斗通过主销与铲斗座铰接，铲斗座与铲斗臂用销轴相连，铲斗臂上部用一根长高强度销轴与支架铰接。

斗齿和斗唇堆焊有耐磨层，可用于装载磨蚀性很高的物料，如硬砂岩。

铲斗侧卸方向可以通过调换销轴实现左、右卸载，当铲斗上的主销位于机器行进方向的右侧时，铲斗向右侧卸，反之向左侧卸。

2. 液压装置

图4－22所示为液压装置的液压系统工作原理，液压系统由三联泵、左行走马达、右行走马达、行走操作阀组、平衡制动阀组、升降油缸、翻斗油缸、侧卸油缸、工作机构操作阀组、冷却系统、主油箱、副油箱、滤油器、压力表等组成。

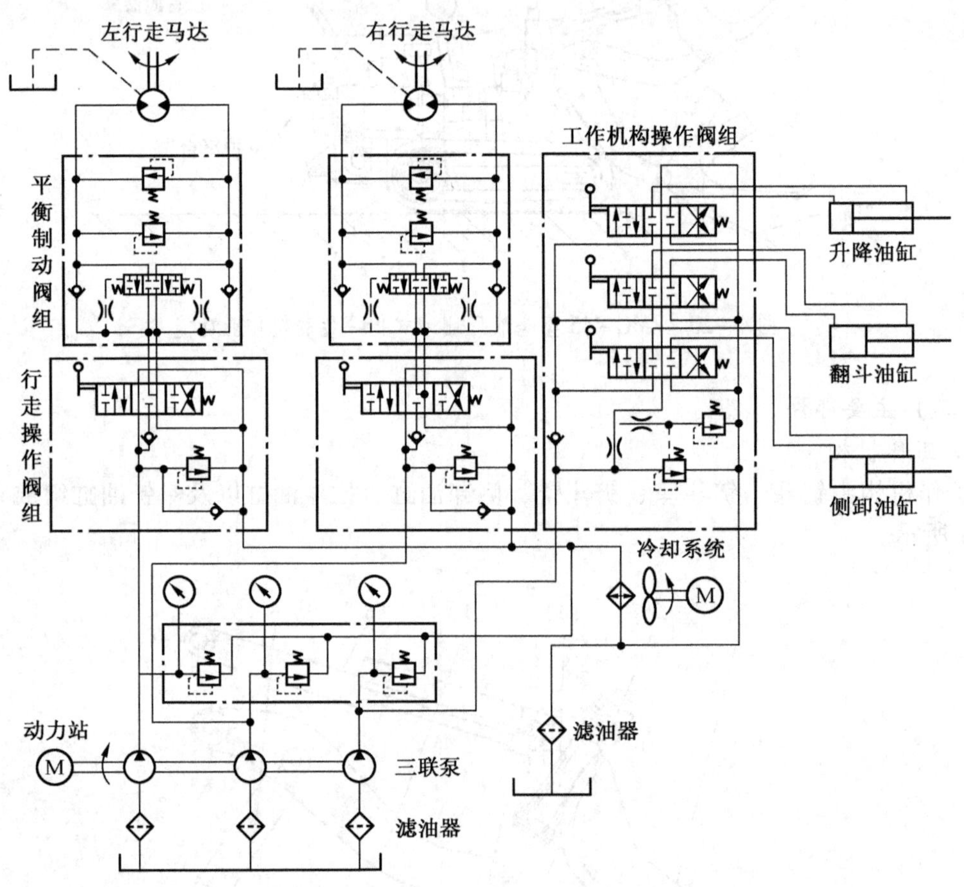

图4－22 液压系统工作原理

动力站的电动机功率为30 kW，电动机用于驱动三联泵。三联泵为3联齿轮泵，左齿轮泵为左行走马达供油，中间齿轮泵为右行走马达供油，右齿轮泵为升降油缸、翻斗油缸及侧卸油缸供油，系统最高供油压力为16 MPa。

冷却系统由电动机、风扇及冷却器组成，冷却器的功能是通过热交换（风冷）降低液压油的温度，驱动风扇运转的电动机功率为3 kW。

行走马达回路中，高压油经左齿轮泵及右齿轮泵、行走操作阀组中的左、右多路换向阀、平衡制动阀组中的单向阀分别到达左、右行走马达，驱动装载机前进或后退，马达回油经平衡制动阀组中的液动换向阀、行走操作阀组中的多路换向阀、冷却器、滤油器回到主油箱，左、右行走马达各自有单独泄漏油管通副油箱。系统的压力由行走操作阀组中的左、右多路换向阀上的进油口处的安全阀调节螺钉整定。平衡制动阀组的作用是保护行走马达不使其过速、吸空并具有制动功能，该阀组中的溢流阀其开启压力出厂时已调定。

工作机构液压回路中，高压油经多路换向阀（3联）分别到达升降油缸、翻斗油缸和侧卸油缸，油缸回油经多路换向阀、滤油器回到主油箱。主、副油箱间用油管和通气管相连，系统经副油箱上的空气滤清器与大气相通。

3. *履带行走部*

如图4-23所示，履带行走部由履带总成、引导轮、左右履带架、支重轮、张紧缓冲装置和链轮等组成。

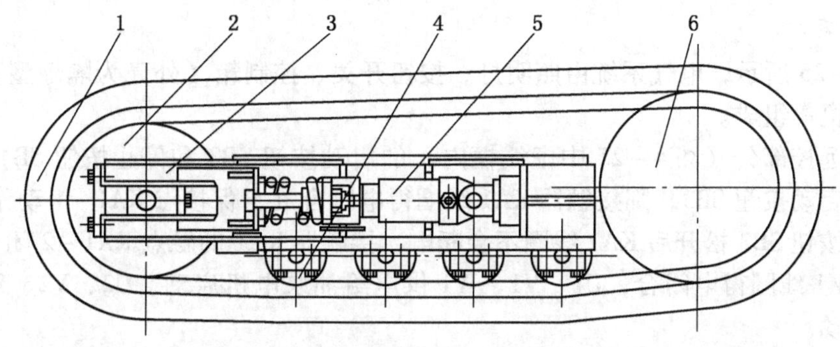

1—履带总成；2—引导轮；3—左右履带架；4—支重轮；5—张紧缓冲装置；6—链轮

图4-23　履带行走部

左、右行走液压马达经左、右行走减速器、链轮分别驱动左、右履带。

履带是侧卸装载机最重要的部件，采用高强度合金钢制成组合式密封履带链。履带板用高强度螺栓固定在链轨节上，链轨节与链轨销和链轨采用过盈配合的方式压装在一起。履带的链轨销与链轨采用特制的胶圈密封，避免泥砂、水等磨粒和腐蚀性介质进入相对转动的配合面，使用寿命长。

引导轮和支重轮不仅直接承受机器的重量，还承受来自底板的冲击载荷。有时一只支重轮要承载整机重量的一半。在岩巷中装载时，由于支重轮安装位置低，长期处于砂石、岩浆中作业，磨损严重，因此支重轮、引导轮、链轮等的工作表面均经中频淬硬。支重轮等均采用滑动轴承、浮动密封。

支重轮用高强度螺栓固定在履带架上，安装时应注意保证螺栓孔和连接平面清洁无污物，螺栓应按规定扭矩均匀拧紧。

链轮为表面经中频淬火的高碳合金钢，具有极优的耐磨性能。

张紧缓冲机构有张紧和缓冲两个功能。通过高压黄油枪向液压缸内加注油脂，活塞前伸推动引导轮前移以调节上部履带的悬垂量。履带的悬垂量以10～20 mm为宜，悬垂量过大，机器行走时履带的振摆和内磨损加剧；悬垂量过小，行走驱动功率将急剧增大。缓冲功能由吸振弹簧来实现，每一侧履带的吸振弹簧的预紧力为26 kN。当机器冲插受阻或履带中卡入硬物，单侧履带链中的张力超过26 kN时，弹簧压缩起到吸收冲击能量、缓冲的作用，以保

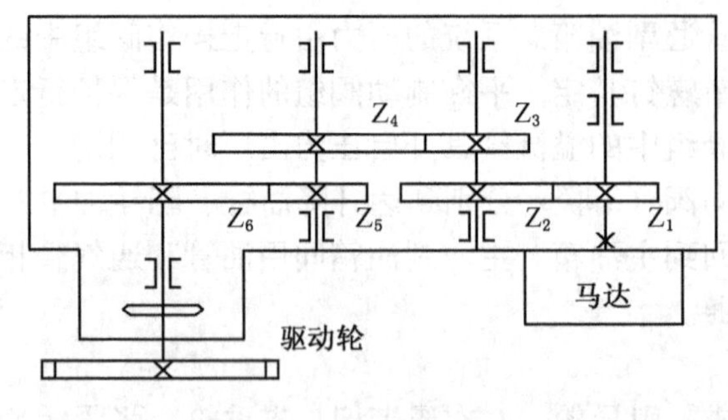

图 4－24 行走减速器示意图

护履带链、驱动装置和各结构件。

4. 行走减速器

图 4－24 所示为行走减速器，由左、右各一台型号为 PM3－200 型的液压马达和相互独立的两个传动部分组成，传动部分为三级圆柱齿轮减速。

5. 机架

机架为整体式底盘结构，由支架、箱体、行走减速器焊接而成，左、右履带架与机架焊接。

6. 电气系统

如图 4－25 所示，电气系统由照明灯、按钮开关、控制箱（外壳为隔爆型）、油泵电机、风扇电机等组成。

启动：远控部分（图 4－25 中虚线框内）的启动按钮 SB3 和停止按钮 SB4 布置在操作台上，按启动按钮 SB3，则接触器 KA1 线圈得电闭合（自保接点 KA1－1 动作锁住 KA1 线圈回路，按钮 SB3 松开后 KA1 线圈不会断电，接触器 KA1 的触点 KA1－2 闭合），使真空接触器 KM1 线圈得电闭合，U1、V1、W1 供电给油泵电机启动，U2、V2、W2 供电给风扇电机启动。

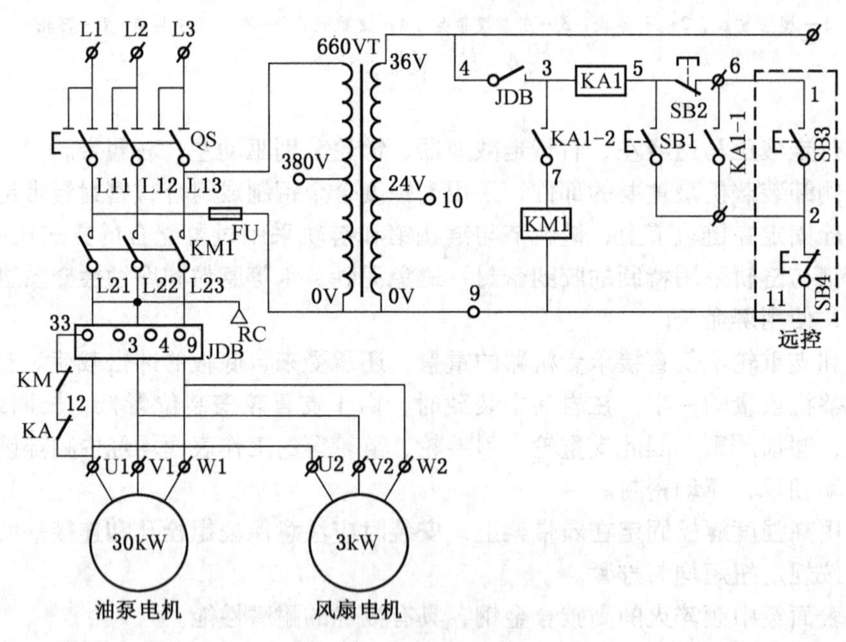

图 4－25 电气系统原理图

停止：在运转状态下，按操作台上停止按钮 SB4，则接触器 KA1 线圈失电其触点 KA1－2 断开，真空接触器 KM1 线圈失电断开，油泵电机和风扇电机停止运转。

电机在启动、运转过程中，若发生短路、断路、缺相、漏电和过载时，电机综合保护器 JDB 会失电断开其触点，使接触器 KA1、真空接触器 KM1 断电，从而使电机停止运转。

（三）铲斗装载机的使用及故障处理

1. 使用铲斗装载机注意事项

（1）新机使用前必须加注 M68 抗磨液压油。新机使用一个月内每班必须检查滤油器的通过状况，当滤芯堵塞或损坏时，应及时更换滤芯。一个月后每月换一次滤芯。

（2）在日常检查、维护时应当注意副油箱液位计的液面检查。液面太高，工作时油液会溢出；液面太低时，油泵容易吸空。

（3）用目测观察油质是否老化变质，若颜色变暗，则油中有氧化物所致，原因为过热，换油不彻底，或混入其他油液；若油液乳化或油水分层，污染物为水，原因为水浸入。应每周一次在开机前打开副油箱侧面的放水螺栓检查。油液中有气泡，则污染物为空气，原因为液面过低或吸油管漏气、磨损。若油液散发焦油味，原因为元件老化严重，系统发热所致。

（4）左、右行走马达行走操作阀组中的换向阀中位不能封油，即换向阀的管路与回油管路相通，以达到部分补油的目的。在拆卸行走马达回路中的管路时应迅速用油堵将管口堵住，以免油流出。

（5）机器应每班在作业结束前清理，清除各活动机件间的矸石和水、泥砂浆；清除挤入履带中的矸石、钢丝绳等异物。

（6）认真检查所有外部螺栓的连接情况，如有松动应及时拧紧。

（7）认真检查各软管有无挤压、磨坏现象，各管接头是否漏油。

（8）在铲斗工作机构下部检修时，任何情况下都必须首先将铲斗臂和铲斗垫实。

（9）在电器维修时必须先切断电源才能打开主箱盖进行维修工作。

（10）检查行走减速器内齿轮是否正常及有无不正常的噪声。检查两侧履带的张紧度。履带在链轮与引导轮之间的下垂量为 10 ~ 20 mm。

（11）按规定对机器各部注油润滑。

2. 铲斗装载机操作注意事项

（1）严禁非司机人员驾驶，装载机司机必须经过培训，持证上岗。

（2）机器运行范围内不许站人或放置任何设备、工具，司机在确认前后两侧无人和其他机具后方可操作移动机器。

（3）告警、通知所有在场人员即将启动机器。

（4）根据需要释放进入系统中的空气。操作工作机构操作阀组中的换向阀使油缸活塞杆外伸、缩回多次至油缸不爬行，操作无滞后现象即可准备装载。

（5）装载时首先将铲斗放平，清除障碍物；遇底板上未爆破的突出岩石，应用爆破方法或风镐清除。

（6）机器行走中遇到大块散落岩石，应停机，将其挪开；严禁履带辗压大块岩石。铲装作业受阻时，应迅速将操作手把复至中位，以避免系统发热。

（7）当工作面道路高低不平或设备急转变向行驶时，应低速慢行；正常工作坡度不大于 ±16°，防止颠覆。

(8) 发生液压系统泄漏应快速停车，并使系统卸荷，及时处理泄漏并擦尽泄漏物。

(9) 停机后应将工作机构卸载，将铲斗及铲斗座及铲斗可靠垫实；机器应水平位置停放，当机器在斜坡上时，应先将机器相对巷道置于斜横状态，再用楔形块或枕木将履带和机器后部垫实、挡死，以避免跑车和行走马达系统中无压力存在。

3. 铲斗装载机常见故障与处理

铲斗装载机常见故障与处理方法见表4－8。

表4－8 铲斗装载机常见故障与处理方法

故障现象	产生原因	处理方法
油泵噪声过高	油中混入空气	更换漏气接头；油箱补油至规定高度；更换滤油器或空气滤清器
	泵密封元件损坏或轴承损坏	更换泵密封元件或轴承
马达噪声过高	马达密封元件或轴承损坏	更换马达密封元件或轴承
平衡制动阀组、行走操作阀组及工作机构操作阀组异常噪声	液流阀开启压力设定值过低，系统频繁溢流	将液流阀压力调至规定值
	阀组中换向阀阀芯或阀座磨损量过大	大修或更换换向阀
温升高	滤芯堵塞	清理堵塞的吸油滤网或更换堵塞的滤芯
	接头漏气	系统放气并旋紧漏气接头；更换接头密封件和磨损件
	油泵密封元件损坏或其他元件磨损	更换油泵密封件和磨损件
	溢流阀压力设定值过高	检查油压并调至规定值
	油液污染或液面过低	系统换油或油箱加油至规定高度
	冷却器堵塞	清理冷却器或更换冷却器

第三节 掘 进 机

掘进机是具有截割、装载、转载煤岩及喷雾降尘等功能，并能自己行走，以机械方式破落煤岩的掘进设备，有的还具有支护功能。根据所掘断面的形状分为全断面掘进机和部分断面掘进机。前者适用于直径一般为2.5～10 m的全岩巷道，岩石单轴抗压强度50～350 MPa的硬岩巷道，可一次截割出所需断面，且断面形状多为圆形，主要用于工程涵洞及隧道的岩石掘进。后者一般适用于单轴抗压强度小于60 MPa的煤、煤岩、软岩水平巷道，但大功率机器也可用于单轴抗压强度达200 MPa的硬岩巷道；一次仅能截割断面一部分，需要工作机构多次摆动，逐次截割才能掘出所需断面，断面形状可以是矩形、梯形、拱形等多种形状，其中悬臂式部分断面掘进机在煤矿使用普遍。

悬臂式掘进机按截割头布置方式可分纵轴式和横轴式两种；按掘进对象分为煤巷、煤岩巷和全岩巷悬臂式掘进机3种；按机器的驱动形式分为电力驱动（各机构均为电动机驱动）和电液驱动两种。

我国目前定型生产的部分断面掘进机的性能参数见表4－9。

表 4－9　国产部分断面掘进机的性能参数

主要参数		ELMB－55 型	EBJ－132A 型	EBJ－120TP 型	EBH－132 型
一般性能参数	巷道断面积/m^2	6～12	～25.6	9～18	24.8
	巷道坡度/(°)	±12	±16	±16	±18
	巷道最小曲率半径/m	10			
	岩石硬度 f	≤4	≤6	≤6	≤8
	装机功率/kW	100	242	190	217
	机器质量/t	21.5	43.6	35	36
	外形尺寸(长×宽×高)/(m×m×m)	12.4×2×1.75	9.3×1.5×2.4	8.6×2.1×1.55	8.94×2.34×1.4
截割机构	截割头形式	纵轴式			横轴式
	转速/($r\cdot min^{-1}$)	56	47/30	55	75.83
	功率/kW	55	132	120	132
	悬臂伸缩长度/mm	500	0	0	0
装运机构	装运机构型式	蟹爪式	耙爪式	耙爪式	蟹爪式
	转运机构型式	双链刮板输送机			
	功率/kW	液 2×1.26			30
行走机构	型式	履　带			
	行走速度/($m\cdot min^{-1}$)	2.86/5.04	2.63/7.87	6	0.083/0.2167 m/s
	功率/kW	油马达 2×12.45 kN·m	最大牵引力 2×200 kN		2×300 kN
液压系统	油泵型式	CBZ1063/032 CBZ2025/025	三联齿轮泵	齿轮泵	三联径向柱塞泵
	额定工作压力/MPa	12/16/10	16	16/14/10	20
	功率/kW	45	110	70	55
	耗水量/($L\cdot min^{-1}$)	15/30	40～80	63	

一、部分断面掘进机

部分断面掘进机具有生产效率高，掘进速度快，适应性强，调动灵活等优点，已成为各主要产煤国家不可缺少的生产设备。目前国内部分断面掘进机以纵轴式掘进机为主，主要有 EBJ－120TP 型、EBJ－132A 型、EBZ160 型等，其中以 EBJ－120TP 型纵轴式掘进机最具代表性，且实际使用效果好，在我国煤矿中使用广泛。现以 EBJ－120TP 型掘进机为例分析介绍部分断面掘进机的结构和技术特点。

（一）总体结构与特点

EBJ－120TP 型掘进机主要由截割机构、装载机构、运输机构、行走机构、机架和回转台、液压系统和喷雾冷却系统及电气系统等部分组成，可同时实现破碎煤岩、装载运输、调动行走、喷雾除尘等功能。该掘进机具有以下特点：可掘巷道最大宽度 5 m，最大高度 3.75 m，适应巷道断面 9 ~ 18 m^2、坡度 ±16°；可切割单向抗压强度 60 MPa 以下的煤岩；机身矮，重心低，结构紧凑；采用液压马达直接驱动装载机构，取消了减速器，提升了装载机构的可靠性；采用履带行走机构，性能可靠，维护量小；液压系统采用自动补油系统、全封闭油箱，确保了油液的清洁度；电气系统采用了可编程控制器（PLC），并采用电子保护和断路保护相结合的方式，保护功能强；设置了独立的液压锚杆钻机动力源，可以同时驱动两台锚杆钻机，省去了锚杆钻机所需配置的动力源。其总体结构如图 4 – 26 所示，其性能参数见表 4 – 9。

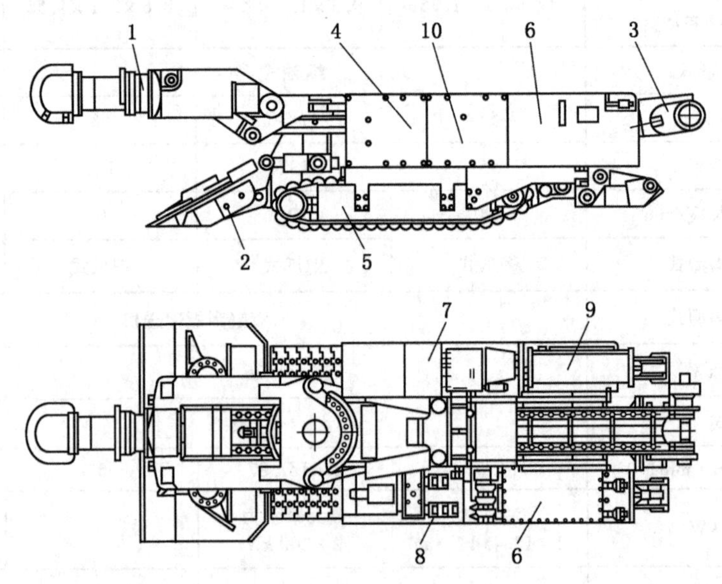

1—截割机构；2—装载机构；3—运输机构；4—机架和回转台；5—行走机构；
6、7、8—液压系统（油箱、操作台、泵站）；9—电气系统；10—护板总成

图 4 – 26　EBJ – 120TP 型掘进机总体结构

（二）截割机构

EBJ – 120TP 型掘进机采用纵轴式截割方式。截割机构又称工作机构，其结构如图 4 – 27 所示，主要由截割电动机、叉形架、截割减速器、悬臂段、截割头组成。

整个截割机构通过一个叉形架、两个销轴铰接于回转台上。借助安装于截割机构和回转台之间的两个升降油缸，以及安装于回转台与机架之间的两个回转油缸，实现整个截割机构的升、降和回转运动，截割出所需形状的巷道断面。

截割机构由 120 kW 的截割电动机输入动力，经齿轮联轴节传至二级行星轮减速器，经悬臂段将动力传给截割头，从而达到破碎煤岩的目的。

1. 截割头

截割头是掘进机直接用来破碎煤岩的部件，其结构如图 4 – 28 所示，主要由截割头体、截齿座和截齿等组成。

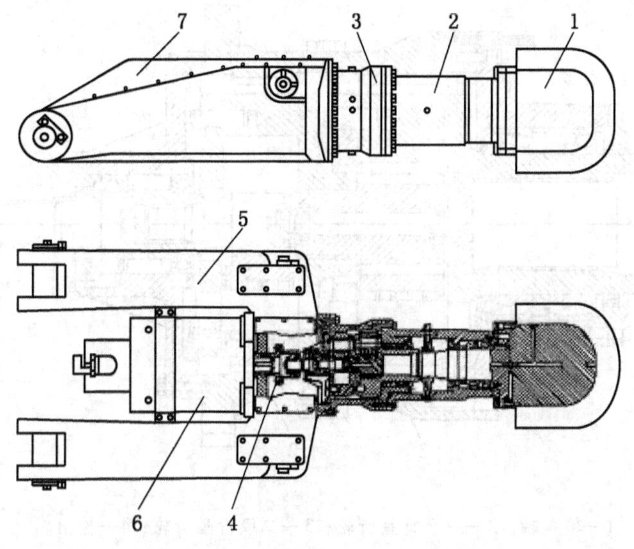

1—截割头；2—悬臂段；3—二级行星轮减速器；4—齿轮联轴节；
5—叉形架；6—截割电动机；7—电动机护板

图4－27　截割机构

EBJ－120TP型掘进机的截割头体为组焊式结构，有大、小两种截割头。小截割头最大外径为700 mm，在其周围安装27把强力镐形截齿，由于其破岩过断层能力强，所以主要用于半煤岩巷的掘进；大截割头设计为截锥体形状，最大外径为960 mm，在其周围安装33把强力镐形截齿，适用于煤巷掘进。两种截割头可以互换，用户可以根据需要选用。

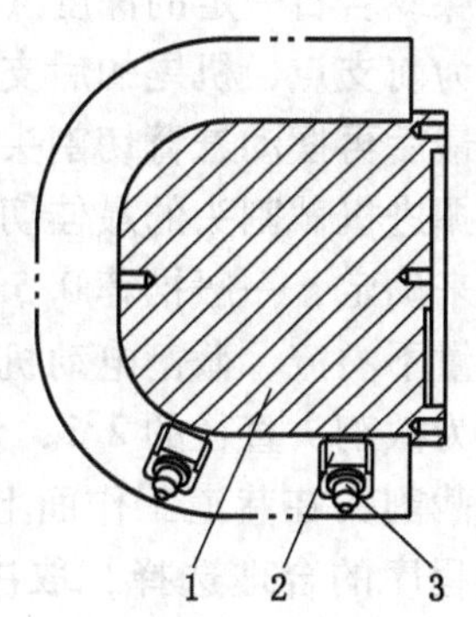

1—截割头体；2—截齿座；3—截齿

图4－28　截割头的结构

2. 截割减速器

截割减速器的作用是将电动机的运动和动力传递到截割头。由于截割头工作时承受较大的冲击载荷，因此要求减速器有较高的可靠性和较强的过载能力，其箱体作为悬臂的一部分，应有较大的刚性，连接螺栓应有可靠的防松装置，减速器最好能实现变速，以适应煤岩硬度的变化，增强机器的适应能力。EBJ－120TP型掘进机的截割减速器采用二级行星齿轮传动，如图4－29所示。

3. 截割电动机

为实现较强的连续过载能力，适应复杂多变的截割载荷，并利用喷雾水加强冷却效果，目前，悬臂式掘进机多采用防爆式水冷电动机来驱动截割头。为满足悬臂长度的需要和减小电动机的径向尺寸，可采用串联双转子电动机；为满足截割不同硬度煤岩的需要，避免在减速箱中变速，可采用双速电动机。

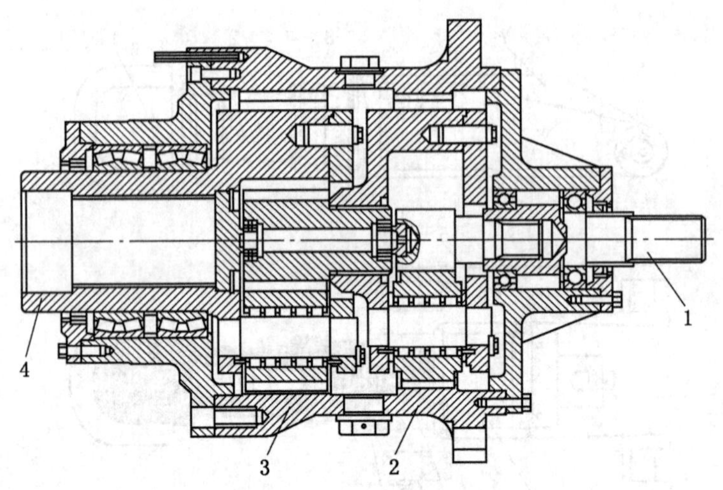

1—输入轴；2—一级行星齿轮；3—二级行星齿轮；4—输出轴

图 4-29　截割减速器结构

EBJ-120TP 型掘进机采用 YBUS3-120 防爆水冷式电动机驱动截割头，该电动机功率为 120 kW，电压为 660 V，根据需要电压亦可选用 1140 V。截割机构工作时，首先在工作面进行掏槽，掏槽位置一般在工作面的下部。开始时机器逐步向前移动，截割头切入工作面煤或岩石一定的深度（截深），然后停止移动，操纵装载机构的铲板，紧贴工作面底板作为前支点，机尾的后支撑也同样紧贴底板作为后支点，提高机器在切割过程中的稳定性。最后再摆动悬臂切割头，切落整个巷道断面的煤或岩石。

掘进机截割头的最佳切割深度，应根据煤岩的性质、顶板状况和支架棚距，以及落煤效果来确定，一般推荐 0.5 m。截割头的切割厚度取决于煤岩的截割阻力，以牵引油缸回路尽量不溢流、截割电动机接近满载、机器不产生强烈振动及落煤效率最高为原则，一般推荐为截割头直径的 2/3，切岩时推荐为截割头直径的 1/3。

截割头在巷道工作面上截割移动的路线，称为截割程序（图 4-30）。掘进工作面截割程序的合理选择，取决于巷道断面积、煤岩硬度、顶底板状况、夹矸的分布等工作条件和技术规范。确定掘进工作面的截割程序应遵循下述原则：

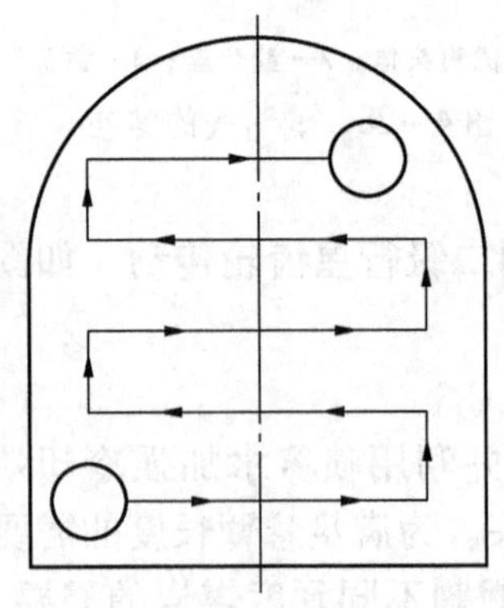

图 4-30　截割程序

（1）大多数情况下，从工作面下角钻进，掘进半煤岩巷道时，应从煤中钻进，再卧移切割至底板下角，再扫底掏槽，增加自由面。

（2）切割断面应自下而上进行，以利于装载和机器的稳定性，可提高生产率。

（3）工作面的切割应注意煤或岩的层理，断面切割时应以左右横扫切割为主，截割头沿层理移动切割阻力较小。

总之，纵轴式掘进机在工作时是利用电动机通过减速器驱动装有截齿的截割头旋转，在推进液压缸或行走履带的配合下将截割头截入煤岩壁（掏槽）后，再按一定方式摆动截割头直至掘出所要求形状和尺寸的巷道断面。被截割头切落下来的煤岩由装运机构收集，转运至后面的配套运输设备。在切割作业的同时，开动喷雾降尘系统，以消除截割煤岩时所产生的粉尘。电气系统中的电动机用来向机器提供动力，与液压系统中的执行元件（液压马达和液压缸）相配合，使机器实现相应的动作，完成预定的功能。电气与液压控制和保护装置用来控制机器的各个动作，自动调整机器的工作状态，并起过载保护等作用。

（三）装载机构

装载机构的作用是将截割机构破落下来的煤岩进行收集、耙装至中间的运输机构。EBJ－120TP 型掘进机的装载机构如图 4－31 所示，该装载机构主要由铲板体、三爪转盘及左右对称的驱动装置组成。通过驱动装置中的低速大扭矩液压马达驱动三爪转盘向内转动，实现煤岩的装载，其装载能力为 180 m^3/h。

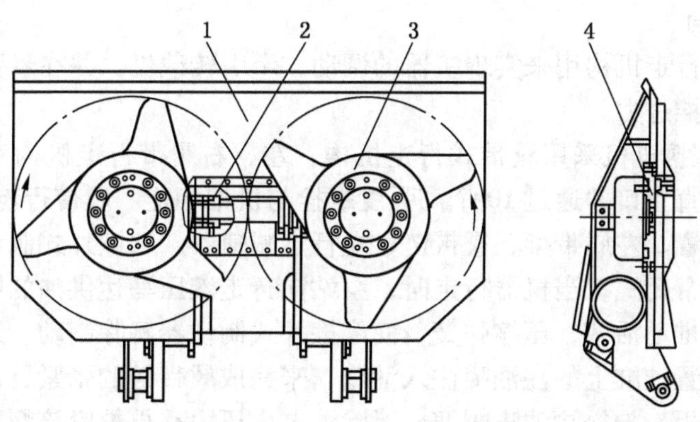

1—铲板体；2—运输机构改向链轮组；3—三爪转盘；4—驱动装置

图 4－31　装载机构

装载机构安装于机器的前端，通过一对销轴和铲板左右升降油缸铰接于主机架上。在铲板油缸的作用下，铲板绕销轴上、下摆动，可向上抬起 360 mm，向下卧底 250 mm。当机器截割煤岩时，应使铲板前端紧贴地板，以增加机器的截割稳定性。铲板设计有宽（2.8 m）、窄（2.5 m）两种规格，供用户根据需要选用。

（四）运输机构

运输机构的作用是将装载机构收集起来的物料运至机后的转载设备。EBJ－120TP 型掘进机的运输机构为 1 台位于机器中部的刮板输送机，其结构如图 4－32 所示。刮板输送机主要由机前部、机后部、驱动装置、边双链刮板、张紧装置和脱链器组成。

刮板输送机位于机前中部，前端与主机架和铲板铰接，后部托在机架上。机架在该处设有可拆装的垫块，根据需要，刮板输送机后部可垫高，增加刮板输送机的卸载高度。

刮板输送机采用低速大扭矩液压马达直接驱动，刮板链条的张紧通过安装在输送机尾部的张紧油缸来实现。

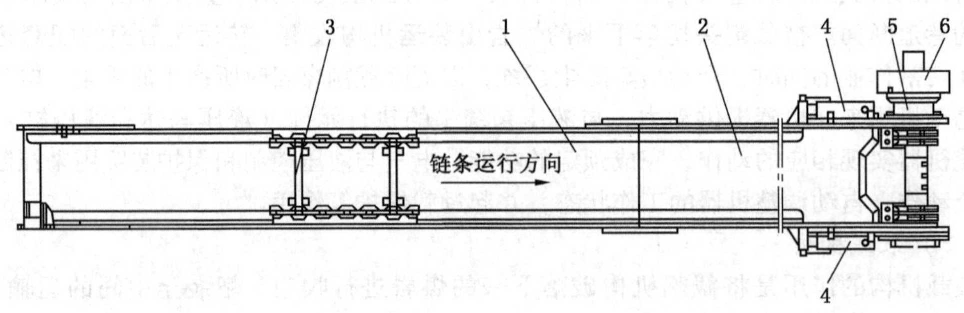

1—机前部；2—机后部；3—边双链刮板；4—张紧装置；5—驱动装置；6—液压马达

图 4-32　刮板输送机结构

（五）行走机构

悬臂式掘进机行走机构用来实现机器的调动、牵引转载机，并在悬臂不可伸缩机型中提供掏槽时所需的推进力。

EBJ-120TP 型掘进机采用履带式行走机构。左、右履带行走机构对称布置，分别驱动。各由水平和垂直止口并通过 10 个高强度螺栓与机架相连。履带行走机构（图 4-33）主要由导向张紧装置、左履带架、履带链、左行走减速器、摩擦片式制动器等组成。摩擦片式制动器为弹簧常闭式，当机器行走时，泵站向行走液压马达供油的同时，向摩擦片式制动器提供压力油推动活塞，压缩弹簧，使摩擦片式制动器解除制动。通过使用黄油枪向安装在导向张紧装置油缸上的注油嘴注入油脂，来完成履带链的张紧，调整完毕后，装入适量垫板及一块锁板，拧松注油嘴螺塞，泄除油缸内压力后再拧紧该螺塞，使张紧油缸活塞不承受张紧力。

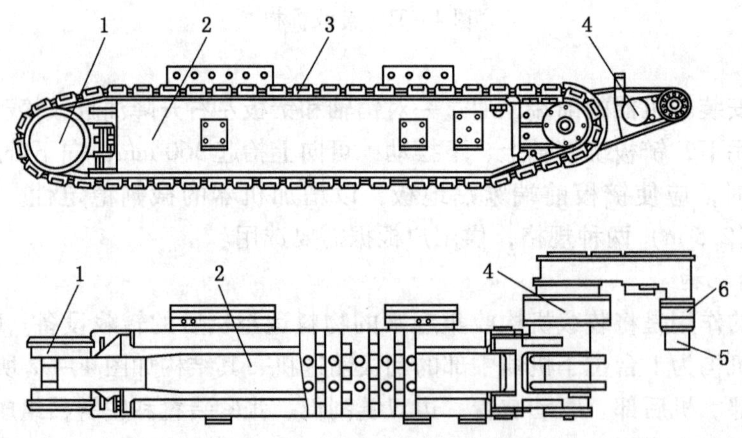

1—导向张紧装置；2—履带架；3—履带链；4—行走减速器；5—行走液压马达；6—摩擦片式制动器

图 4-33　履带行走机构

履带行走机构由液压马达经三级圆柱齿轮和二级行星齿轮传动减速后，将动力传给主动链轮，驱动履带行走，机器行走速度为 3 m/min，调动行走速度为 6 m/min，行走机构减速器的结构如图 4 - 34 所示。

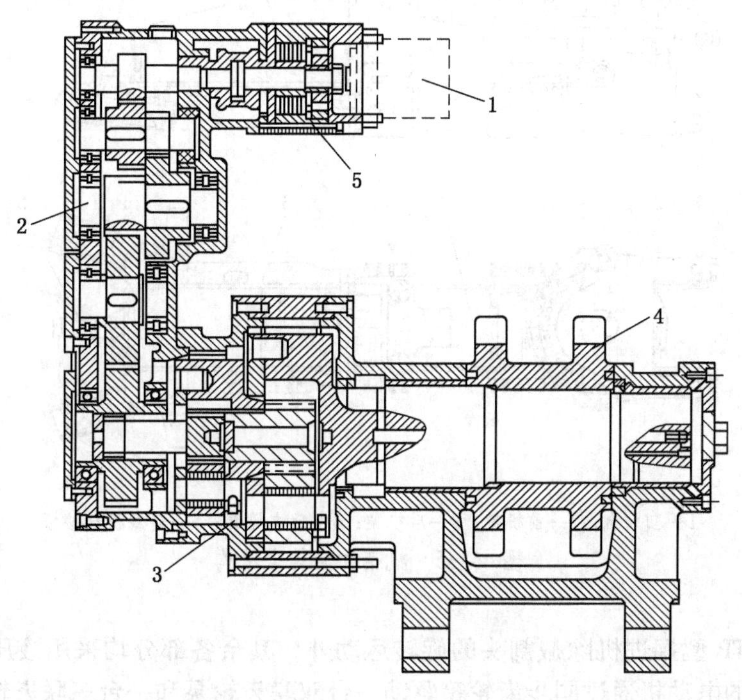

1—液压马达；2—三级圆柱齿轮减速器；3—二级行星减速器；4—主链轮；5—制动器

图 4 - 34 行走机构减速器结构

（六）机架和回转台

机架是整个机器的骨架，主要由回转台、前机架、后机架、后支撑腿及转载机连接板组成，其结构如图 4 - 35 所示。它承受着来自截割、行走和装载的各种载荷。机器中的各部件均用螺栓、销轴及止口与机架连接，机架为组焊件。

回转台主要用于支撑、连接并实现切割机构的升降和回转运动。回转台位于机器的中央，用于支撑悬臂，通过大型回转轴承用止口、高强度螺栓与机架相连。工作时，在回转油缸的推拉作用下，带动切割机构水平运动。截割机构的升降是通过回转台支座上左、右耳轴铰接相连的两个升降油缸实现的。

左、右后支撑腿是通过油缸及销轴分别与后机架连接，它的作用有：

（1）切割时使用，以增加机器的稳定性。

（2）窝机时使用，以便履带下垫板自救。

（3）履带链断链及张紧时使用，以便操作。

（4）挖底时使用，抬起机器后腿，以增加机器挖底深度。

（七）液压系统

液压系统包括泵站、控制阀组、液压缸、液压马达及辅助液压元件，用以提供压力油，驱动和控制各液压缸及液压马达，使机器实现相应的动作，并进行液压保护。

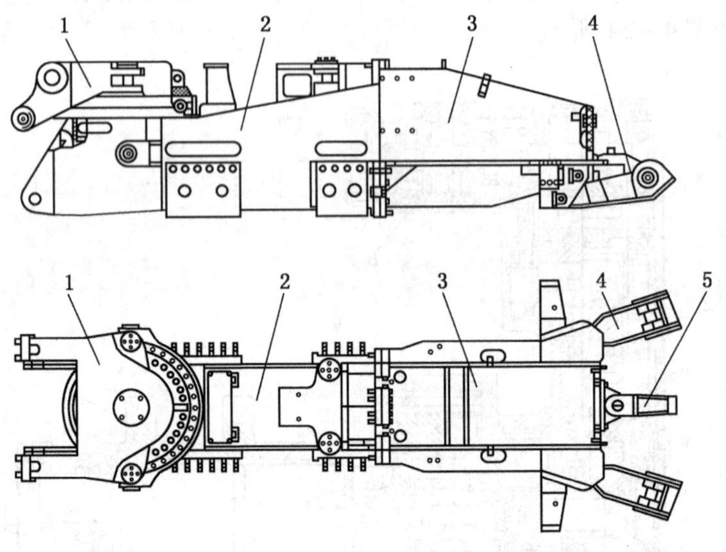

1—回转台；2—前机架；3—后机架；4—后支撑腿；5—转载机连接板

图4－35　机架和回转台结构

EBJ－120TP型掘进机除截割头的旋转运动外，其余各部分均采用液压传动。主泵站由一台55 kW的电动机通过同步齿轮箱驱动一台双联齿轮泵和一台三联齿轮泵，同时分别向油缸回路、行走回路、装载回路、输送机回路、皮带转载机回路供压力油，主系统由5个独立的开式系统组成。该机还设有辅助泵站，辅助泵站由一台15 kW的电动机驱动一台双联齿轮泵，可同时为2台液压锚杆钻机提供压力油，亦可为油箱补油，避免了补油时对油箱的污染。液压系统原理如图4－36所示。

1. 油缸回路

油缸回路采用双联齿轮泵中排量为40 mL/r的后泵（40泵）通过四联多路换向阀分别向4组油缸（截割升降油缸、截割回转油缸、铲板升降油缸和支撑油缸）供压力油。油缸回路工作压力由四联多路换向阀阀体内自带的溢流阀调定，其额定工作压力为16 MPa。

截割升降、铲板升降和后支撑各两个油缸，它们各自两活塞腔并接，两活塞杆腔并接。而截割机构两个回转油缸为一个油缸的活塞腔与另一油缸的活塞杆腔并接。

为使截割头、支撑油缸能在任何位置上锁定，不致因换向阀及管路的漏损而改变其位置，或因油管破裂造成事故，以及防止截割头、铲板下降过速，保证下降平稳，在各回路中装有平衡阀。

2. 行走回路

行走回路由双联齿轮泵中排量为63 mL/r的前泵（63泵）向两个液压马达供油，驱动机器行走。行走速度为3 m/min；当装载转盘不运转时，三联齿轮泵中排量为50 mL/r的前泵（50泵）自动并入行走回路，此时的两个齿轮泵（63泵和50泵）同时向行走马达供油，实现快速行走，其行走速度为6 m/min。系统额定工作压力为16 MPa，回路工作压力由装在两联多路换向阀体内的溢流阀调定。

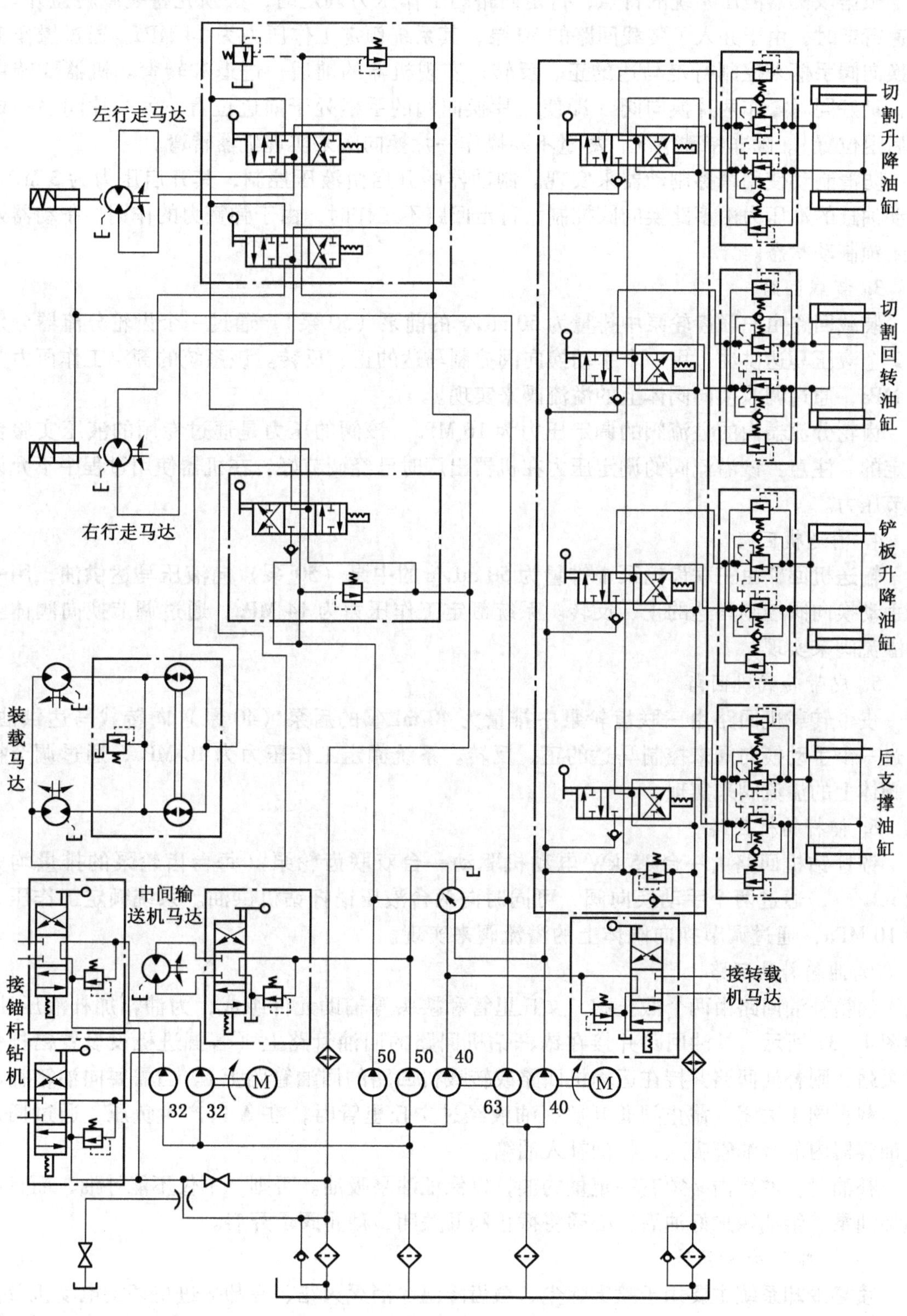

左行走马达
右行走马达
切
割
升
降
油
缸
切
割
回
转
油
缸
铲
板
升
降
油
缸
后
支
撑
油
缸
装
载
马
达
中间输
送机马达
接
锚
杆
钻
机
接转载
机马达
32
32
50
50
40
63
40
M
M

图 4－36　液压系统原理

根据该机器液压系统的特点，行走回路的工作压力调定时，必须先将装载转盘开动。快速行走时，由于并入了装载回路的50泵，其系统额定工作压力为14 MPa。通过操作多路换向阀手柄来控制行走马达的正、反转，实现机器的前后、进退和转弯。机器要转弯时，最好同时操作两片换向阀（即使一片换向阀的手柄处于前进位置，另一片阀手柄处于后退位置）。除非特殊情况，尽量不要操作一片换向阀来实现机器转弯。

防滑制动使用摩擦制动器来实现。制动器的开启由液压控制，其开启压力为3 MPa。制动油缸的油压力由多路换向阀控制。行走回路不工作时，由于弹簧力的作用，制动器处于闭锁制动状态。

3. 装载回路

装载回路由三联齿轮泵中排量为50 mL/r 的前泵（50泵），通过一个齿轮分流器分别向2个液压马达供油，用一个手动换向阀控制马达的正、反转。该系统的额定工作压力为14 MPa，通过调节换向阀体上的溢流阀来实现。

齿轮分流器内的溢流阀的调定压力为16 MPa。该阀的压力是通过专用的液压实验台调定的。注意：该溢流阀的调定压力在机器出厂时已经调节好，在机器使用过程中不允许调节压力。

4. 输送机回路

输送机回路由三联齿轮泵中排量为50 mL/r 的中泵（50泵）向液压马达供油，用一个手动换向阀控制马达的正、反转。系统额定工作压力为14 MPa，通过调节换向阀体上的溢流阀来实现。

5. 皮带转载机回路

皮带转载机回路由三联齿轮泵中排量为40 mL/r 的后泵（40泵）向转载马达供油，通过一个手动换向阀来控制马达的正、反转。系统额定工作压力为10 MPa，通过调节换向阀体上的溢流阀来实现。

6. 锚杆钻机回路

锚杆钻机回路由一台15 kW 电动机驱动一台双联齿轮泵（每台齿轮泵的排量均为32 mL/r），通过两个手动换向阀，可同时向两台液压锚杆钻机供油。系统额定工作压力为10 MPa，通过调节换向阀体上的溢流阀来实现。

7. 油箱补油回路

油箱补油回路由两个截止阀、文丘里管和接头等辅助元件组成，为油箱加补液压油。如图4-37所示，补油回路并接在锚杆钻机回路的回油管路上（若掘进机没设置锚杆钻机泵站，则补油回路并接在运输机回路或转载机回路的回油管路上）。当需要向油箱补油时，截止阀Ⅰ关闭，截止阀Ⅱ开启，油液经过文丘里管时，在A口产生负压，通过插入装油容器内的吸油管吸入，将油补入油箱。

补油时，油箱内必须有一定量的油，以保证油泵吸油。否则，不仅不能补油，而且易损坏油泵。给油箱加好油后，必须将截止阀Ⅱ关闭，截止阀Ⅰ开启。

（八）喷雾冷却系统

喷雾冷却系统主要用于喷雾除尘、截齿降温、消灭火花、冷却掘进机切割电动机及油箱，提高工作面能见度，改善工作面环境，消除安全隐患，喷雾冷却系统如图4-38所示。

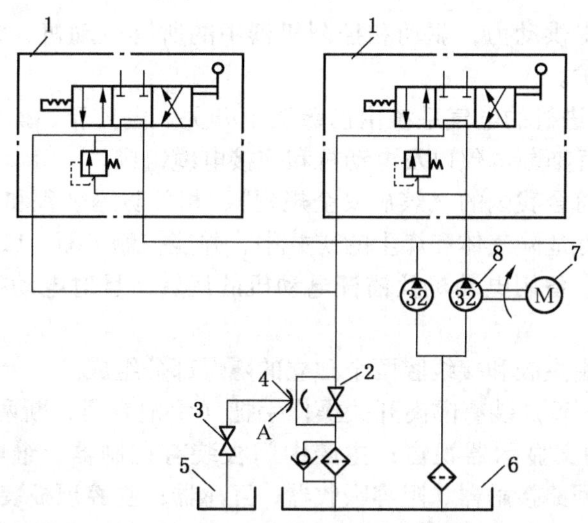

1—换向阀；2—截止阀Ⅰ；3—截止阀Ⅱ；4—文丘里管；5—装油容器；
6—油箱；7—锚杆电动机；8—双联齿轮泵

图4-37　油箱补油回路

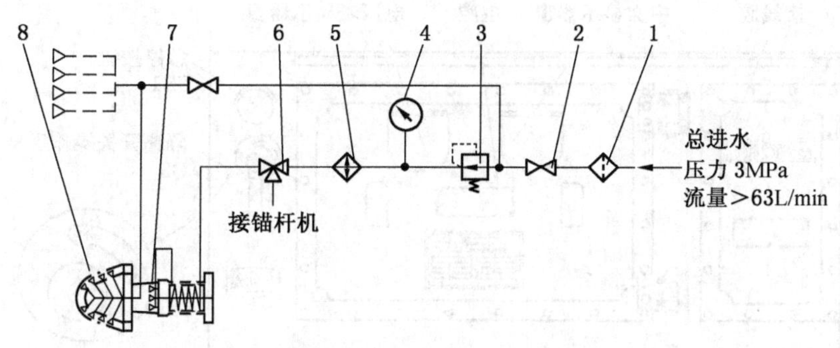

1—Y型过滤器；2—总进液球阀；3—减压器；4—耐震压力表；
5—油箱冷却器；6—球阀；7—雾状喷嘴；8—线型喷嘴

图4-38　喷雾冷却系统

水从井下输水管通过过滤器过滤后进入总进液球阀，一路经减压阀减压至1.5 MPa后，冷却油箱和切割电动机，再引至前面雾状喷嘴架处喷出。另一路不经减压阀的高压水，引至悬臂段上的配水盘，经旋转水密封进入主轴，经截割头上的内喷雾喷嘴喷出，当没有内喷雾时，此路水引至叉形架前方左右两边的加强型外喷雾处的线型喷嘴喷出。

内喷雾配水装置安装在悬臂段内，8个线型喷嘴分别安装在截割头的齿座之间；外喷雾架固定在悬臂筒法兰上，安装10个雾状喷嘴；加强型外喷雾的喷雾架固定在叉形架前端，安装8个线型喷嘴。

(九) 电气系统

电气系统向机器提供动力，驱动和控制机器中的所有电动机、电控装置、照明装置等，并可实现电气保护。

EBJ－120TP 型掘进机的电气系统由前级馈电开关、电控箱、操作箱、蜂鸣器、机车照明灯、控制按钮、瓦斯断电仪以及电动机和连接电缆组成。

电控箱和操作箱符合我国的《煤矿安全规程》、相关防爆规程和有关规程、标准的规定，适用于具有爆炸性危险气体和煤尘的矿井中，并能控制 EBJ－120TP 型掘进机截割电动机、液压泵电动机、备用电动机及锚杆电动机的运转，且对电动机及有关线路进行保护。

电控箱隔爆外壳由主腔和接线腔两个独立的隔爆部分组成。

主腔面板（图 4－39）装有隔离开关操作手把（手把有通、断两个位置）、急停按钮 SB1、电压表视窗和中文显示器视窗；主腔中门板装有控制器、继电器、显示器、电压表；主腔后壁装有各回路接触器、阻容吸收器、互感器；主腔顶板装有熔断器；右底板装有主变压器、隔离变压器和电源部分的熔断器等；左底板装有保护器和 5 个接头座；主腔和接线腔之间的连接板上装有九星盘和接线端子。主腔门采用螺栓紧固结构，门面板有“断电源后开盖”字样，警示只有在隔离开关操作手把处于断开位置时主腔门才能打开。主腔门打开后，以正常的操作方式不能使隔离开关闭合。

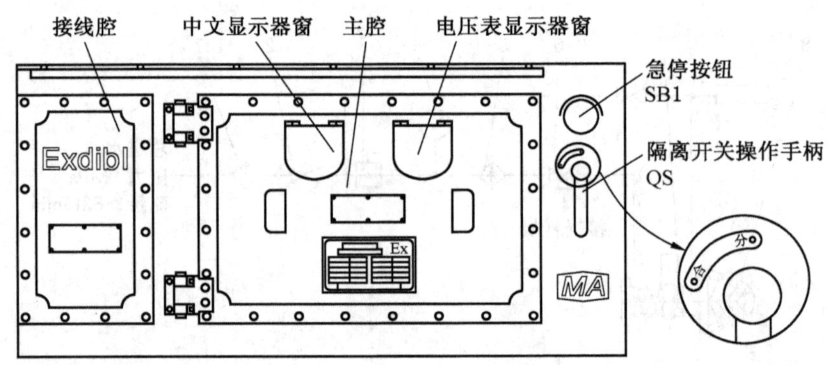

图 4－39 电控箱面板

接线腔位于电控箱体的最左端，接线腔盖采用螺栓紧固，其上正中位置有“断电源后开盖”字样，警示只有在前级电控箱电源处于断开位置时才能打开本电控箱的接线腔。

电控箱门与箱体为螺栓紧固，并设有回转铰链。电控箱箱体通过减震器和主机连接。

操作箱为矿用隔爆型，分为两个通过接线端子相互连接的独立腔体，上边为进出线腔，下边为主腔。进出线腔内设有接线端子和内接地端子。主腔门（图 4－40）上装有转换开关、控制按钮等。

二、全断面巷道掘进机

全断面巷道掘进机是一种全断面岩石掘进机械，主要用于水利工程、铁路隧道、城市

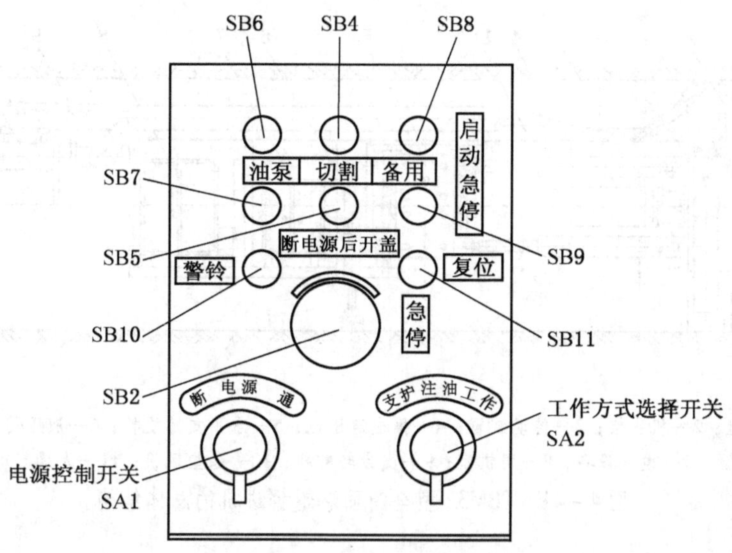

图 4-40　操作箱面板

地下交通和矿山等部门。

（一）工作原理

采煤机和部分断面巷道掘进机均采用截割刀具破碎煤岩，由于煤和软岩的坚硬度系数 f 在 4～4.5 以下，因而截割刀具能够切入煤（岩）体中，使其剥落，刀具也具有一定的使用寿命。岩石掘进机则是在坚硬度系数 8～12 以上的条件下破碎岩石，岩石的抗压强度高达 200 MPa，在这种条件下已不能使用截割破碎的方式。岩石掘进机一般采用盘形滚刀破岩，在驱动刀盘运动时，安装在刀盘心轴上的盘形滚刀沿岩壁表面滚动，液压缸将刀盘压向岩壁，从而使滚刀刃面将岩石压碎而切入岩体中。刀盘上的滚刀在岩壁表面挤压出同心凹槽，当凹槽达到一定深度时，相邻两凹槽间的岩石被滚刀剪切成片状碎片剥落下来。在岩渣中，片状碎片占 80%～90%，而岩粉的含量较少。

（二）结构

国产全断面巷道掘进机主要有 TBM32 型和 JEA 型等。

TBM32 型全断面巷道掘进机的总体结构如图 4-41 所示。

刀盘在传动装置的驱动下低速转动，刀盘支撑在机头架的大型组合轴承上。掘进机工作时，水平支撑机构撑紧在巷道的两帮，铰接在机头架和水平支撑机构间的推进液压缸以水平支撑为支撑推动机头架，使刀盘迈步式推进。被滚刀剥落下来的岩渣由装在刀盘上的铲斗铲起装到皮带转载机上。矿渣在运出工作面后，卸入矿车或其他转载设备。滚刀破碎岩石时生成的粉尘则由除尘风机抽出。

1. 刀盘

刀盘工作机构的结构如图 4-42 所示。

刀盘是由高强度、耐磨损的锰钢板焊接成的箱形构件。刀盘前盘呈球形，分别装有双刃中心滚刀、正滚刀、边滚刀。铲斗装在刀盘的外缘，铲斗的侧壁上分别装有一个正滚刀

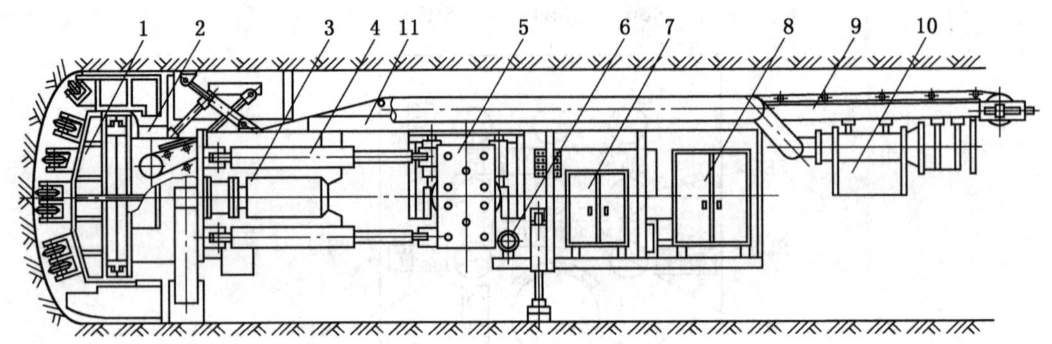

1—刀盘；2—机头架；3—传动装置；4—推进液压缸；5—水平支撑机构；6—液压传动装置；
7—电气设备；8—司机室；9—皮带转载机；10—除尘风机；11—大梁

图 4-41　TBM32 型全断面巷道掘进机的总体结构

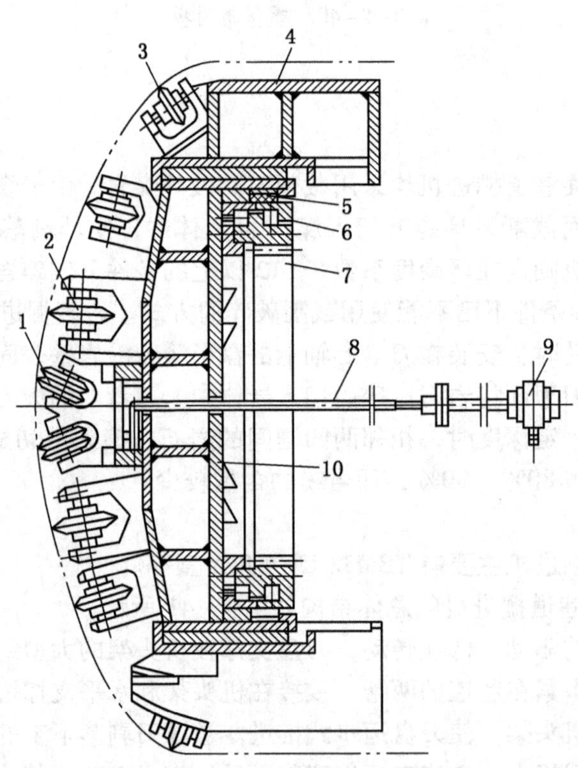

1—中心滚刀；2—正滚刀；3—边滚刀；4—铲斗；5—密封圈；6—组合轴承；
7—内齿圈；8—中心供水管；9—水泵；10—刀盘

图 4-42　刀盘工作机构

和一个边滚刀。刀盘通过组合轴承支撑在机头架上，组合轴承的内外圈分别与刀盘和机头架相连接。

2. 传动导向机构

传动导向机构的作用是将电动机功率经减速器传送到刀盘上，产生回转扭矩，并组成机器的前支撑部，对刀盘工作起定位和稳定作用。

刀盘由装在传动导向机构中的导向壳体上的两台 125 kW 电动机和减速器共同驱动，其传动系统如图 4－43 所示。减速器由两级行星齿轮传动组成，用螺栓和圆锥销固定在导向壳体上，减速器出轴上的齿轮 Z_7 与刀盘内齿圈 Z_8 啮合，驱动刀盘旋转。两台电动机中有一台为双出轴、装有液压驱动的摩擦离合器和油马达组成的刀盘点动装置，供刀盘空转、定位之用。利用点动装置可实现刀盘的微动，以找准刀盘入口位置，使操作者可进入刀盘前面进行检查及更换刀具。

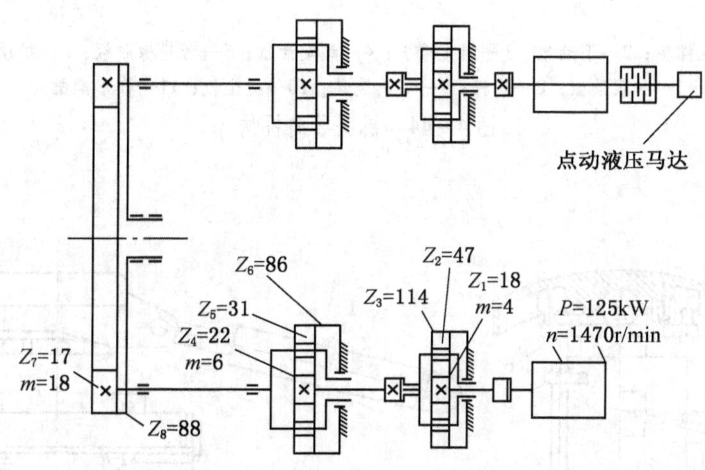

图 4－43　TBM32 型全断面巷道掘进机刀盘传动系统

机头导向机构的结构如图 4－44 所示。导向壳体前面通过组合轴承支撑刀盘，后面与掘进机大梁连接，并与下支撑板和侧支撑板及护顶板构成一个圆形支撑环。导向壳体与下支撑板间用螺栓紧固，成为固定支撑。必要时也可去掉螺栓，借助下油缸使导向壳体相对下支撑板作上下移动，使掘进头可以升降。左右侧支撑板主要对刀盘起稳定作用，掘进过程中可以通过楔形调向油缸使侧支撑板作微量调整，然后用锁定油缸锁定，以便司机准确操作。护顶板主要起临时支护顶板的作用，工作时带压前移，以保证支护的良好。通过护顶油缸和四连杆机构可使护顶板平行升降。

3. 行走机构

掘进机的行走机构由水平支撑和推进液压缸两部分组成，以实现岩石掘进机的迈步行走并使刀盘获得足够大的推进力，TBM32 型全断面巷道掘进机行走机构如图 4－45 所示。

推进缸的缸体与机头架相连接，活塞杆则与水平支撑板相连接，利用水平支撑缸将支撑板撑紧在巷道的侧帮上，当推进缸活塞腔进油时，便可推动刀盘前进；当刀盘推进一段距离后，利用支撑缸松开支撑板，向推进液压缸活塞杆腔供油即可将水平支撑机构拖向刀

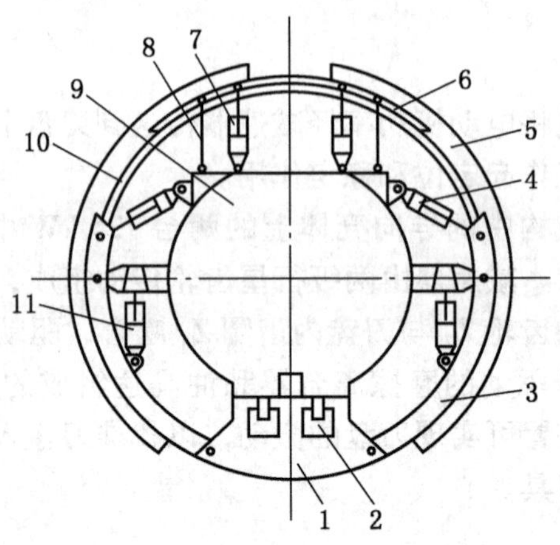

1—下支撑板；2—下油缸；3—侧支撑板；4—锁定油缸；5—密封橡胶板；6—护顶板；7—护顶油缸；8—连杆；9—导向壳体；10—防尘板；11—楔形油缸

图4-44 机头导向机构

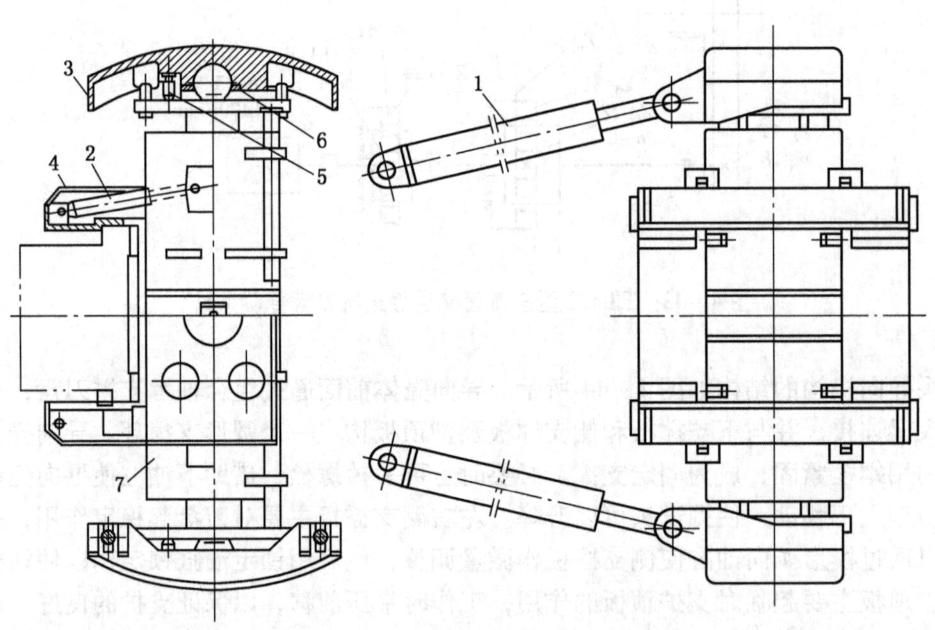

1—推进缸；2—斜缸；3—水平支撑板；4—鞍座；5—复位弹簧；6—球头压盖；7—水平支撑缸

图4-45 TBM32型全断面巷道掘进机的行走机构

盘。这样，通过推进缸和水平支撑缸的交替动作，便可实现掘进机的迈步行走。

斜缸的缸体和活塞杆端分别与鞍座和水平支撑缸铰接，起着浮动支撑的作用，掘进机大梁的导轨和鞍座的导槽相配合，使水平支撑缸推进机构以大梁为导向推进。

4. 导向装置

现代全断面掘进机均采用激光指向装置指示掘进机的推进方向，其指向原理如图4-46所示。激光发射器挂在远处巷道的右上角，发出一定波长的红色激光束。用300 mm×300 mm有机玻璃板制成的靶标上刻有方格线条，靶标固定在司机室的右上方，中央有一小孔。固定在机头架右上方的靶标的背面涂有红漆，可阻止红色光线通过。若掘进机按预定方向和坡度向前推进，激光束将通过装在掘进机后部的金属板和靶标中央的小孔照射到靶标的中心点上（预先调整好）。当激光束射着点偏离该中心点时，即指示出掘进方向发生了偏差。根据射着点的位置，可判断出掘进方向向哪边偏离及偏离量的大小。

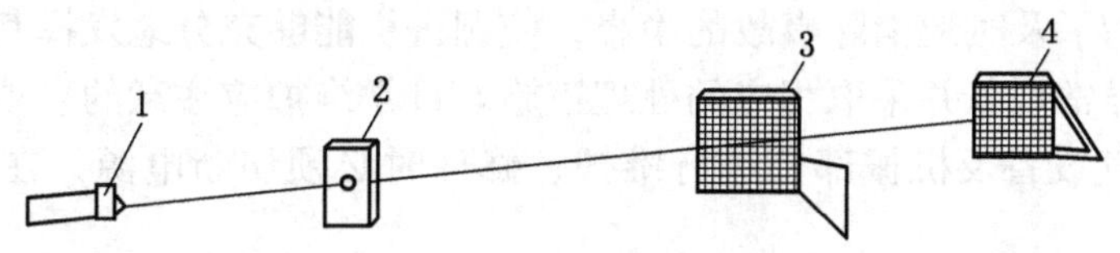

1—激光发射器；2—金属板；3、4—靶标

图4-46 激光指向原理

当发现偏差后，应及时调向才能保证掘进方向的准确性。掘进机的调向包括坡度调向、水平调向和纠偏调向3种操作，如图4-47所示。

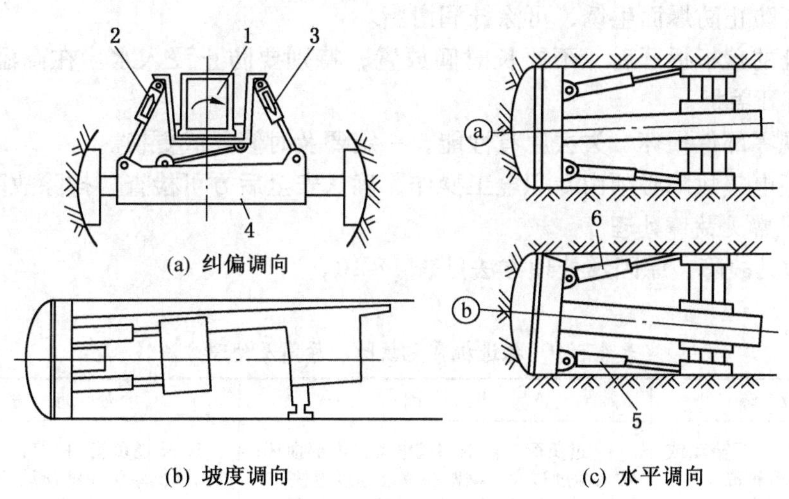

1—大梁；2、3—左、右浮动支撑液压缸；4—水平液压缸体；5、6—左、右推进液压缸

图4-47 掘进机调向

5. 其他装置

以上介绍了TBM32型岩石掘进机主机的各主要组成部分。除主机外，掘进机工作时还需要其他一些配套设备，如转载机、除尘器、水泵以及移动变电站和电机控制开关箱等。转载机紧接主皮带机，岩碴通过转载机装入矿车。转载机全长约40 m，其机架下面

设置有电机控制开关箱、除尘器及其风机、喷雾水泵等机电设备。

TBM32 型岩石掘进机采用综合除尘措施，以降低巷道中空气的含尘浓度。除采用专用喷雾泵站供水，在刀盘处喷雾降尘外，在机头架处设有一道隔尘板，它的周围与硐壁贴紧，把含尘空气阻留在它的前方，并利用轴流式风机将其经抽风管抽出。抽出的含尘空气经一台卧式旋风水膜除尘器和过滤层净化后排入巷道。另一台轴流式风机则经送风管不断地将新鲜空气送入工作面。

三、掘进机日常维护及常见故障处理

1. 日常维护

日常维护是为了及时地消除事故的隐患，使掘进机能够充分地发挥其作用，特别是能早期发现各部的异常现象并采取相应的处理措施。日常维护应注意的事项如下：

(1) 当对电气设备及机械部分进行维护、修理时必须切断电源，在不带电的状态下进行工作。

(2) 对于有泥土和煤泥沉积的部位要定期清除。

(3) 维修液压系统时要充分注意不要因煤尘和水的注入而造成液压系统的故障。对液压油的管理务必注意：①防止杂物混入液压油内；②当发现油质不良时应尽快更换新油；③按要求规定更换过滤器；④保证油箱内所规定的油量；⑤油冷却器内要有足够的冷却水通过，以防止油温的异常上升。

(4) 维修电气系统，在欲打开防爆接触面时必须事先将外部的灰尘、煤泥清扫干净。

(5) 为了防止防爆面生锈，可涂抹润滑脂。

(6) 各处的盖板拆开后，不要长时间放置，特别要防止浸入水。在高温及恶劣环境下尽量不要打开盖板。

(7) 发现零部件损坏、失去原有性能，一定要及时修复或更换。

(8) 处理电气故障必须由专职电工操作，确认安全后方可检查、排除故障。

2. 掘进机常见故障处理

掘进机常见故障、原因及处理方法见表 4－10。

表 4－10　掘进机常见故障、原因及处理方法

部件	故　障	原　因	处 理 方 法
截割部	1. 截割头不转动或电动机温升过高	1. 过负荷，截割部或电动机内部损坏；钻入深度过大；截割头移动速度过快	1. 减轻负荷，检修内部；减小钻入深度，降低牵引速度；减小钻进速度或截深
	2. 截齿损耗量大	2. 截割岩石硬度过硬；截齿磨损严重、缺齿	2. 更换补齐截齿
	3. 截割头振动大	3. 回转台紧固螺栓松动	3. 紧固螺栓
装运部	1. 刮板链不动	1. 电动机烧坏、联轴节损坏、刮板减速器损坏；链条太松，两链张紧后长度不等卡死；减速器损坏	1. 检查电动机、联轴节、刮板减速器；紧链至适当程度；检查减速器
	2. 装载工作机构减速器温升过高	2. 装载块度过大，装载量过多，减速器内部损坏	2. 减小切割进给量，检查减速器内部
	3. 断链	3. 链条节距不等；主动链轮磨损严重；刮板链过松或过紧	3. 拆检链条；更换链轮；正确调整张力

表 4-10（续）

部件	故　障	原　　因	处 理 方 法
行走部	1. 驱动链轮不转	1. 液压系统故障液压马达损坏；减速器内部损坏	1. 检查液压系统、液压马达；检查减速器内部
	2. 履带速度过低	2. 液压系统流量不足	2. 检查油箱油位
	3. 驱动链轮转动而履带跳链	3. 履带过松	3. 调整张紧液压缸，得到合适张紧力
	4. 履带板折断	4. 履带板或销轴损坏	4. 更换履带板或销轴
液压系统	1. 系统流量或系统压力不足	1. 液压泵内部零件磨损严重；溢流阀工作不良；油位过低，油温过高；吸油过滤器或油管堵塞	1. 检查泵性能，更换损坏零件；调整溢流阀；油箱加油；更换过滤器，清理油管
	2. 系统温升过高，油箱发热	2. 冷却供水不足；油箱内油量不足，油污染严重；溢流阀调整值过高；液压泵故障	2. 检查冷却器；油箱加油或换油；调整溢流阀；检查液压泵，更换零件
	3. 执行机构爬行	3. 润滑不良，摩擦阻力增大；液压泵吸入空气，压力脉动大或系统压力过低；吸油口密封不严或油箱排气孔堵塞	3. 清理脏物，改善润滑；检查油位，加油或检查溢流阀，调整压力值；排除系统内空气，更换密封件
	4. 截割部、铲装板下降过快或过慢，振动大	4. 平衡阀调整不当	4. 调整平衡阀
	5. 液压泵吸不上油或流量不足	5. 油液黏度过高；泵转向不对；吸油管法兰密封圈损坏；滤油器堵塞	5. 更换油液；改变泵转向；更换吸油管法兰密封圈；清洗或更换吸油滤油器滤芯
	6. 液压泵压力上不去	6. 溢流阀调定压力不对；压力表损坏或堵塞；泵损坏；溢流阀故障	6. 调整溢流阀压力；更换或清洗压力表；检修液压泵；清洗检修溢流阀
	7. 泵产生噪声	7. 吸油管及吸油滤油器堵塞，油黏度过高；吸油管吸入空气；电动机、齿轮箱、液压泵安装位置不当	7. 清洗吸油管及吸油滤油器；更换吸油管密封圈，更换液压油；调整三者安装位置
	8. 溢流阀压力上不去或达不到规定值	8. 调整弹簧失效；锁紧螺母松动；密封圈损坏；阀内阻尼孔有污物	8. 更换调整弹簧；拧紧锁紧螺母；更换密封圈；清洗有关零件
	9. 换向阀滑阀不能复位或定位装置不能复位	9. 复位、定位弹簧失效；阀体与阀杆间隙内有污物，阀杆生锈；阀上操纵机构不灵活；连接螺栓拧得过紧使阀体产生变形	9. 更换复位、定位弹簧；清洗阀体内部；调整阀上操纵机构；重新拧紧连接螺栓
	10. 滑阀在中位时工作机构下降	10. 阀体与滑阀间磨损，间隙增大；滑阀位置不对中	10. 修复或更换阀芯；使滑阀位置保持中位
	11. 执行机构速度过低或压力上不去	11. 各阀间泄漏大或滑阀行程不对；安全阀泄漏大或补油阀未复位	11. 更换密封件或拧紧连接螺栓；检查安全阀或补油阀
	12. 液压缸不动作	12. 压力不足；换向阀动作不良；密封圈损坏；溢流阀动作不良	12. 调整溢流阀；检修换向阀；更换密封圈；检修溢流阀
	13. 油箱发热	13. 溢流阀长时溢流；油量不足	13. 检查溢流阀是否失灵；加油
	14. 滤油器滤油不畅	14. 油液污染严重，使用时间过长	14. 更换液压油；清洗或更换滤芯
供水系统	1. 压力脉动大，管道跳动，噪声大	1. 进水系统有空气；进液过滤器堵塞引起吸液不足；泵进排液阀弹簧断裂或阀芯憋卡	1. 检查系统，放尽空气；清洗过滤器；更换弹簧或清除污物
	2. 泵柱塞密封处泄漏	2. 密封件磨损或损坏；柱塞表面拉伤	2. 更换密封件；更换柱塞及导向套
	3. 泵运转噪声大，有撞击声	3. 轴瓦间隙大；泵内有杂物；齿轮磨损	3. 更换曲轴或轴瓦；清除杂物；更换齿轮
	4. 泵曲轴箱油温过高	4. 润滑油位过低或过高；润滑油过脏；轴瓦损坏或曲轴拉伤	4. 调整油量；换油；换轴瓦、修理或更换曲轴
	5. 泵站压力上不去或过高	5. 溢流阀主阀芯憋卡，处于全开或全关状态	5. 检修溢流阀
	6. 没有外喷雾	6. 喷嘴堵塞；供水入口过滤器堵塞；供水量不足	6. 清理喷嘴；清理过滤器；调整供水量
	7. 压力表指针摆动大	7. 阻尼螺钉松紧不当	7. 调整阻尼螺钉

复习思考题

1. 凿岩机的破岩原理是怎样的？
2. 气动凿岩机冲击配气机构有哪几种类型？
3. 试说明气动凿岩机冲击配气机构的工作原理。
4. 凿岩机的转钎机构有哪几种类型？说明其工作原理。
5. 气动与液压凿岩机各有什么优、缺点？
6. 简述液压凿岩机冲击机构的类型。
7. 说明液压凿岩机冲击机构的工作原理。
8. 简述凿岩台车的基本组成及其作用。
9. 简述凿岩机钻眼作业时的常见故障形式。
10. 简述耙斗装载机的主要组成和工作过程。
11. 简述 ZMC－45 型全液压侧卸式铲斗装载机的主要结构组成。
12. 简述 EBJ－120TP 型掘进机主要结构组成。
13. EBJ－120TP 型掘进机的液压系统由哪几种液压控制回路组成？
14. 全断面巷道掘进机由哪些部分组成？
15. 分析全断面掘进机的指向和调向。
16. 分析全断面掘进机的配套系统。

参 考 文 献

[1] 雷天觉．液压工程手册［M］．北京：机械工业出版社，1998.

[2] 刘家伦．液压与气动技术［M］．北京：北京科学技术出版社，2010.

[3] 阳彦雄，李亚利．液压与气动技术［M］．北京：北京理工大学出版社，2008.

[4] 杨柳编．液压与气压传动［M］．北京：机械工业出版社，2008.

[5] 宋新萍．液压与气压传动［M］．北京：机械工业出版社，2008.

[6] 毛智勇，刘宝权．液压与气压传动［M］．北京：机械工业出版社，2009.

[7] 何存兴，张铁华．液压传动与气压传动［M］．武汉：华中理工大学出版社，1998.

[8] 许福玲，陈尧明．液压与气压传动［M］．北京：机械工业出版社，1998.

[9] 李芝．液压传动［M］．北京：机械工业出版社，2009.

[10] 袁承训．液压与气压传动［M］．北京：机械工业出版社，1999.

[11] 左健民．液压与气压传动［M］．北京：机械工业出版社，2009.

[12] 吴丛．液压与气动［M］．北京：北京理工大学出版社，1995.

[13] 俞启荣．液压传动［M］．南京：南京机械专科学校出版社，1989.

[14] 兰建设．液压与气压传动［M］．北京：高等教育出版社，2002.

[15] 徐永生．液压与气动［M］．北京：高等教育出版社，2003.

[16] 赵波，王洪元．液压与气动技术［M］．北京：机械工业出版社，2008.

[17] 石熙年，万柏群．液压传动［M］．徐州：中国矿业大学出版社，2004.

[18] 丁树模．液压传动［M］．北京：机械工业出版社，2009.

[19] 屈圭．液压与气压传动［M］．北京：机械工业出版社，2002.

[20] 谢锡纯，李晓豁．矿山机械与设备［M］．徐州：中国矿业大学出版社，2000.

[21] 舒思洁，吴义顺，李寿昌．矿山机械［M］．徐州：中国矿业大学出版社，2009.

[22] 王启广．采掘设备使用维护与故障诊断［M］．徐州：中国矿业大学出版社，2006.

[23] 孙九如，徐蒙良，卢维冬．采掘机械［M］．徐州：中国矿业大学出版社，1990.

[24] 程居山．矿山机械［M］．徐州：中国矿业大学出版社，1997.

[25] 马新民．矿山机械［M］．徐州：中国矿业大学出版社，1999.

[26] 王国法．高效综合机械化采煤成套装备技术［M］．徐州：中国矿业大学出版社，2008.

[27] 朱真才，韩振铎．采掘机械与液压传动［M］．徐州：中国矿业大学出版社，2006.

[28] 刘胜利．矿山机械［M］．北京：煤炭工业出版社，2005.

[29] 赵济荣．液压传动与采掘机械［M］．徐州：中国矿业大学出版社，2008.

[30] 毛君，王步康，刘东才．刨煤机、螺旋钻采煤机、连续采煤机成套设备［M］．徐州：中国矿业大学出版社，2008.

[31] 李柄文，黄嘉兴．采掘机械与支护设备［M］．徐州：中国矿业大学出版社，2006.

[32] 王虹，李柄文．综合机械化掘进成套设备［M］．徐州：中国矿业大学出版社，2008.

[33] 孟庆华，田权．煤矿机电新技术新装备实用手册［M］．徐州：中国矿业大学出版社，2008.

[34] 李功熹．煤矿机械与修理［M］．徐州：中国矿业大学出版社，1996.

[35] 陶驰东．采掘机械［M］．北京：煤炭工业出版社，1993.

[36] 孙执书，李缤．采掘机械与液压传动［M］．徐州：中国矿业大学出版社，1991.

[37] 张书征．矿山流体机械［M］．北京：煤炭工业出版社，2010.

[38] 孟凡英．流体力学与流体机械［M］．修订本．北京：煤炭工业出版社，2011.

[39] 李锋．现代采掘机械［M］．修订本．北京：煤炭工业出版社，2011.

参考文献

图书在版编目（CIP）数据

液压传动与采掘机械/李寿昌，张书征主编．－－2版．
－－北京：应急管理出版社，2019
“十三五”高等职业教育规划教材
ISBN 978－7－5020－7471－5

Ⅰ.①液… Ⅱ.①李… ②张… Ⅲ.①掘进机械—液压传动—高等职业教育—教材 ②采煤机械—液压传动—高等职业教育—教材 Ⅳ.①TD420.3

中国版本图书馆 CIP 数据核字（2019）第 087635 号

液压传动与采掘机械　第2版
（“十三五”高等职业教育规划教材）

主　　编　李寿昌　张书征
责任编辑　籍　磊
责任校对　孔青青
封面设计　于春颖

出版发行　应急管理出版社（北京市朝阳区芍药居35号　100029）
电　　话　010－84657898（总编室）　010－84657880（读者服务部）
网　　址　www.cciph.com.cn
印　　刷　北京虎彩文化传播有限公司
经　　销　全国新华书店

开　　本　787mm×1092mm $^{1}/_{16}$　**印张**　$13^{1}/_{4}$　**字数**　306千字
版　　次　2019年7月第2版　2019年7月第1次印刷
社内编号　20181484　　　　**定价**　36.00元